工信学术出版基金
Industry and Information Technology
Academic Publishing Fund

工业智能与工业大数据系列

U0192456

分布式协同制造系统及关键技术

朱海华　唐敦兵　张　毅　聂庆玮◎著

电子工业出版社·

Publishing House of Electronics Industry

北京·BEIJING

内 容 简 介

本书围绕分布式协同制造系统阐述了相关理论与技术，以跨企业、跨区域制造资源为研究对象，以面向云定制的分布式协同制造理论为研究范畴，重点讲述了相关概念与模式、体系架构、理论模型与建模方法、协同生产运行机制、网络协同管控平台设计、数据感知与集成、分布式制造资源优化配置、分布式产线协同、数字孪生使能的制造全过程管控、垂直行业应用案例等。本书不仅适用于指导工业互联网从业人员开展相关理论研究或技术开发，而且可作为智能制造专业本科生、研究生相关课程的参考资料或材料。

图书在版编目（CIP）数据

分布式协同制造系统及关键技术 / 朱海华等著. —北京：电子工业出版社，2023.10
（工业智能与工业大数据系列）

ISBN 978-7-121-46437-9

I. ①分… II. ①朱… III. ①智能制造系统—研究 IV. ①TH166

中国国家版本馆 CIP 数据核字（2023）第 183712 号

责任编辑：刘志红（lzhmails@163.com）   特约编辑：王　纲
印　　刷：北京盛通数码印刷有限公司
装　　订：北京盛通数码印刷有限公司
出版发行：电子工业出版社
　　　　　北京市海淀区万寿路 173 信箱　　邮编：100036
开　　本：787×980　1/16　印张：18.25　字数：350 千字
版　　次：2023 年 10 月第 1 版
印　　次：2024 年 7 月第 2 次印刷
定　　价：139.00 元

凡所购买电子工业出版社图书有缺损问题，请向购买书店调换。若书店售缺，请与本社发行部联系，联系及邮购电话：（010）88254888，88258888。

质量投诉请发邮件至 zlts@phei.com.cn，盗版侵权举报请发邮件至 dbqq@phei.com.cn。
本书咨询联系方式：18614084788，lzhmails@163.com。

自 21 世纪以来，互联网浪潮席卷全球。不仅彻底改变了人类的日常生活方式，而且潜在重构了制造企业的生产模式。网络协同制造是互联网技术与制造技术深度融合的典型产物。传统制造企业的生产模式侧重于单一企业负责完整产品或者大部分的生产环节。在网络协同制造模式中，通过云平台对来自不同制造企业的海量异构制造资源进行有机整合和集中化管理，打破企业间固有的物理边界，从全流程产业链的角度实现全局制造资源优化配置。依靠工业互联网构建跨企业、跨区域制造资源的数据传输和信息交互通道，实现离散分布的制造装备间状态互感知与协同生产，这将为实现分布式协同制造提供技术支撑。

制造业是国民经济的主体，也是未来中国经济实现"创新驱动、转型升级"的主战场。在中国智能制造发展战略的支持下，我国制造业正朝着数字化、网络化、智能化方向转型升级。"十四五"规划纲要明确提出，要以数字化转型为创新契机，引领传统生产方式变革。同时，我国具有完整的工业体系，是世界上唯一拥有联合国产业分类目录中所有门类的国家。随着中国智能制造发展战略的成功实施，我国重点行业和大部分企业已经具备了一定程度的信息化和网络化能力。上述现实情况验证了我国重点发展分布式协同制造技术的合理性和可行性。

本书围绕分布式协同制造系统阐述了相关理论与技术，以跨企业、跨区域制造资源为研究对象，以面向云定制的分布式协同制造理论为研究范畴，重点讲述了相关概念与模式、体系架构、理论模型与建模方法、协同生产运行机制、网络协同控制平台设计、数据感知与集成、分布式制造资源优化配置、分布式产线协同、数字孪生使能的制造全过程管控、垂直行业应用案例等。专著内容的编写思路如下：首先，以研究背景和发展挑战为切入点，介绍了分布式协同制造相关概念与关键使能技术。其次，重点分析协同制造过程的多方面需求，提出了分布式协同制造系统整体框架和理论模型。面向云定制产品的复杂任务需求，提出了多维度制造任务聚合方法以及分布式资源协同运行机制。设计面向分布式制造过程的网络协同管控平台，并明晰了平台的运行逻辑与技术开发路线。再次，为高效集成和配置分布式异构制造资源，阐述信息主动感知接入与服务化封装方法，提出面向制造任务与资源匹配的分布式优化调度方法。此外，提出基于多智能体技术的产线自适应协同方法，实现分散资源在多品种小批量模式下高效组织生产。提出基于数字孪生的分布式制造过程可视化管控技术，实现制造全流程实时监控与优化。最后，面向垂直行业数字化、服务化转型场景，开发 INDICS 工业互联网平台，并从面临挑战、部署实施方案、应用成效和推广价值等角度分别阐述航空航天电子元器件制造、钢铁行业一体化生产、黑灯工厂、航空航天供应链协同优化等分布式制造典型应用案例。

本书旨在为工业互联网、网络协同制造等相关从业人员提供清晰完善的分布式协同制造理论和技术体系。同时，本书也可作为智能制造专业本科生、研究生相关课程的参考资料或教材。

第 1 章

绪　论

引言

制造业是国民经济的主体，也是未来我国经济实现"创新驱动、转型升级"的主战场。自 18 世纪以来，机械化大生产就在现代社会文明中占据了主导地位，强大的制造业被视为国家强盛和民族复兴的重要基石，提高我国制造业的国际竞争力是增强我国综合国力、维护国家安全、建设世界强国的必由之路。在党的十九大报告中，习近平总书记号召加快建设制造强国，加快发展先进制造业。习近平指出，要继续做好信息化和工业化深度融合这篇大文章，推进智能制造，推动制造业加速向数字化、网络化、智能化发展。《"十四五"智能制造发展规划》进一步明确了智能制造发展的路径和目标，并指出工业互联网是智能制造发展的关键技术设施，要加强新型网络基础设施规模化部署，建立具有特色的工业互联网平台，从而实现全要素、全产业链数据的有效集成与管理。

进入 21 世纪后，世界政治、经济和科技格局日新月异，激烈的全球市场竞争使企业生存在一个需求不断变化的环境中，制造业面临诸多变化与挑战。一方面，市场和用户的需求由相对稳定向多样化、个性化、定制化转变；另一方面，产品更新迭代不断加快，制造企业逐渐从产品导向转变为用户导向、需求导向和服务导向。因此，制造企业必须做到快速响应外部市场和客户的动态需求，同时保障产品生产过程质量，降本增效，这样才有可能不断发展壮大。

然而，由于自身生产运营模式与流程管控系统方面存在的固有缺陷，传统制造企业通常难以应对动态的、不可预测的生产环境，也无法对市场和用户的定制化需求进行快速、高效响应。随着全球服务经济的快速发展，工业物联网、云计算、大数据、增强现实、数字孪生等新一代使能技术的出现为制造企业数字化、智能化、网络化升级转型提供了可能。通过先进制造技术与新兴使能技术的深度融合，构建面向用户需求服务的分布式协同制造系统，实现企业间的协同和各种优势制造资源的共享与集成，可以高质量、低成本、高效率地为市场和用户提供产品和服务。

1.1 "互联网+"制造

智能制造技术深度融合了先进制造技术、信息技术与人工智能技术，是第四次工业革命的核心驱动力。2021 年末，我国工业和信息化部等八部门共同撰写并发布了《"十四五"智能制造发展规划》，其中指出在未来 15 年将通过"两步走"加快推进生产方式变革：第一步是到 2025 年，具备一定规模的制造企业大部分实现数字化、网络化，重点行业骨干企业初步应用智能化；第二步是到 2035 年，规模以上制造企业全面普及数字化、网络化，重点行业骨干企业基本实现智能化。回望过去，传统制造业在网络技术的支撑下获得了良好的生存与发展机遇，但同时也面临着严峻的挑战。由于网络环境下存在着十分激烈的全球竞争，人们将发展迅速的网络技术、信息技术和现代管理技术与传统制造技术相结合，由此产生了新型制造模式——分布式协同制造，同时随着制造业的信息化程度不断提升，制造业的发展逐渐转向以共享资源为根本、以协同制造为重点、以提供服务为目的的分布式协同制造。

在分布式协同制造和制造业全球化的背景下，单一企业难以同时拥有市场竞争所必备的所有资源，这就要求企业与其他企业、高校、科研院所等之间的合作与联系比以往更加紧密，要求企业把寻找可用制造资源的范围扩大到全球，以此完成对制造资源的快速重组，实现制造资源的优化配置。网络技术和信息集成技术作为分布式协同制造资源重组的关键技术，能够帮助企业根据生产需求，协同调度分布在全球的制造资源，并对制造资源进行合理有效的快速重组和优化配置，实现对定制化需求的快速、动态响应，以此满足用户个性化、多样化的需求。

随着数据采集、物联适配、信息通信等技术的迅速发展，海量工业现场制造数据得以被更好地收集利用，数据已经成为新时期智能制造发展的核心要素。如今，数字化建设正渗透到企业生产、研发、运营等各个阶段，企业的数字化资产价值在快速提升。制造过程中会产生数以亿计的数据，并通过数据的分类、聚集、挖掘、治理，对解决动态环境下复杂制造系统的诸多不确定性问题起到关键作用。而我国制造业对于生产数据的采集和分析能力有待提升，一是我国的生产制造设备数字化和网络化建设水平与发达国家存在较大差距，尤其是中小企业的生产设备数字化和网络化建设基础薄弱，对于其生产数据的采集和分析改进难度较大；二是工业生产制造设备产品的全球市场主体被美国、德国等发达国家占据，西门子、通用电气等头部企业构建了产品的生态环境，主导了跨区域、跨行业、跨领域的数据采集；三是发达国家具有较多的从事数据分析的企业，依靠企业与企业间的合作，使工业物联网平台的能力得到较快提升。我国具有大市场的优势，通过国家政策支持与引导来完善工业生产数据采集与分析的基础设施建设，必将实现后发制人。工业物联网作为制造企业转型升级的重要基础设施，基于统一工业协议架构，融合5G、千兆光纤、TSN（时间敏感网络）等新一代通信技术，正在逐步构成面向未来的智能制造底层链接基座，推动实现复杂工业场景的高速度、低延时、高可靠、安全的互联互通。

1.2 制造系统的发展与现状

智能制造深度融合了先进制造技术和新一代信息通信技术，并将其贯穿于产品生产、研发、运营和服务等各个阶段，从而催生出具有自我感知、自我学习、自我决策、自我执行和自我适应功能的新型制造模式。智能制造是融合了各行业的庞大系统工程，包括5G、数字孪生、工业大数据、智能传感、先进控制和工业互联网等智能制造使能技术，依托智能制造系统架构平台赋能智能制造产业发展和加速智能化应用落地，实现传统制造向数字化、网络化和智能化转变。

1.2.1 个性化定制推动制造系统升级

随着社会的发展，人们对产品的需求正从大批量生产向小批量定制甚至单件个性化产品转变。为满足客户多品种、小批量的个性化定制需求，企业需要以最低的成本、最短的时间、最高的质量和最好的生产环境作为支撑来与客户进行合作，正是在这种背景下，智能制造应运而生。所谓智能制造，就是在生产制造的各个环节都采用更加灵活高效的方式，根据生产要求，构思、分析、评价并选出最优的生产策略，通过计算机模拟人类专家的大脑，从而大幅减少人类的脑力劳动，并对这些生产事件进行存储、收集、学习、完善和共享。智能制造的发展离不开人机协作，人类的主观能动性是机器无法提供的，而人类也无法提供机器的高效稳定性。智能制造为智能数字战略、智能数字设计、智能数字处理、智能数字控制、智能数字工艺规划、智能数字诊断与维护等提供了基本理论和方法。信息融合和知识集成作为智能制造系统的重要组成部分，直接影响系统功能及产品生产的质量和效率，因此如何赋予制造系统自组织和自学习能力，丰富制造系统的决策知识，已经成为当下智能制造系统的研究热点。

在工业领域，云制造、制造物联网、可重构制造系统、多智能体制造系统、Holon 制造系统、企业 2.0（Enterprise 2.0）等制造模式虽然表现形式不同，但都是信息技术、人工智能与制造技术融合下的智能制造发展的体现。例如，可重构制造系统是由各种处理模块（包括硬件和软件）组成的制造系统，可根据不断变化的市场需求或技术自动调整生产率，这类系统可以为特殊部件提供灵活的定制服务，并且系统的改进、升级和重组功能是开放的，因而可以不断集成新技术、自我完善并快速重组，以适应未来产品和产品需求的变化。多智能体制造系统是由一系列可以相互交互的智能体组成的分布式系统，该系统中的每个智能体都可以独立工作并能与其他智能体进行协同操作，因而具有分散性、智能性、复杂性和适应性等特性。Holon 制造系统是由一系列相互独立、协作的模块所组成的高度分布式制造系统，每个 Holon 实体都具备以下特性：自主性，该实体具备自主控制和采取最优的生产策略的能力；合作性，该实体可以与其他实体共同进行计划与决策；灵活性，该实体在动态变化的环境下能够及时调整策略，选择最优的子 Holon 系统。上述制造模式功能相似，都注重人类智慧的运用，强调社会世界、网络世界和物理世界之间的联系，即形成一个社会网络物理系统。智能制造是将机器智能（人工智能）、普适智能（Ubiquitous Intelligence）与人类经验、知识和智慧相结合而孕育出的产物。在哲学界和学术界，关于"智慧"的概念和理论有很多种，如皮亚杰和埃里克森提出的"智慧"概念、斯腾伯格提出的"智慧平衡"理论等，但至今还没有一个明确的定义为人们所普遍接受。在这里，我们将智慧视为：在普适智能技术的支持下，现实世界中的每一个对象都可以感知自己或其他对象，并在正确的时间和环境中为正确的对象提供正确的服务。在人、机、物一体化的环境下，智能制造体现了制造即服务的理念。

可以发现，智能制造是在数字化制造和信息化制造的基础上演化而来的。数字化制造着重于将产品的全生命周期的异构数据进行数字化，并进一步与物联网、普适智能等技术相结合，实现对物理世界的数据采集。在智能制造环境中，各种传感器通过物联网技术获取制造设备状态数据、现场环境数据、产品生产过程数据等异构数据，并通过网络通信技术将制造资源连接起来，实现异构数据和设备的快速访问；通过对数据的采集、挖掘、推理、融入知识和智慧，形成服务资源池（信息世界），提供点播服务；通信软件与互联网相互通信，实现知识传播、共享和积累。因此，智能制造也可以看作物联网、知识网络、服务互联网、人际网络和制造技术融合的结果。

从制造业形成以前的个体手工作业，到第一次工业革命后的大规模手工生产、第二次工业革命后的大批量生产、第三次工业革命后的大规模定制生产，再到工业 4.0 后的个性化生产，现代生产模式的发展变化离不开先进制造技术的支撑及市场需求的推动，尤其是新一代信息化技术在近 30 年的制造业发展过程中所起到的作用越来越大。从"大量生产"到"小批量生产"，再到"个性化定制"，制造模式的转变使得企业为了生存发展，必须提高产品的附加值并通过充分利用制造网络中分布的各类制造资源，从设计、加工、运输、存储等各方面降低生产成本。得益于信息化技术的全方位支撑，分布式协同制造能够更好地发挥自身的核心优势，充分利用来自不同企业主体、不同地理位置的海量异构制造资源，满足对个性化定制产品需求的快速响应，实现跨地域、跨企业产能高效配置与制造资源共享。

1.2.2　分布式协同制造系统的新发展

分布式协同制造作为一种先进的制造模式，旨在应对制造全球化的挑战，提高企业的市场竞争力。依靠先进的生产管理技术和网络技术，通过企业间的信息整合、资源整合、功能整合、业务流程整合和知识整合，分布式协同制造可以促进企业之间的生产协同，以及各种资源的快速重组和优化配置，进而提供高效、优质、低成本的产品和服务，提高企业对市场和用户需求的快速响应能力和竞争力。

在全球分布式协同制造的大环境下，整体支撑环境、协同管理、协同设计、关键技术和战略方法等是协同制造中迫切需要解决的热点问题。在当前全球经济化的时代背景下，企业作为全球制造链中的一个节点，必须注重链中业务流程的敏捷性、协作性和优化性。任何单一企业如果不能有效地融入全球化制造环境中，并与制造网络中的供应链企业和客户建立透明的协作生产联系，势必会在全球化竞争中举步维艰。因此，设计协作、制造协作和供应链协作都被视为制造企业未来发展的重要战略方向。

分布式制造虽然尚处于起步阶段，但相关技术正在不断进步，并为新兴经济中分布式协同制造的发展奠定了基础。一方面，新一代信息化技术打破了生产者与消费者之间的时间壁垒与空间限制，连接了地理上分散分布的制造资源，减少了产品的流通环节，极大程度上提高了社会经济的运行效率；另一方面，新型制造技术如3D打印、数控加工中心等，实现了个性化小规模定制生产，使得不同企业间的资源共享、协同制造变为可能。这种信息网络技术与先进制造技术的结合，便构成了极具特色的分布式协同制造系统。在分布式制造网络中，企业的生产、设计、销售等能力，客户的需求、类别等都被进行了抽象化、虚拟化，构成了网络中的云制造资源，而资源之间通过去中心化的操作协议实现自匹配、自适应，从而提供标准、规范的制造服务。

1.3 新一代关键使能技术概述

随着信息技术、网络技术、计算机技术、软件工程、数据库技术、人工智能和开放式系统结构等高新技术与制造技术的不断融合，现代制造业逐渐向网络化、信息化、集成化、敏捷化、智能化方向发展。在这个过程中，出现了计算机集成制造、敏捷制造、虚拟制造、精益制造、可重构制造、分布式协同制造等制造模式，毫无疑问，这些制造模式都是伴随着新一代关键使能技术诞生的，这些技术包括工业物联网、云计算、大数据、数字孪生等。

1.3.1 工业物联网

工业物联网是指将具有感知、监控能力的各类采集、控制传感器或控制器，以及移动通信、智能分析等技术不断融入工业生产过程各个环节的工业应用，从而大幅提高制造效率，改善产品质量，降低产品成本和资源消耗，最终使传统工业进入智能化的新阶段。从应用形式上看，工业物联网的应用具有实时性、自动化、嵌入式（软件）、安全性、信息互联互通性等特性。其作为跨地域、跨时空的互联网络，使得分布式制造资源能够实时接入协同制造网络，是一个由数据主导、以能力为中心的专业服务平台。数据是工业物联网的核心要素。

目前，工业物联网已经成为物联网应用于制造领域的一个普遍概念，实际上，它是对工业 4.0 的泛化，更加关注工业过程的效率。其愿景包括工业运营的所有方面，不仅关注过程效率，还关注资产管理、维护等。Trapey 等人建立了一个分层次的逻辑框架对物联网技术进行分类，提出了包含感知层、网络层、服务层和视图层的物联网应用架构用于描述和识别 CPS。Lukas 等人开发了一种设备，它通过传感器收集周围环境的信息，并根据这些信息通过执行器跟踪周围环境。Campobello 等人提出了一种基于开源软件和通信协议的信息物联网解决方案，名为自动化无线演进（WEVA），它的架构包括传感器、执行器板、移动和操作系统、协议、访问网关、服务和应用程序。Ferrari 等人通过将数据从现场传输到云中，观察往返时间（RTT），研究了 MQTT 协议的延迟。

工业物联网强调实时数据的可用性和高可靠性，需要将工业产品连接到互联网上，例如，将工厂收集的传感数据与物联网平台联系起来，利用大数据技术分析如何提高生产效率。典型的工业物联网具有有线和无线两种连接方式，以及智能感知、互联互通、智能处理和自我更新四大特征。其通过对制造、物流等工业场景和领域进行有效的网络化改造，实现各个生产系统中制造数据互联互通与制造信息自主交互，为智能分析模型提供数据来源，从而提高整个工业生产制造系统的产品质量、生产效率，并降低生产过程的原始成本和资源消耗，进而对传统制造业的智能化建设做出重大贡献。

1.3.2 云计算

云计算可为跨地域、跨时空的企业合作提供计算服务支持。随着工业物联网发展规模的不断扩大，物理资源和云计算的结合是企业发展的大势所趋。某些行业的物联网应用在终端数量上对物理资源提出了比较高的需求，无论是接入的物理资源还是采集的生产数据，往往都是海量的。基础设施即服务（IaaS）技术为解决物联网应用的海量终端接入和数据处理问题提供了有效途径，无论是横向的通用支撑平台还是纵向的特定物联网应用平台，都可以在 IaaS 技术虚拟化的基础上实现物理资源的共享，进而实现业务处理能力的动态弹性扩展。同时，IaaS 技术为各类内部异构的物理资源环境提供了统一的服务界面，为资源定制、出让和高效利用提供了统一界面，也有利于实现物联网应用的软系统和硬系统之间的松耦合。

当前，国内正在搭建的大量服务于物联网平台的云计算服务，主要是 IaaS 模式在物联网领域的应用，而软件即服务（SaaS）模式在融合云计算技术后，除了可以利用云计算的 IaaS 技术等，其本质并没有发生改变，物联网平台的基础应用服务被多个用户同时使用仍然是 SaaS 模式的实现方式，这也为各行业的应用资源和信息共享提供了有效途径，为有效利用基础设施资源实现高性价比的海量数据处理提供了可能。

云计算是一种按量付费的应用，该应用为服务的调用提供了快速、便捷的网络访问，用户可提前选择并配置需要的计算资源，包括弹性计算服务、对象存储服务、网络服务等，并且可以通过简单、快捷的方法对这些资源进行管理。一方面，云计算具有动态可扩展、灵活性高和可靠性高等特点，可以打破时间和空间的限制，在已有的服务器中补充计算的功能，进一步提高运算速度，实现应用资源的扩展。另一方面，云计算借助虚拟化技术，将不同的资源虚拟化后放入资源池中进行统一分配，凭借自身强大的计算能力，可以根据用户需求配置来分配其所需要的资源。此外，云计算拥有弹性计算能力，当用户的服务器出现异常时，可以为其分配临时资源，而不至于影响用户的正常使用。

云计算采用了虚拟化技术、云存储技术和虚拟局域网（Virtual Local Area Network，VLAN）技术。用户需要计算资源的时候，可以向云服务器申请资源，云服务器就会从 CPU 池、内存池、磁盘池等硬件池中取出用户所申请的资源，并将它们封装成一个虚拟机提供给用户使用。

物联网是云计算技术在制造领域的重要应用。物联网把实物上的信息数据化，使得云计算能够实现对海量的实物数据信息进行实时的动态管理和分析。云计算具有规模大、标准化、安全性较高等优势，能够满足物联网的发展需求，通过利用其规模较大的计算集群和较强的传输能力，能有效地促进物联网基层传感数据的传输和计算。云计算的分布式大规模服务器，可以很好地解决物联网服务器节点不可靠的问题。随着物联网的发展，感知层的感知数据量呈指数型增长，容易造成物联网服务器间歇性崩溃，而云计算的弹性计算技术能很好地解决服务器压力波动的问题，降低服务器的性能需求，减少物联网的成本。

云计算技术与制造技术相结合的技术称为云制造技术，其为分布式协同制造提供了技术支持。相对于传统制造业，企业可以按照自己的制造需求，向云服务供应商租赁云服务，在已有的云服务基础上开发自己需要的各种功能，从而减少企业的成本，降低系统开发难度，提升企业的信息化水平。分布式制造资源可以被封装成制造服务接入云平台，也可以基于云平台进行制造服务组合，以快速响应客户的个性化需求。客户可以通过云平台快速获取订单的实时生产状态，企业也可以快速获取客户的评价信息。

1.3.3 大数据

随着互联网在全球的迅速普及，云计算技术得到了飞速发展，对基础数据的采集和分析能力得到了很大程度的提升，大数据时代已经来临。在分布式制造系统的研究及应用中，用户、制造商和平台这三个制造系统的主要参与者对于生产大数据的应用需求也进入了新时代，呈现出海量多源异构、高精度、多维度和高速率等特征，大数据的采集、存储和分析都对传统信息技术提出了更高的要求。大数据技术能够排除杂质信息，提炼适合在分布式协同制造中应用的数据，并且为分布式制造系统的智能决策提供数据依据。

海量多维数据可能来自互联的异构对象，而通过大量的结构化、半结构化和非结构化数据可以描述生产制造过程，为了获得数据中的潜在价值，需要花费大量的时间和金钱进行数据存储和分析。在万物互联的时代，通过将更多的物理设备连接到互联网并使用新一代信息化技术，可以为各行各业带来更多的价值和机会。

大数据的关键是数据分析，没有数据分析，大数据就没有多大价值。大数据可为整个产品生命周期内的相关生产活动提供系统性指导，实现生产过程的成本效益控制和无故障运行，并帮助管理人员进行决策或解决与操作有关的问题，同时为企业提供增值机会，增强企业的商业优势。

目前主流的大数据定义是：数据集在其运行时所需的处理能力超过了传统软件的收集、管理和数据处理能力。根据 IDC 的定义，大数据的特征可以用四个"V"表示：海量（Volume）、多样性（Variety）、速度（Velocity）和价值（Value）。

在制造领域的工程应用方面，大数据为制造业带来了全新的应用维度，这些维度是相互依存的，并引领着制造业的发展。为了挖掘数据的价值，需要采用先进的数据分析技术，通过云计算使用机器学习、预测模型等先进的分析工具与方法，对离线和实时数据进行分析和挖掘，从海量数据中提取知识，使制造商能够理解产品生命周期的各个阶段。对大数据的进一步分析可以识别并克服物联网使用过程中的瓶颈，从而促进制造业的发展。同时，大数据可以帮助制造商以更加理性、知情和反应灵敏的决策方式进行决策，从而为当今制造范式的智能化提供机遇，并极大地提高制造业在全球市场的竞争力。

1.3.4 数字孪生

数字孪生是指充分利用物理模型、传感器、运行状态等数据，集成多学科、多物理量、多尺度的仿真过程，在虚拟空间里完成映射，从而反映相对应实体设备的全生命周期过程，模拟、监测、预测、控制物理实体在现实环境中运行和变化等过程，并作为连接物理世界和信息世界的桥梁，提供更加实时、高效和智能的服务。

2003 年，Michael Grieves 在密歇根大学关于产品生命周期管理（Product Lifecycle Management，PLM）的演讲中提出了"与物理产品等价的虚拟数字化表达"的概念，并给出如下定义：一个或一组特定装置的数字复制品，能够抽象表达真实装置并可以此为基础进行真实条件或模拟条件下的测试。此后，Michael Grieves 发表文章，专门介绍了 PLM 和镜像空间模型（Mirrored Spaced Model，MSM）的特点，并提出了数字孪生体的概念模型，该模型由三部分组成：真实空间的真实物体、虚拟空间的虚拟物体、数据和信息组成的连接通道。Benjamin Schleicha（2017）提出了数字孪生的四个指标：规模性、互操作性、可扩展性、保真性。

数字孪生技术可以帮助企业更好地管控自身的制造资源，同时能够为分布式协同制造系统提供企业内部的全流程生产信息，实时监控分布式协同制造场景。数字孪生以数字化方式创建物理实体的虚拟模型，借助数据模拟物理实体在现实环境中的行为，通过虚实交互反馈、数据融合分析、决策迭代优化等手段，为物理实体增加或扩展新的能力。作为一种充分利用模型、数据、智能并集成多学科的技术，数字孪生面向产品全生命周期过程，发挥连接物理世界和信息世界的桥梁和纽带作用，提供更加实时、高效、智能的服务。

从工业生产的角度来看，数字孪生体驱动的生产制造正推动工业制造业正向发展。在研发设计端，通过数字孪生技术可以形成虚拟产品模型；在生产制造端，通过控制数字孪生模型可以实现生产设备、物流装备等制造资源的自动运行，进而实现高精度的生产加工和精准装配；面向生产过程的工艺仿真能实时预测产品形态，进行性能评估，并根据超时空仿真生产结果和装配效果，提前给出修改建议，实现自适应、自组织的动态响应。另外，对于流程制造业，数字孪生体可以直接驱动生产线的制造全流程，并实现智能控制。由此可见，数字孪生技术为分布式协同制造提供了更加有效的条件。

1.4 分布式协同制造的研究范畴

由于全球化的发展和小批量高度定制产品需求的增加，制造活动正变得高度分散，各种规模的制造企业为了共同的目标在松散连接的制造网络中协同工作。为了在松耦合的制造网络中实现有效的协同作业，许多研究致力于将制造业从封闭的层次结构转移到开放的网络来显著提高全球商业协作效率和缩短产品开发周期。分布式协同制造的研究范畴介绍如下。

1.4.1 分布式制造资源的接入

分布式协同制造的关键特征是智能连接和无处不在的分布式制造资源感知。制造资源是指能够支持产品生命周期中涉及的活动或功能的实体，可以连接到云的制造资源分为硬资源和软资源两大类，其中硬资源可以是制造单元（如机床和机器人）或 IT 硬件，软资源可以是软件、数据、信息、知识或其他智力元素，并且随着信息技术和密集型制造业的发展，可以通过互联网技术对软资源进行云管理。然而，建立一个集成硬资源的网络一直是一个难题，直到物联网技术被广泛应用到制造领域。

随着物联网支持技术的不断涌现，开发相互连接的制造资源特别是硬资源的智能网络成为可能。例如，射频识别（RFID）技术能自动识别硬资源，并能实现高效的无线数据通信，这对于供应链管理中的物流监控特别有用。条形码和快速响应（QR）码也被广泛应用于物料识别。无线传感器网络（WSN）作为另一种流行技术，通过使用智能传感器，提供了感知、收集和处理机器在生产过程中产生的有价值数据的能力。以制造执行系统（MES）为例，制造装置可以配备许多负载传感器、压力传感器和温度传感器，从而为云上 MES 控制器提供实时信息，以监控生产线、预测过载和远程调度任务。在实践中，硬资源相互连接的使能技术并不局限于基于传感器的技术，嵌入式系统和计算机控制系统也是连接硬资源和计算机、数控机床接口和互联网应用程序的有用的中间工具。

1.4.2 虚拟制造社会与柔性制造系统构建

"虚拟化"这个术语起源于计算机科学中对虚拟机（VM）的研究，它也被认为是云计算中的关键使能技术之一。在分布式协同制造的背景下，虚拟化有着更广泛的含义，它从技术与管理的角度扩展了原有的虚拟化。分布式协同制造中的虚拟化指的是从真实的物理制造资源到虚拟资源的转换和映射。在这里，虚拟资源意味着对其相应的物理制造资源的抽象。虚拟化使应用系统与相关资源之间的松耦合成为可能，使更多需求者能够以最优的方式使用和共享资源。此外，为了充分利用范围广泛的虚拟资源，云平台提供了一个统一的框架，可以对细粒度的虚拟组件进行定制和组合，以根据需求开发个性化的制造系统。从最终用户的角度来看，虚拟系统背后复杂的配置细节对最终用户几乎是透明的，这意味着最终用户会感觉到自己面对的是一个真实的系统。此外，虚拟制造系统具有灵活性，这意味着云中的虚拟系统可以在不影响服务质量的情况下动态地自适应变化。例如，当物理主机遇到可能导致无法保证结果的异常时，可以找到另一个合适的虚拟主机并将正在进行的工作迁移到新主机上。

1.4.3 制造服务全生命周期管理

分布式协同制造为制造业从生产导向型制造向服务导向型制造转变提供了新的商业模式。在分布式协同制造中，制造服务并不局限于传统的生产领域，而是涵盖产品生命周期的所有阶段，如产品设计、生产、装配、测试、模拟、维护、管理、物流和集成。分布式协同制造服务包括设计即服务、生产即服务、仿真即服务、装配即服务、测试即服务、物流即服务、管理即服务、集成即服务等，因此，分布式协同制造服务可以被认为是"制造即服务"。从实用的角度来看，这些服务可以分为两种基本类型：OnCloud 服务和 OffCloud 服务，前者完全运行在云平台上，后者需要运营商在云平台之外进行额外的操作。

用户可以根据自己的个性化需求，依靠各种各样的分布式协同制造服务，申请按需定制服务。这意味着，当一个用户有了一个初步设计的创新想法时，他可以很方便地得到所有必需的制造服务，直到产品生产完成并交付到他的手中。这对一些缺乏昂贵的制造资源的小企业，以及拥有宝贵的制造资源但闲置的大公司特别有用。

制造能力服务化也很重要，即从抽象能力转变为形式化的分布式协同制造服务。与"制造资源"这个术语相比，制造能力对于服务提供商能够承担什么任务及具有什么样的竞争力有着更加全面的语义信息。通常，要有效地描述制造能力，需要考虑许多因素，如一个人能做什么，一个人拥有什么样的资源，一个人能达到什么样的质量水平，一个人拥有什么样的优势，以及其他人如何评价这个人。基于语义的能力描述可以使供需匹配更加准确，能提高服务成功率和用户满意度。

1.4.4 分散制造资源的高效协作与集成

云计算可以被看作一种网络基础设施，能够使分布式协同制造资源相互连接，提供一个共享平台来促进合作。在云计算制造领域，大多数参与者都将成为高度专业化的合作者，他们将从与云计算领域其他人的广泛而深入的合作中受益。因此，云平台创建了一个网络商业环境，任何供应商或需求商都可以很容易地找到满足其需求的合作伙伴。云平台支持按需建立动态联盟，这些联盟就像虚拟企业一样，其成员可以跨越不同的区域和组织。虚拟组织的目标是完成通常由工作流组成的协作过程。此外，云平台可以提供一个基本框架，帮助管理虚拟组织中成员互动过程中的资金流和物质流。

从技术角度来看，动态协作的实现依赖于分布式协同制造服务的有效集成。分布式协同制造服务或云服务是一种源自制造能力的功能，它可以实现产品生命周期活动中的目标。通常，服务建模语言可以被机器理解和处理，更重要的是，服务描述需要包含语义，从而实现语义匹配。云服务，尤其是 OnCloud 服务，被封装成松耦合且高度可互操作的组件，从而实现服务的自动组合。至于 OffCloud 服务，云平台可以充当协调者，确保在线作业与离线作业的整合，将各种各样的服务聚集在一个云平台上，形成一个共享服务池，并根据协同过程的需求，集成可互操作的服务来完成一系列子任务。

1.5　本章小结

本章首先分析了互联网时代研究新一代先进制造系统的重要性与必要性；其次，对市场需求推动下基于先进制造技术的制造系统的发展现状，以及分布式协同制造这一新的发展方向进行了分析；然后，概述了先进制造系统发展所依赖的新一代关键使能技术；最后，从分布式制造资源的接入、虚拟制造社会与柔性制造系统构建、制造服务全生命周期管理和分散制造资源的高效协作与集成四个方面介绍了分布式协同制造的研究范畴。

第**2**章

分布式协同制造的概念与模式

引言

先进制造系统是我国实现"制造强国"目标的战略性规划之一，本书以分布式协同制造系统作为主要研究对象，针对我国网络协同制造和智能工厂发展模式创新不足、技术能力尚未形成、核心技术薄弱等问题，基于"互联网+"思维，以实现制造业创新发展与转型升级为主题，探索引领智能制造发展的制造与服务新模式，突破网络协同制造和智能工厂的基础理论与关键技术。

本章重点论述分布式协同制造的概念和模式。首先，详细介绍当前制造模式的变革过程，即从传统模式到大规模定制的转变，通过揭示对于制造资源的海量化需求与个性化云定制订单之间难以处理的矛盾，引出应用跨地域分布式协同制造模式的迫切需求。其次，重点分析分布式协同制造的三种典型模式，即云制造、社会化制造和共享制造，在此基础上明确分布式协同制造究竟是什么，以及如何实现分布式协同制造。

2.1　个性化定制需求对制造模式的挑战

2.1.1　从大规模生产到个性化定制

客户的行为和偏好一直在改变，高度同质化的产品已无法满足客户的情感需求，所以当今市场对个性化产品的需求越来越大。市场竞争日趋激烈，企业为了保持行业竞争优势和保证生存质量，不得不更好地识别客户群体并完整理解客户的个性化需求，而不是为每个客户都提供"标准"产品。

"顾客永远是对的"这个口号正在被赋予新的含义，它意味着是否具有个性化的产品功能是企业能否跟上竞争的决定要素。约瑟夫·派恩（前 IBM 执行官）将大规模定制定义为"开发、生产、销售，并提供物美价廉的商品和服务，这些商品和服务有足够多的种类和定制品种，几乎每个人能精确地找到他们想要的东西"。

经济快速发展使人们的生活质量得以提高，客户的要求越来越具体而不再局限于"标准"产品，客户的消费越来越倾向于个性化需求和高质量服务。相当多的企业已经注意到了这个现象，它们努力向客户提供个性化服务来满足客户的定制需求，企业的竞争开始由"以市场为中心"转变为"以客户为中心"。企业越来越关注如何及时开发产品，并快速响应客户的服务要求。

个性化定制是对单个客户需求的响应，所以个性化生产的每一件产品都是不同的。企业最擅长处理大规模的同质化产品，大规模的产品生产有助于分摊成本。因此，"大规模"和"定制"看起来是相悖的两个概念，但企业需要将这两者有机结合起来，其内在逻辑是，人们对产品的需求尽管有差别，但也有共同点；另外，如果稍做一些深入分析，就不难发现，由于消费者所接触及使用的是作为整体的产品，因此其需求个性化或差别化主要反映在产品层面上。

个性化定制相当于用户直连制造商（C2M），C2M 模式对传统大规模生产模式造成了巨大的冲击与挑战，用户不再通过中间渠道，而是直接与制造商对话，如图 2.1 所示。用户跨过中间渠道，向制造商提出自己的个性化需求，制造商收到需求后定制生产计划为用户制造产品。表 2.1 是对两种生产模式差异的总结。

互联网技术的不断创新与应用发展降低了企业大规模定制生产的成本，例如，计算机集成制造技术的发展、柔性制造概念的提出、智能制造互联网协议的不断提出与改进、并行计算的改进和普及、开发者社区的建立与发展等，都改变了企业生存和发展的"游戏规则"。客户的个性化需求迫使企业持续改进经营管理模式。企业如何融合和使用新一代信息技术和新一代人工智能技术来实现对车间生产异常的实时监控、精准预测和快速响应，从而提高车间生产效率、缩短产品制造周期、优化制造资源配置，真正实现大规模定制服务以应对客户的个性化需求，已经成为国内外学者和制造企业关注的热点话题之一。

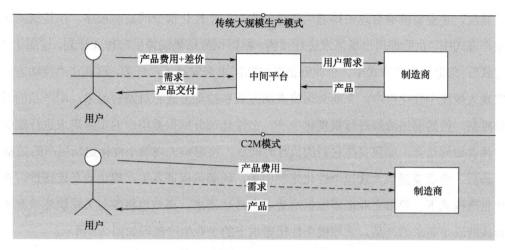

图 2.1 传统大规模生产模式与 C2M 模式示意图

表 2.1 两种生产模式差异的总结

	大规模生产模式	个性化定制模式（如 C2M）
生产逻辑	生产者驱动生产后销售	消费者需求驱动，先有订单后生产
设计差异	同质化	个性化
驱动方式	根据销售预测安排生产，推动式生产	根据客户订单安排生产，拉动式生产
库存水平	高库存	零库存
系统体系	简单的机械系统、确定性强	复杂的生产系统、不确定性强
渠道差异	中间渠道层层加价	消费者直接对接制造商
客户黏性	对制造商黏性较低	对制造商黏性较高
管理模式	泰勒科学管理理论，丰田精益管理模式	亟待新一轮管理变革

2.1.2 企业如何实现大规模个性化定制

企业提供个性化定制服务需要进行生产管理等多方面的改进。首先，个性化定制服务要求产品具有可分解性，个性化产品中存在通用部分，是实现大规模个性化定制的基本条件。为了有效地进行大规模生产，企业必须对产品的通用部分和定制部分进行分解，从而使产品的制造过程在不同的时间和空间进行。如果产品生产过程是一个不间断的连续过程，那么大规模定制生产是无法达成的，因为要对每一件标准产品额外添加个性化部分，而这样的做法会导致企业生产成本急剧增加。因此，产品的可分解性越强，生产效率提高的可能性就越大，定制化程度也会越高。

其次，企业要能够合理安排通用部分的生产与个性化部分的定制顺序。在传统的大规模生产方式中，企业根据市场需求进行预测，根据预测结果编排生产作业计划，这属于"推动方式"；在定制生产方式中，企业则根据实际需求来安排生产任务，这属于"拉动方式"。要实现大规模个性化生产，企业必须将推动方式和拉动方式有机结合起来，即产品的通用部分根据一般的制造流程进行规模化生产，个性化部分则根据用户的实际需求进行定制生产。两者如何结合，如何安排它们的执行时间点，将影响大规模个性化定制生产的效率。

最后，企业要提供大规模个性化定制服务，还必须保证各生产模块的易连接性。在模块化生产模式下，要求企业能够根据消费者个性化需求，高效地将各有关模块连接起来，组合成能满足需求的产品。大规模个性化需求下的企业生产流程如图 2.2 所示。

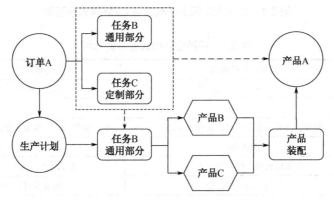

图 2.2　大规模个性化需求下的企业生产流程

以智能服装公司为例，在大数据、物联网等技术的支撑下，智能服装公司以客户需求为中心，以订单为驱动力，让客户在系统中参与产品设计，提交个性化需求，从而自动生成订单，并对客户需求进行数据建模。在建立客户需求数据模型的基础上，生产部门开始执行个性化生产制造流程，借助 RFID 技术对裁剪、钉扣、刺绣等工序进行追踪。通过生产全流程的数据追踪，实现规模化生产下的个性化定制，通过一人一板、一衣一款、一件一流，实现消费者与制造商的直接交互，充分满足客户的个性化需求，打造数据驱动的智能工厂。智能服装公司提供个性化服务的 7 日流程如图 2.3 所示。

图 2.3　智能服装公司提供个性化服务的 7 日流程

2.2　分布式协同制造的基本概念

2.2.1　分布式智能制造的体系框架

当前，制造业正朝着分布化的组织与产品结构、智能化的生产与服务这两个重要方向不断发展，而分布式智能制造则将这两者进行了融合，能够满足制造业"四化"，即高端化、个性化、服务化和绿色化的要求。分布式智能制造是一种面向企业创新和可持续发展的企业整体解决方案，其与智能制造的关系如图 2.4 所示。分布式协同制造也属于分布式智能制造，因此有必要对分布式智能制造的相关概念进行介绍。

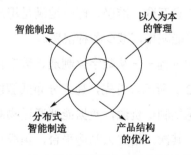

图 2.4　分布式智能制造与智能制造的关系

近年来，分布式制造模式逐渐呈现出分布化、透明化、集成化、智能化等发展趋势。分布化主要指产品结构分布化、企业组织分布化、供应链组织分布化。其中，产品结构分布化是指利用新一代信息技术，开展大范围的产品结构模块化工作，并在此基础上，提高产品模块在不同产品中的通用化程度和重用率，从而实现大规模个性化定制生产。企业组织分布化是指企业权力下放，形成具有较大自主权且权责利统一的大量小团队。例如，阿米巴模式就具备分布化特征，阿米巴模式是在正确的经营理念的指导下，把组织划分成一个个小团体，通过独立核算制加以运作，在团体内部培养具备领导意识的个体，以实现全员参与的模式。供应链组织分布化是指通过新一代信息技术，大量小企业形成专业化分工，实现供应链上下游企业相互协同生产。分布式制造的透明化是指整个分布式生产过程数据透明化，需要进行分布式制造的订单得到了充分拆解，参与分布式制造的企业之间有着充分的联系与交流，任务流能够得到充分接洽。进一步，参与分布式制造的企业能够实时接入生产进度数据，根据制造任务按时按量完工；用户能够充分了解产品的生产进度，得到相关的质量反馈。分布式制造的透明化有助于推进分布式制造全流程高效透明化管控，保障生产全流程安全透明。分布式制造的集成化是指用于实现分布式制造的功能集成化，通过分布式制造系统进行使能，使整个分布式制造过程得以合理高效地进行，用户、制造商所需要的功能能够在系统中得到充分的满足，系统能为其提供可靠的功能服务。分布式制造的智能化是指对整个分布式制造过程进行智能化管理与控制，参与分布式制造的企业智能化水平高，数据流可靠性强，在接到分布式生产任务后，企业能够根据生产任务高效组织生产资源，面对扰动能够及时做出调整。

分布式智能制造对其内部和外部环境具有非常强的感知能力，可以通过分布式传感网络快速感知与系统相关的各类信息。物联技术、无线技术、5G 技术等作为分布式传感网络的基础，可以实现企业内外信息互联，准确、即时地满足用户需求，从而充分利用资源，最大限度地提高工作效率，节能减排，减少各种浪费。

智能化是一个渐进发展的过程——从数字化制造、数字化网络制造到智能制造，分布式智能制造的体系框架如图 2.5 所示。首先，建立分布式智能制造的网络基础，例如，企业能够通过网络更为透彻地感知制造资源，数据能够通过物联网得到传递，用户能够通过互联网发布自身的制造需求。其次，搭建云制造平台，集成相关的功能，为企业与用户提供分布式智能制造的功能服务，实现更为广泛的互联互通。最后，制造企业实现更为深入的智能化，搭建新的智能创新网络、智能管理网络和智能制造网络。分布式智能制造系统能够充分利用闲置资源，节能减排效果显著；能充分发挥员工的才智，实现团队协同化、工作效率最大化和企业风险最小化；能为用户提供整体解决方案，使用户需求得到全方位满足，最终实现社会满意、员工满意、股东满意与用户满意。

图 2.5　分布式智能制造的体系框架

2.2.2　分布式智能制造的需求

分布式智能制造融合了分布式的制造控制方法、生产管理模式与智能制造技术，能够在动态和复杂的生产环境中对生产设备和物料系统等制造单元做出实时、高效、柔性、经济的决策，能够通过资源共享提高制造业的可拓展性并平衡各生产节点的负荷，从而实现大规模定制、自组织和高效率等现代制造目标。与此同时，不确定、动态的制造环境及多样、异构的行业标准也对分布式智能制造提出了多方面的需求。分布式智能制造的需求如图 2.6 所示。

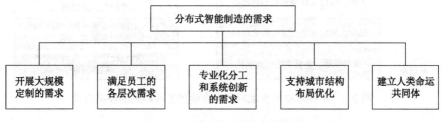

图 2.6　分布式智能制造的需求

大规模定制是分布式智能制造要实现的目标之一。分布式智能制造只是满足用户需求的一种手段，用户需要的产品是多样化、个性化的，同时满足价格偏低、质量好、交货快。大规模定制中的大部分零部件是标准化和模块化的，可以采用高效的大批量生产装备生产，而少量零部件是个性化的，可以采用智能数控机床、加工中心、3D 打印机等生产。个性化产品的装配过程也是智能化的，这里的智能化主要体现在利用新一代信息技术快速配置资源、组织生产。分布式智能制造中多种生产模式的结合如图 2.7 所示。

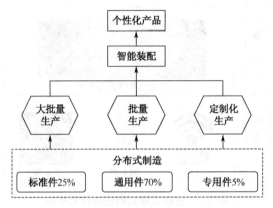

图 2.7　分布式智能制造中多种生产模式的结合

分布式智能制造还应满足员工的各层次需求，图 2.8 显示了不同层次的智能制造对企业员工幸福感的提高方式。心理学家 A.Maslow 把人的需求分为七个层次：生理需求、安全需求、友爱和归属需求、尊敬需求、知识需求、美的需求、自我实现的需求。分布式智能制造能使基层员工更多地参与产品的生产过程，不仅能够满足员工的基础需求，而且能够满足员工的高级需求。这就是赋能的作用，基层做决策，而高层提供整合资源的服务。

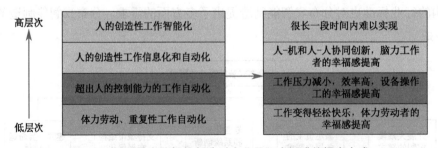

图 2.8　不同层次的智能制造对企业员工幸福感的提高方式

当前，科技发展越来越快，创新却越来越难。没有一个企业能够在一个行业中掌握所有核心科技，因此专业化分工和协同创新的趋势越来越明显，也就是说，企业的创新对社会资源的依赖程度在不断提高。社会资源是在社会中由人与人之间、企业与企业之间、企业与人之间的信任而产生的一种社会性共享资源。企业通过社会资源整合平台（云平台）找到自己不擅长的领域，把加工或者设计任务委托给社会上的其他企业。零工经济就是在这一背景下产生的，零工经济是由工作量不多的自由职业者构成的经济领域，利用互联网和移动技术快速匹配供需方，主要包括群体工作和经应用程序接洽的按需工作两种形式。每个人或企业利用自己的闲置资源（制造资源、设计资源等），帮助别人解决问题，从而获取报酬；同时，一些企业为了节约成本，选择弹性用工方式，让自己的人力成本变得很低。零工经济让人们可利用自身的特长、资源实现更高的价值，进一步印证了分布式智能制造能够满足人的高级需求。

传统企业的发展要求关联企业尽可能集中在一起，这样可以节省企业的物流运输成本，但居民居住地点又不能离工业地点太近，否则会污染生活资源，影响生活质量，最终的结果是分别形成了工业园区和生活区，这两个区域分别不断地向外扩张，员工离工作地点越来越远，要花费大量的时间在通勤上，企业的生产效率则逐步下降，而远距离上班又造成交通拥堵、环境污染等严重的反绿色化目标的现象。这是城市工业化进程中的一个主要矛盾。

当前，我国已经进入城镇化后期这一特殊且重要的阶段，应从前期注重 GDP 的数量型城镇化转向社会效应、生态效应和经济效应并重的质量型城镇化。智能城市的结构是高度优化的，能给居民的工作和生活带来很大的便利，而分布式智能制造能够促进企业向绿色化、小型化和分布化的方向发展。

2.2.3 分布式协同的概念

分布式协同制造的"协同"包括三个方面：制造企业内部各个本地部门或系统之间的协同，企业内各个异地工厂之间的协同，以及供应链上下游制造企业之间的协同。通过建立统一的标准，打通分散于不同层级、环节、组织的"数据孤岛"，让生产数据在不同业务系统间自由流转，实现企业制造各层级和产业链各环节的互联互通和协同化生产。通过纵向和横向数据贯通，最终实现设备、车间、工厂、流程、物料、人员乃至产业链各个节点的全面互联。通过实时数据感知、传输、分析和处理，围绕用户需求和产品全生命周期进行资源动态配置和网络化协同，最终形成端到端的生产制造全流程信息共享和融合，从而最大限度地实现个性化定制，快速响应市场需求。因此，制造范式的价值传递过程从传统制造单向链式转向并发式协同。

分布式协同制造的理论基础之一就是协同论。协同论是 20 世纪 70 年代出现的一门自组织系统理论，其以信息论、控制论、耗散结构、突变论等现代科学理论的新成果为基础，同时采用统计学与动力学考察相结合的方法，通过类比，针对各学科中的不同系统在一定外部条件下，系统内部各子系统之间通过非线性互相作用产生协同效应，使系统从无序到有效，从低级有序到高级有序，又从有序转化为混沌的现象建立一整套数学模型和处理方案。协同论的基本原理包括协同效应原理、支配原理和自组织原理。

协同效应原理是指系统的有效性是由诸元素的协同作用形成的，协同是任何复杂系统本身所固有的自组织能力，是形成系统有序结构的内部作用力量。在社会系统中，各个社会细胞之间协同合作，才能引导社会的有序演化。而且，社会的现代化程度越高，这种协作越复杂，对协同的要求也越高。分布式协同制造强调不同设备、不同企业、不同员工动态组合，协同设计、生产和服务。

支配原理是指系统的支配性是由其组成的诸多结果共同作用形成的，许多系统可以自发形成空间结构、时间结构和时空结构，当这些系统接近不稳定点时，系统的动力学和突变结构通常由少数几个变参量决定，而这些参量也决定了系统其他参量的行为。分布式协同制造中也会有这两类参量：快参量使系统具有较强的鲁棒性和抗干扰能力；慢参量使系统适应外界的变化，逐渐优化。产品设计开发也分为两个过程：慢过程是全新产品的开发过程，包括产品模块化；快过程的"快"是指按订单的设计快速反应。

自组织原理是指系统的运行是由其构成元素的自组织作用形成的，分布式协同制造系统本质上是一种自组织系统。自组织现象是指在一定的外部能量流输入的条件下，系统会通过大量子系统之间的协同作用，在自身涨落力的推动下，达到新的稳定，形成新的时空有序结构。自组织现象是系统构建及演化的现象，系统依靠自己内部的能量，在相对稳定的状态下，将物质、能量和信息不断向结构化、有序化、多功能方向发展，系统的结构、功能随着变化也将产生自我改变。哈肯在《协同学导论》中提出：一个企业群体，如果其中每个成员按照经历发出的外部指令以一定的方式活动，那么就称它为组织。如果不存在外部指令，员工们按照互相默契的某种规则，各尽其职地协调工作，那么这种过程就称为自组织。自组织是靠自身的机制形成有序结构的过程。

2.2.4　分布式智能制造的典型体系架构

在新一代信息技术和人工智能技术的驱动下，通过对制造任务实体集合和制造资源实体集合赋能，采用边缘局部优化和云端全局优化相结合的方式，分布式智能制造系统可以实现资源与资源、任务与资源的双向实时自主通信、物联交互和协同决策，从而最大限度地优化制造资源配置、提高产业链生产效率、保证产品质量、降低生产成本与能耗。图 2.9 为分布式智能制造的典型体系架构，主要包括两大部分，分别是边缘局部优化和分布式自主决策，以及云端全局优化和精准预测。

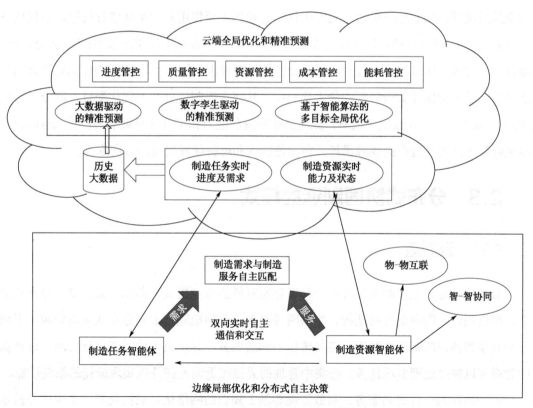

图 2.9　分布式智能制造的典型体系架构

边缘局部优化和分布式自主决策主要满足智能车间局部优化和实时管控的需求，在边缘层实现车间异常的实时决策和快速处理。其中，边缘层主要指车间制造资源层和智能设备之间的信息／知识互联互通和自主协同决策，实现智能车间制造任务和智能设备的自感知、学习、决策、组织和适应。制造任务和智能设备之间通过消息传递模式进行通信，两者可以在消息队列上发布和读取当前的需求信息和服务信息，并且根据自身实际状态进行需求／服务的主动发现和自主决策。智能设备之间实现互联互通，通过信息／知识实时共享及协作、协商等手段和机制，自主协同解决车间异常或避免可能的生产异常，并形成新的解决方案来指导物理车间的生产。

云端全局优化和精准预测主要是通过预测技术来降低异常现象出现的频率。一方面，可以通过大数据和数字孪生技术进行精准预测；另一方面，通过周期驱动的方式生成阶段性全局最优解，辅助边缘层进行局部优化。云端的主要作用是对车间进行管控，包括以下五个方面：① 进度管控：确保按时按量完成客户订单，提高车间生产效率；② 质量管控：确保生产的每个环节都符合技术规范和企业的管理要求；③ 资源管控：确保制造资源的精准获取，尽可能保证制造资源的最大化利用，从而实现制造资源的优化配置，降低生产成本；④ 成本管控：降低生产成本，提高企业的盈利能力和可持续发展能力；⑤ 能耗管控：尽量降低车间生产过程的能源损耗，向绿色制造和可持续发展战略方向靠拢。

2.3　分布式协同制造的模式

2.3.1　云制造

云制造被称为全球制造环境中一种新颖而有效的商业模式，其源于云计算、分布式制造、网格制造、面向服务的架构、物联网等概念。云制造通过汇聚分布式制造资源，形成一个共享和协作的制造资源库，将其转化为制造服务，并以集中的方式进行管理，这种集中管理可以同时处理多项任务，而集中管理的关键在于调度任务以实现最佳的系统性能。

云制造作为一种面向服务、高效低耗和基于知识的网络化、敏捷化制造新模式和技术手段，可以有效促进制造业敏捷化、服务化、绿色化和智能化发展。云制造支持用户在有互联网的地方使用上网终端随时获取应用服务，由于云制造平台支持各种容错技术，即使有单点物理故障发生，制造应用也能在用户完全不知情的情况下，转移到其他物理资源上继续运行，因此云制造的适用性比传统的制造模式更高。

图2.10展示了云制造与云计算服务的关系。可以看出，云制造是在云计算提供的基础设施即服务（IaaS）、平台即服务（PaaS）和软件即服务（SaaS）基础上的延伸和发展，其丰富和拓展了云计算的资源共享内容、服务模式和技术。因此总体来讲，云计算所提供的服务包括在云制造所能提供服务的范围之内。云计算共享的资源类型主要为计算资源，云制造共享的资源类型除计算资源外，还包括其他特定的制造资源和制造能力。其中包括硬制造资源，如机床、加工中心、计算设备、仿真设备等各种制造设备；还包括一些软制造资源，如生产模型、数据、软件等。

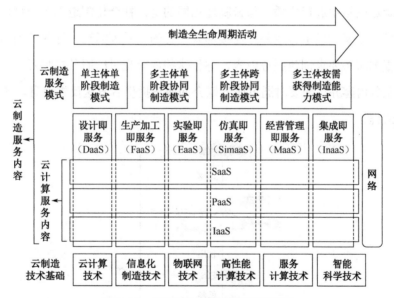

图2.10　云制造与云计算服务的关系

参与云制造的分布式工厂在接入制造资源后可以获得巨大的竞争优势，具体优势如下：① 成本更低：IT 基础设施由于技术本身，以及与设施和维护相关的资源、能源、技术人员等方面的投入，耗资巨大，更不用说工作中断和停止带来的一系列问题，而云端作业由于不需要 IT 基础设施，因此大大减少了硬件和软件成本；② 灵活性更高：如果用户需求下降，那么企业就降低对云生产的需求，可根据生产需求而变化，减少不必要的费用支出；③ 一致性高：只要有网络连接，企业可以在任何地方接入云制造网络；④ 利于合作：无论企业员工、供应商或用户，都可以从云平台上轻松获取自己想要的制造数据，可以随时随地与各方参与者沟通合作，使生产更加灵活高效。

2.3.2　社会化制造

网络技术、物联技术、CPS 技术的进步，使人类生活在一个数据驱动、信息互联的环境中。社会化制造被定义为一种基于互联网和以服务为导向的先进制造模式，涵盖产品生命周期的各个阶段。这种模式能够充分利用外包和众包的机制，完善订单驱动的系统运行逻辑并提供定制化产品服务。同时，社会化制造将社会化制造资源组织在社区中，并进一步在社会化制造网络中进行广播。与云制造相同的是，社会化制造也是一种以服务为导向的模式。服务被定义为以串行或并行连接形式运行的一系列活动，这些活动由服务提供者启动，他们根据服务要求创建服务内容，并将这些内容交付给服务接收者，后者提出服务要求，接收服务内容并在需要时通过服务媒介向服务提供者发送反馈信息。图 2.11 展示了服务的工作流程。

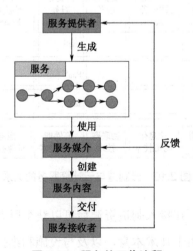

图 2.11　服务的工作流程

社会化制造作为一种社群经济的制造模式，其第一个特点是支持离散社会化制造及服务资源通过社会网络媒介实现信息、物理和社交的互联，并通过自组织机制形成各类社群。社群可以看作复杂、动态的自治系统，围绕着个性化产品的生产，社群之间和社群成员之间依托生产性服务和产品服务等建立交互关系，并在产品全生命周期进行动态协同。互联、协同与交互具有分散化、动态性、实时性等特性，为主动的生产决策和市场预测提供支持。社会化制造的第二个特点是社会化制造资源具有自我组织的能力。一般而言，无论是社会化制造资源还是从大型制造企业分解出来的小微制造企业，都会根据其承担工作任务的角色和专业能力，整合到不同的供应链中。在社会化制造模式的背景下，实现这种整合的方法取决于上述社会化制造资源之间基于互联网的商业连接和交流行为。社会化制造的第三个特点是具有在一个制造社区内或在不同的制造社区之间共享社会化制造资源的能力。这样做的目的是尽可能规避商业风险，并在"双赢"模式下获得商业利益。社会化制造的第四个特点是大数据驱动的决策和性能优化。在社会化制造模式的背景下，物联网和扩展 CPS 的使用，加上商业中基于互联网的连接和沟通行为，将产生大量的数据集，这些数据集通常表现为视频、图像、信号、文本和数字数据，使用这些数据集进行决策和性能优化是一个非常重要的任务。社会化制造模式的第五个特点是制造资源的微观化和最小化。一个大的制造企业在进行有关其产品线、人力、资本、资源等方面的决策时，往往有一个固化的组织结构，这个问题在几十年前就已经存在了，早期的解决方案之一是依靠独立财务检查的"阿米巴模式"。制造资源的微观化和最小化将创造出新的、相对独立的微型和小型制造企业，它们在商业中的联系和沟通行为不仅发生在一个制造企业内部，还发生在不同的企业之间。此外，它们的角色和工作任务与上述运行"阿米巴模式"的制造企业基本相同。

2.3.3　共享制造

共享经济是近年来新兴的一种经济范式，它通过协调对等（P2P）模式帮助人们获得或提供获取物品和服务的途径。它通过在线服务实现双赢的商业解决方案，吸引了几乎所有行业的关注，特别是在交通和酒店行业，像 Uber 和 Airbnb 这样的成长型公司已经取得了巨大的成功。以共享汽车公司 Uber 为例，到 2022 年底，其估值已达 720 亿美元，这甚至超过了本田和通用汽车等传统汽车企业的估值。

在"共享经济"趋势的影响下，产生了一种新的社会化制造模式，即共享制造模式，它可以在 P2P 服务的帮助下扩大资源共享的程度和范围，从而提高制造业的竞争力。目前已经出现了一些初步的工业应用。例如，荷兰公司 Floow2 为制造商建立了一个在线社区，分享它们的闲置资产（如设备、员工和工作场所）以获得额外的收入。海尔集团建立了一个资源共享的生态系统，在这个系统中，公司供应链所涉及的资源都可以独立地被外部合作伙伴获取。

共享制造具有面向服务、面向定制和分布式制造的特点，由共享制造平台实行制造资源的协同调度和管理。共享制造的关键是要实现"面向服务"的管理，包括通过 MaaS（Machine as a Service）连接供需双方，以及通过 Saas、PaaS 和 IaaS 等方式向服务供应商提供服务支持，以提高中小型服务供应商的信息化水平，加快服务的响应速度。

共享制造也是以服务为导向的，因此共享制造与云制造有一些相同之处。例如，它们都是建立在面向服务的体系结构之上的。但是，它们之间也有许多不同之处。首先，它们的驱动因素是不同的，云制造模式是以技术驱动的（即云计算），而共享制造模式不仅仅由技术驱动，还有社会和经济的因素（即共享经济）。其次，"共享"的终极目标是不同的，共享制造模式的核心是最大化物品和服务的效用，而云制造模式的主要目的在于提升公司间合作的便利性。因此，云制造公司非常重视提高公司的竞争力，例如，业务灵活性、财务灵活性和持续创新。相比之下，共享制造更关注社会的可持续性，无论参与者是不是企业。最后一个不同点是，它们赋予服务提供者不同程度的自主权。共享制造确保了供应商的自我组织权，而云制造主要以协调和集中的方式来组织供应商。

2.3.4 分布式协同制造模式的局限性与调整

云制造、社会化制造、共享制造本质上都是为了充分利用企业闲置的制造资源，有序地进行任务分工，最大化输出生产效率，为用户与制造商提供优质的生产服务。但是，它们所面对的工业场景各有不同，而且存在一定的缺陷。

云制造是一种利用网络和云制造平台，按用户需求组织网上制造资源，为用户提供按需制造服务的网络化制造模式。云制造面向的对象主要是用户，但在实际的生产过程中，在平台上提出定制化需求的往往是更为专业的群体，他们对产品有着更高的要求。同时，云制造在组织制造资源时，往往在资源管控过程中缺乏柔性，在常有扰动的工业场景中应用时，调整力度不够。

社会化制造的主要特点是支持离散社会化制造及服务资源通过社会网络媒介实现信息、物理和社交的互联，并通过自组织机制形成各类社群。但是，这些社群往往会在集群的过程中产生某种偏向，并且通过社群能够获取大部分订单，不利于市场的发展。社群的重构过程也较为复杂，不利于需要高效率的网络化生产。

共享制造具有面向服务、面向定制和分布式制造的特点，由共享制造平台实行制造资源的协同调度和管理。共享制造对资源的利用率极高，但是，过高的利用率会导致资源使用的良莠不齐，在实际制造过程中，会遇到各种各样的现实资源使用难的问题。

针对上述三种分布式协同制造模式存在的局限性，通过运用“协同”理念构建面向不同群体的制造服务，将订单的任务流协同与生产的制造流进行深度融合，使整体生产过程得到不同于三大主流模式的管控能力，进一步提高生产效率，同时结合用户的生产需求，提供更高质量的产品。

2.4　本章小结

本章首先介绍了个性化定制需求对生产管理的挑战，企业最擅长处理大规模的同质化产品，大规模的产品生产有助于分摊成本，而如何将“大规模”和“定制”两个看似矛盾的目标结合起来，是企业能否成功转型的关键所在。其次，介绍了分布式协同制造的基本概念，着重介绍了分布式协同制造的“协同”概念，通过协同论阐释了分布的含义和作用。最后，探讨了分布式协同制造的三种模式，即云制造、社会化制造和共享制造，并比较了云制造和共享制造的相同与不同之处。

第**3**章

分布式协同制造系统架构

引言

分布式协同制造能够提升制造的灵活性和分布式制造资源的利用率。本章针对多企业跨地域严格时序下协同难及其个性化定制需求与日俱增的问题，基于数字孪生与多智能体技术，提出一种分布式协同制造系统架构，以适应和满足多样化和个性化的制造需求，并对系统的整体运行方式进行介绍。

3.1 需求分析

随着互联网技术不断地向工业领域渗透，先进制造技术和新一代信息技术出现了前所未有的深度融合。随着用户个性化需求日益多样，传统制造模式已经很难满足现阶段个性化和多样化的用户需求，单一企业只能提供固有的生产方式和功能，已无法完成复杂产品的生产制造任务。随着云计算、云制造等新兴技术的不断发展，制造企业开始推进向分布式协同制造模式的转型升级。

分布式协同制造是基于敏捷制造、虚拟制造、网络制造的生产模式，它打破了时间和空间限制，通过网络技术将各离散的制造企业和车间整合到一起，促使供应链上下游企业共享生产制造信息，提高离散资源利用率，缩短研制与生产周期，提升设计和生产的柔性，快速响应用户定制化需求。分布式协同制造的参与主体如图 3.1 所示。

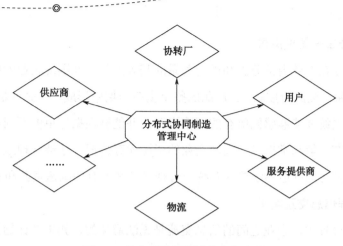

图 3.1 分布式协同制造的参与主体

　　大规模个性化定制生产和服务的出现使得制造模式由集中式向分布式发展。传统的制造模式侧重于集中资源在单一企业中单独生产,采用刚性的自动化和机械化生产线进行大批量生产。虽然这样的生产方式具有工序粒度小、标准化程度高、员工专业技能要求低等优点,但是产品种类单一,无法高效应对生产制造任务的变动。随着大量个性化定制任务的不断涌现,传统的制造模式显然无法适应和满足动态环境下的生产需求,制造模式开始由集中式制造向分布式协同制造发展。

　　分布式协同制造系统旨在构建一个汇聚各种离散、异构、异能制造资源的网络,借助其庞大的数据感知、传输、挖掘、分析、推理与预测能力,实现产业链上下游企业内外部信息互联互通。根据汇聚的海量实时信息,实现信息与数据及时共享,从而为制造任务分配最优的企业资源服务组合,以达到效率最高、成本最低、生产周期最短的生产效果。分布式协同制造的需求如图 3.2 所示。

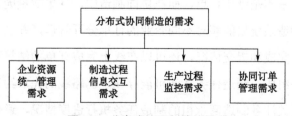

图 3.2 分布式协同制造的需求

1. 企业资源统一管理需求

产业链是建立在产业内部分工和供需关系的基础上的，其围绕企业的核心业务，通过对信息流、物流和资金流的控制，在产品的整个生命周期中形成一个企业群体的关系图谱。分布式协同制造系统要能够感知所有的制造资源，并能够根据订单的不同需求，管理和分配制造资源。只有了解和掌握各个离散企业的资源库存情况，才能合理地制订加工生产计划。因此，分布式协同制造系统要具有统一管理和感知所有的制造资源和企业的能力。

2. 制造过程信息交互需求

在协同制造过程中，企业之间的信息交流是无法避免的，如生产计划信息交互、物料信息交互、制造资源信息交互等。传统的信息交互方式有电子邮件、传真、电话等，这些方式受人为因素的影响较大，存在信息传递不及时、无法主动获取信息、信息无法追溯等弊端，造成企业间协同性差、可控性弱等问题。因此，分布式协同制造系统要能够实现企业间无障碍交流沟通，做到信息及时共享，确保企业之间在业务合作上的信息无差别共享，保障协同制造过程的稳定性和加工效率。

3. 生产过程监控需求

协同制造任务通常被拆分成多个面向具体制造资源的子任务，整个协同过程通常涉及多个异地的企业与制造资源。在整个生产过程中，任何一个不可预见的动态扰动事件都有可能影响产品质量，因此，迫切需要能够对生产过程与状态、产品质量、任务进度等进行实时反馈和监控，及时了解和整体掌握关键制造资源与产品质量状态，进而及时做出调整，保障产品生产质量。

4. 协同订单管理需求

制造企业的订单基本是纸质订单，而在协同制造中，订单数量庞大，并且种类繁多。因此，分布式协同制造系统要能够对不同企业的订单分开管理，并且用户和企业都能够随时查看订单的执行、完成和提交情况，还可以在线上完成订单的结算和支付。同时，协同订单由多种制造任务组成，制造任务之间可能存在工艺路线的先后约束关系。因此，协同订单管理过程中需要关注各制造商承担的制造任务执行进度情况，避免出现某生产环节进度过慢或不符合预期而影响产品的整体生产进度与交货期。

3.2　系统的整体架构

根据制造资源、协同制造云平台与参与制造过程的各制造实体之间的协同工作逻辑，将分布式协同制造系统的整体架构分为四层，即制造资源层、智能感知层、优化配置层和集成应用层，如图 3.3 所示。

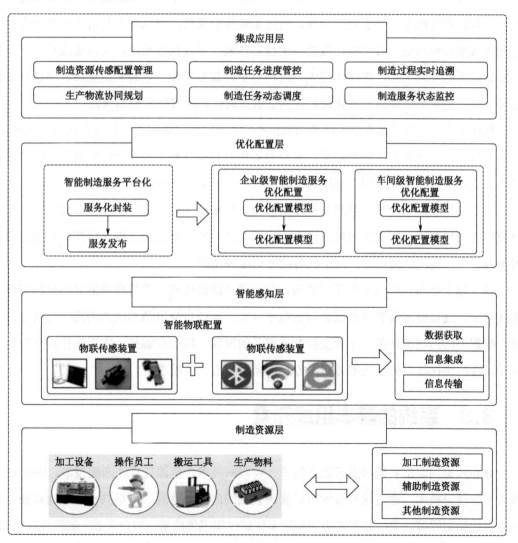

图 3.3　分布式协同制造系统的整体架构

制造资源层：主要包括制造系统中所需要的资源，如加工中心、装配站等直接面向生产的加工制造资源，机械手、原料等辅助制造资源，以及其他必要资源，如技术文档、服务器、软件等。制造资源是产品全生命周期内所有制造活动的基础，也是智能制造服务主动感知与优化配置的基础，它们分散在不同的地理位置，通过协同制造网络互联互通，汇聚成制造资源池，实现对制造资源的统一管理。

智能感知层：在制造资源层的基础上，对企业的生产单元、辅助装置及企业信息等资源进行智能物联配置。对于物理装置，通过加装传感设备，可以提升其自主感知能力；通过配置数据传输模块，可以实现数据快速稳定传输；通过软件系统，可以实现从生产信息到实体资源的协同工作，进而实现生产过程中实时数据感知、信息有效集成、信息高效传输等功能，为制造资源的服务化封装及制造服务的优化配置提供数据来源。

优化配置层：该层是整个系统架构的核心，主要包含云端服务化接入和协同优化配置。它从智能感知层获取制造资源信息，进行服务化封装并发布到云平台；协同优化配置模块可以实现企业级或企业联盟/集团内部制造服务的自主、协同、高效使用。

集成应用层：将功能信息和其他辅助系统进行集成，以实现产品全生命周期中各个管理模块的拓展应用。它主要包括制造资源传感配置管理、制造任务进度管控、制造过程实时追溯、生产物流协同规划、制造任务动态调度等功能。

基于以上分布式协同制造系统架构，分布式资源供应商可以将自身的异构异能资源虚拟化封装，发布并部署到分布式协同制造平台上，实现自身资源与能力的接入与共享；同时，根据不同的制造任务，平台支持制造服务的发现、组合和编排，实现协作过程的动态建模，输出优化高效的制造服务组合方案，满足制造任务需求。

3.3　系统的基本组成元素

分布式协同制造系统涉及云服务技术、物联网技术、资源管理和匹配技术、Web 技术及人工智能等技术，通过这些技术可以实现企业间的互联互通、信息共享、可视监控、制造资源优化配置等功能。分布式协同制造系统通过集成供应链、客户关系、制造执行模块、企业资源等，突破物理空间局限性，为整个供应链上下游企业搭建信息共享平台，将生产过程协同扩大到全产业链，实现网络内优质资源与能力的优化配置，真正实现了社会化协同生产。同时，使得对单一机器、部分关键环节的智能控制延伸至生产全流程，促进制造流程的自组织、自决策、自适应生产。

分布式协同制造系统依靠工业互联网，整合来自不同企业、不同地域的多类型制造资源，旨在提高闲置资源的利用效率、促进高端装备的共享与协同。在分布式协同制造系统中，将提供制造资源和制造能力的产线或车间封装成功能各异的制造服务，然后发布到云平台上，由云平台对海量制造服务进行统一管理和调度，最终完成资源匹配并满足个性化定制任务的需求。

分布式协同制造系统的基本组成元素可以分为三大类，即制造资源、制造服务和制造能力，如图 3.4 所示。制造资源指客观存在的物理资源，包括数控机床、机械手与物流设备等；制造能力指将一类制造资源转化成另一类制造资源的能力；制造服务指制造能力虚拟化封装后，易于产品全生命周期参与者提供、获取、交易的服务化形式。三者之间的关系可以概述为：制造资源是基础，制造能力依托于制造资源，而制造服务将制造能力服务化封装成另一种形式；一个制造资源可以具有多种制造能力，并封装为多个制造服务；多个制造资源可以通过组合的方式，提供某种特定的制造能力，并封装为单个制造服务。

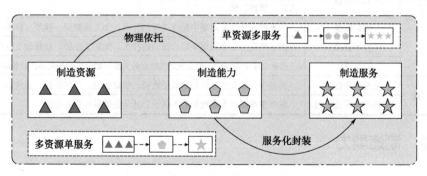

图 3.4　分布式协同制造系统的基本组成元素

3.3.1　制造资源

制造资源是完成加工制造活动的主体，根据其在产品全生命周期中存在和使用的方式不同，将制造资源分为硬制造资源、软制造资源、其他制造资源，见表 3.1。硬制造资源是在车间层具有制造能力的资源的抽象，它们主要为资源需求者提供加工制造服务，可以根据功能将其进一步细分为加工机床、刀具、量具及工装等加工制造资源，提供计算和控制功能的硬件装置（如传感器、工控机等），用于存储物料的资源（如仓库、物料缓冲区等），以及识别产品全生命周期制造活动中制造资源的装置等。软制造资源是在生产加工周期中使用的软件资源、人力资源等。

表 3.1　制造资源的分类

分类		资源描述
硬制造资源	制造设备资源	用于产品全生命周期制造活动中的制造设备，如机床、切割机、实验设备、加工工具等
	物料资源	用于产品全生命周期中制造活动的物料，如原材料、在制品、半成品、成品等
	计算资源	支持生产过程进行的计算装置，如高性能服务器、计算机、数据存储设备、工控机等
	存储资源	用于存储制造活动中物料的资源，如仓库货架、物料缓冲区等
	识别控制资源	用于识别产品全生命周期制造活动中制造资源的装置，如射频识别装置、虚拟控制器、远程控制器等
	传送资源	用于传送制造活动所需物料资源的装置，如车间内的搬运小车、传送轨道等
软制造资源	软件资源	用于产品全生命周期的软件系统资源，如产品设计系统、生产管理系统、仿真系统等
	人力资源	服务于产品全生命周期中制造活动的人员，如机床操作工、物料搬运工、设计人员、管理员等
	知识资源	用于产品全生命周期中制造活动的知识，如工程知识、模型、标准、文献等
	技术资源	用于产品全生命周期中制造活动的技术，如加工经验、特殊加工技能等
	社交资源	产品全生命周期中相关企业之间的商务关系，如合作商务关系、外包商务关系等
其他制造资源	公共服务资源	服务于产品全生命周期的员工培训、信息咨询、厂房维护、企业信用等资源
	其他相关制造资源	服务于产品全生命周期的不属于上述分类的其他相关资源

3.3.2　制造能力

制造能力与制造活动、制造资源密切相关，根据制造资源在制造活动中扮演的角色、表现能力的不同，可以将制造能力分为以下几类。

加工制造能力：主要是指在产品全生命周期中有加工制造需求的阶段，相关的加工制造资源完成某项制造任务时所表现的能力。

计划调度能力：主要是指在产品全生命周期中有计划调度需求的阶段，计划调度人员或者计划调度系统完成计划调度任务时所表现的能力。

配送传输能力：主要是指与生产物流相关的制造资源对生产过程所需要的物料、产品的配送传输能力。

产品设计能力：主要是指在产品全生命周期中有设计活动需求的阶段，仿真测试软件或者仿真测试人员利用相关制造资源，完成某项仿真测试任务时所表现的能力。

信息传递能力：主要是指与信息传递相关的制造资源对产品全生命周期中制造活动所需信息进行传递的能力。

维护能力：主要是指在产品全生命周期中，生产企业利用相关的制造资源对设备、产品等进行维修和防护的能力。

3.3.3　制造服务

分布式协同制造系统依托云平台，在各种新兴技术的支持下，将制造能力封装成多种制造服务，主要分为四种：生产服务、云计算服务、产品服务及网络服务。

生产服务：主要是指生产过程中需要的服务，包含设计服务、生产物流服务等。

云计算服务：云计算服务是分布式协同制造系统的核心，主要包括基础设施服务、平台服务及软件服务等。

产品服务：主要是指与产品销售、使用、回收相关的制造服务，包含销售服务、配送服务、产品使用监控服务、回收服务、报废服务等。

网络服务：主要是指通过网络提供的制造服务，包含在线支付服务、在线存储服务等。

3.3.4　主体关系

在分布式协同制造系统中，根据功能、需求及角色的不同，可以将系统参与主体分为分布式协同制造云平台、制造服务提供方、制造服务需求方及分布式协同制造云平台管理方，它们的关系如图 3.5 所示。

分布式协同制造云平台：指完成智能制造服务发布、请求、交易、管理、监控的平台。企业或车间结合自己的制造资源，将自己能提供的制造能力打包，以制造服务的形式发布在云平台上。这样就将离散的制造企业整合到了一起，促进企业间的共享和协同，提高企业间的合作效率。云平台最主要的功能是通过一定的优化配置和资源匹配算法，根据具体的个性化生产任务，结合云平台资源库中的制造服务，给出最优的资源分配方案，充分利用服务提供方提供的制造服务，提升产品质量，减少制造所需成本。

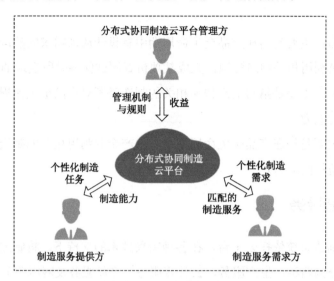

图 3.5　分布式协同制造系统参与主体的关系

分布式协同制造云平台管理方：指云平台的拥有者，其负责管理制造服务的供需请求、交易等。

制造服务需求方：指具有制造能力需求的实体，它们将制造需求提交至云平台，并通过云平台获取能够满足它们制造需求的制造服务。它们可以在分布式协同制造云平台上通过可视化界面了解任务的加工进度和加工质量，从而对整个生产制造过程有全面的把握。

制造服务提供方：指提供具体制造服务的企业或车间。在分布式协同制造系统中，制造服务提供方可以是单独的车间，也可以是企业，或者是制造单元。制造服务提供方根据自己的制造资源，对制造能力进行划分，然后封装成制造服务发布到分布式协同制造云平台上。

3.4　系统的运行方式

在分布式协同制造模式下，制造企业基于自己的制造资源，通过制造服务的形式，参与到产品生产过程中。随着参与协同制造的制造企业的数量逐渐增加，制造服务趋于个性化、多样化，因此系统对制造服务的优化配置和资源管理能力的要求不断提升。制造资源管理与调度指的是云平台运营方对制造资源云池进行任务分解、资源配置、任务执行管理、任务验收评价等的过程。分布式协同制造系统的运行流程如图 3.6 所示。

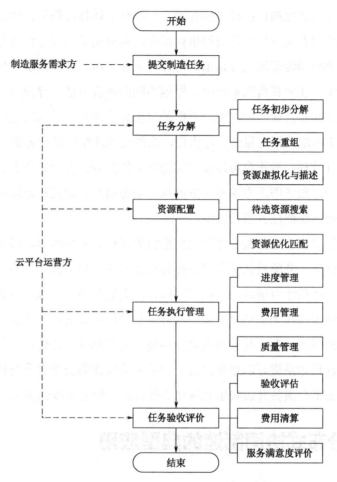

图 3.6　分布式协同制造系统的运行流程

（1）任务分解：将输入云平台的制造任务分解成可以执行且相关度低的子任务，以便于云平台进行精准的制造资源匹配。任务分解通常包括初步分解和重组两个阶段。初步分解阶段：依据一定的分解原则，按照产品、部件、零件、工序的顺序，将总任务分解为不可再分的最小可执行任务，即元任务；重组阶段：建立当前元任务与云平台现有待分配资源之间的相关矩阵，加权计算求得元任务间综合相关度，结合工期、资源需求类型等信息，将元任务重组为粒度合适的一组任务。

（2）资源配置：资源配置主要分为三个阶段：资源虚拟化与描述、待选资源搜索和资源优化匹配。资源虚拟化与描述：对制造资源进行分类，将物理制造资源虚拟化，接入制造资源云池并进行形式化描述；待选资源搜索：结合上述描述模型，通过各种特异性属性识别出同类资源或将有关联的制造资源进行组合，再对闲置资源组合进行筛选，主要按照生产时长需求，缩小制造资源组合范围，再针对该任务组的性能需求，搜索最终的资源组合；资源优化匹配：在闲置资源集合中，根据不同的评价方法，寻找与制造任务组最适配的制造资源，确定初步资源匹配方案，再借助智能算法求解，并利用制造资源云池中的历史任务数据或历史匹配数据对算法进行优化，获得资源匹配的最佳方案。

（3）任务执行管理：云平台可以反馈制造任务的分解情况和各任务组的实时进度、质量等情况，以供制造服务需求方掌握任务的执行动态信息，并同资源提供方进行高效的沟通，及时解决问题，保证任务顺利完成。

（4）任务验收评价：任务验收评价主要由验收评估、费用清算、服务满意度评价三个阶段组成。验收评估：分解后的所有制造任务组全部完工后，云平台将向用户发送验收评估提示，只有通过评估才可进入下一环节，以保证制造服务提供方高质量完成任务；费用清算：验收评估结果将作为制造服务供需双方进行费用结算的重要依据，同时需要对任务执行过程中可能出现的超期、超支问题进行协商；服务满意度评价：服务供需双方均可通过云平台建立的评价体系进行满意度评价，评价结果将作为云平台重要历史数据存入制造资源云池中，为云平台服务升级和生成新任务的资源匹配方案提供参考。

3.5　分布式协同制造的典型应用

分布式协同制造系统的参与主体包括用户、生产企业和制造云平台。用户即分布式协同制造的需求方，其将复杂的加工任务发布到制造云平台上；生产企业作为智能制造服务的提供方，主要提供完成复杂加工任务的加工制造资源；制造云平台能够对生产企业的制造服务能力进行统一管理，并根据用户发布的复杂加工任务来制定智能制造服务优化配置的规则和机制。

图 3.7 是分布式协同制造的应用模型。生产企业将它们的制造资源和能力封装成虚拟的制造服务，发布到制造云平台上。封装的虚拟服务模型应该包含加工能力信息、基本属性信息、实时状态信息和服务质量信息等，通过这些信息能够对不同的企业发布的服务进行分类

管理和组合，不同的制造服务组成了一个庞大的制造资源池。用户将复杂加工任务的相关信息，如该任务的制造能力需求、工艺约束、交货期、生产成本接受范围及产品质量的预期效果等发布到制造云平台上。制造云平台收到用户发布的复杂加工任务之后，首先会根据任务的复杂程度和任务的制造工艺流程，将其分解成一个个子任务，每个子任务可以由单独的制造服务来完成。然后，从制造资源池中选出每个子任务所能匹配（满足制造能力、加工质量、加工成本等要求）的制造服务形成制造服务集合，再利用制造云平台的资源优化配置算法，从每个子任务对应的制造服务集合中选出一个制造服务完成复杂加工任务的制造服务配置。资源优化配置算法一般综合考虑产品所需的加工能力、加工质量、加工成本、加工时间，以及不同制造服务提供商之间的物流距离和成本等因素。完成资源优化配置后，接下来就是执行每个子任务，制造云平台会根据优化配置结果将每个子任务发布给对应的制造服务提供商（即生产企业）。制造服务提供商收到任务之后开始准备执行加工任务，并将加工过程的状态信息如生产进度等发布在制造云平台上，反馈给用户和其他的制造服务提供商，这样就能够使不同的制造服务提供商进行信息共享，做出生产决策，同时让用户参与到复杂加工任务的整个生产过程中，使用户能够对任务的完成质量和进度有直观的感知。

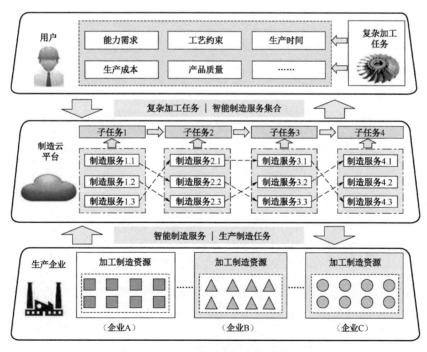

图 3.7　分布式协同制造的应用模型

3.6　本章小结

　　本章首先阐述了分布式协同制造的需求，分布式协同制造能够满足当下个性化制造的需求，实现专业化分工，通过协同提升制造创新能力，同时满足城市结构学的布局需求；然后介绍了分布式协同制造系统的整体架构，将分布式协同制造系统分成四层：制造资源层、智能感知层、优化配置层、集成应用层；接着介绍了分布式协同制造系统的基本组成元素和运行方式；最后介绍了分布式协同制造的应用模型。

第4章

面向云定制的分布式协同制造理论模型与建模方法

引言

当前网络化环境下定制化订单越来越多，产能需求逐渐增大，迫切需要一套行之有效的分布式协同制造理论模型与建模方法来解决当前资源利用率低、跨企业协同制造难、定制化订单流难以接洽的现实问题。本章针对复杂零件的协同制造，构建面向云定制的分布式协同制造理论模型与建模方法。首先，定义协同制造任务和制造子任务，建立逻辑制造单元的信息结构，定义相关元语，研究逻辑加工路线的信息模型及其有向图表示，解决分布式协同制造中复杂任务流描述的问题。其次，针对制造资源多维度、多层次的关联关系，采用一种基于关联约束的制造资源模型构建方法，提出协同制造资源形式化描述，为协同制造资源的建模提供理论基础。然后，在详细阐述制造任务和制造服务多层次特点的基础上，提出资源服务、功能服务和流程服务三个不同层次服务的模型。最后，描述异域异构分布式协同制造的结构模型、过程模型与集成模型，在此基础上提出面向云定制的分布式协同制造系统建模方法，为集成区域性或行业性分布式异构环境，提供开放的、基于标准协议的方法引导。

4.1 任务描述建模

4.1.1 协同制造任务和逻辑制造单元

大量的个性化定制产品使得产品复杂程度呈指数型增长，在信息化时代背景下，制造企业必须具备应对复杂多变的市场需求的能力。为了提高竞争力和生产效率，越来越多的制造企业试图通过供应链网络寻求协作，增强对定制化需求的响应能力，高效完成复杂定制产品的生产任务。

为了更好地实现制造任务与资源的配置，通常而言，复杂制造任务首先会被分解为若干子任务。这些子任务中会包含所要加工零件的基本生产信息，如制造特征、加工方法、加工精度、加工成本、加工时间和加工质量等。参与网络中协同制造流程的企业在拿到被分配的子任务后，会对该子任务进行规划与排产。基于这一理念，分布式协同制造任务可以表示为制造子任务的有序集合，即制造子任务的目的是实现要加工的零件的某种制造特征，手段是采用的加工方法、特殊设备和特殊工装，要求是加工精度和加工成本，且加工时间和加工质量必须在一定的范围内。最终，这些制造子任务会被分配到对应的有加工能力的逻辑制造单元（Logical Manufacturing Unit，LMU）中进行生产。

逻辑制造单元的信息模型如图 4.1 所示。从图中可以看出，需要加工的零件类别、零件尺寸、材料类别等构成了零件基本信息，几何特征、加工精度等构成了零件加工信息。每种信息都能够用不同的属性描述，一个属性是由多个元语组成的，该模型需要根据零件的各种信息，把多种元语进行排列组合，生成不同的零件抽象表述。其中，加工指标信息中的关键质量特性（Critical Quality Characteristics，CTQ）在信息模型中尤为重要，其表明该逻辑制造单元提供的产品和服务必须达到客户要求的品质特征。

每一个制造子任务都有相应的逻辑制造单元，这些制造子任务和逻辑加工路线共同构成了面向云定制的分布式协同制造任务表征模型，如图4.2 所示。

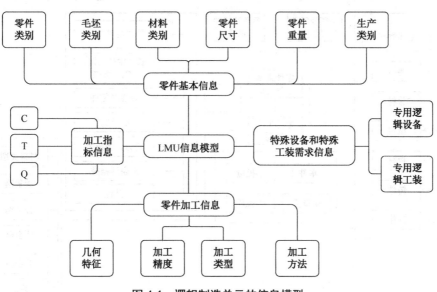

图 4.1　逻辑制造单元的信息模型

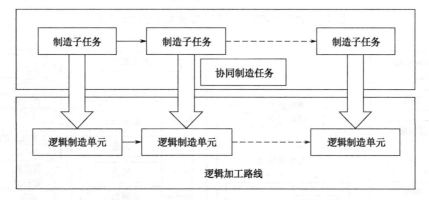

图 4.2　面向云定制的分布式协同制造任务表征模型

由于每个企业的设备不同,其非标准化程度很大,而且随着制造零件的变化,特殊设备也会出现动态变化,所以需要从零件基本信息和零件加工信息这两个确定的方面对元语进行定义,图 4.3 和图 4.4 分别对零件基本信息和零件加工信息进行了元语定义。面向云定制的分布式零件基本信息主要包括毛坯类别、毛坯及零件尺寸、毛坯及零件重量、零件类别、零件生产类别等要素,面向云定制的分布式零件加工信息主要包括待加工零件的几何特征、精度等级、加工类型及主要加工方法等要素。这些内容表明了待加工零件的相关信息,便于工厂接到协同制造任务后对相关零件进行符合规范的生产工作。

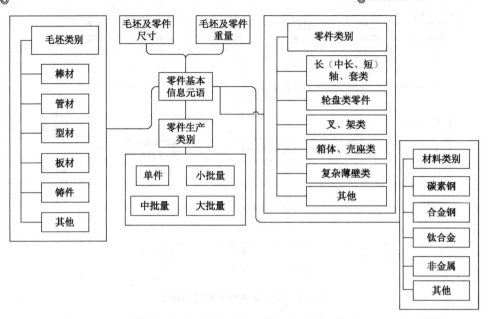

图 4.3　面向云定制的分布式零件基本信息元语定义

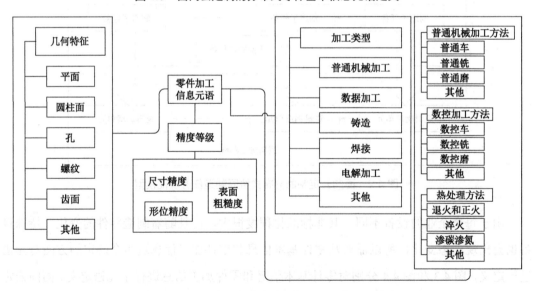

图 4.4　面向云定制的分布式零件加工信息元语定义

4.1.2　分布式协同制造加工路线信息模型

分布式协同制造加工路线信息模型能够从整体上描述零件的协同制造过程，加工过程一般是不可逆的，所以协同制造加工路线是一条由制造子任务构成的有向链路，需要以图形化的方式直观地表示出来。

虽然协同制造加工路线是有向链路，但制造子任务的次序不是任意的，其间存在信息流通，存在相互依赖、相互制约的关系。在这种背景下，通过工艺流程形成一条制造任务链就显得尤为重要。逻辑制造单元关系矩阵如下：

$$\boldsymbol{R} = \begin{bmatrix} R(R_{1,1},P_{1,1}) & R(R_{1,2},P_{1,2}) & \cdots & R(R_{1,m},P_{1,m}) \\ R(R_{2,1},P_{2,1}) & R(R_{2,2},P_{2,2}) & \cdots & R(R_{2,m},P_{2,m}) \\ \vdots & \vdots & R(R_{i,j},P_{i,j}) & \vdots \\ R(R_{m,1},P_{m,1}) & R(R_{m,2},P_{m,2}) & \cdots & R(R_{m,m},P_{m,m}) \end{bmatrix} \tag{4.1}$$

该关系矩阵表示加工路线和协同制造任务之间的关系。其中，$R_{i,j}$ 表示制造单元 $L(i)$ 是否向 $L(j)$ 输出信息；$P_{i,j}$ 表示 $L(i)$ 向 $L(j)$ 输出信息的优先级，取值为 $1,2,3,\cdots$，值越小，优先级越高。

在加工过程中，制造子任务存在一定加工顺序，只有完成上一道工序才能进入下一工序。而且，由于在协同制造中存在零件复杂程度和定制化程度较高的情况，一个制造子任务可能在加工过程中多次出现，不同制造子任务之间存在依赖关系。四种经过设计的关系有向图可以描述上述情况，如图 4.5～图 4.8 所示。

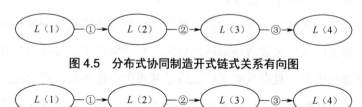

图 4.5　分布式协同制造开式链式关系有向图

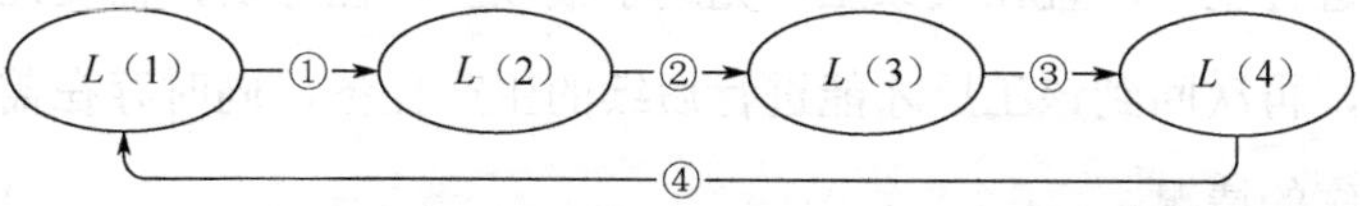

图 4.6　分布式协同制造闭式链式关系有向图

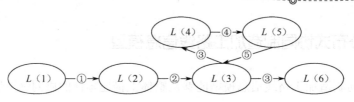

图 4.7 分布式协同制造开式嵌套关系有向图

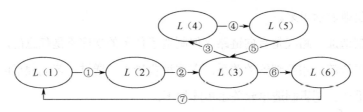

图 4.8 分布式协同制造闭式嵌套关系有向图

分布式协同制造开式链式关系有向图说明了一种处于连续生产关系的分布式协同制造的情况。在该情况下,生产任务是连续进行的,零件在不同工厂之间按照制造顺序有序地进行流转加工。

分布式协同制造闭式链式关系有向图说明了一种处于连续生产关系、任务过程会重复经过某几家工厂的分布式协同制造的情况。在该情况下,零件在某几家工厂中按照相应的制造顺序进行闭环式流转加工。

分布式协同制造开式嵌套关系有向图说明了一种处于连续且并行生产关系的分布式协同制造的情况。在该情况下,零件有序地在不同工厂之间进行生产,但存在一定的节点顺序,即在某家工厂完成了某项生产任务后,需要经过某几家工厂的生产工艺流程后,再次回到该工厂才能进行后续的生产任务。

分布式协同制造闭式嵌套关系有向图说明了一种处于连续且并行生产关系、任务过程会重复经过某几家工厂的分布式协同制造的情况。在该情况下,零件在某几家工厂中按照相应的制造顺序进行生产,且在某家工厂完成了某项生产任务后,需要经过某几家工厂的生产工艺流程后,再次回到该工厂才能进行后续的生产任务,同时存在需要重新返回某家工厂进行后道工序的情况。

4.1.3　协同制造任务分解过程及建模

当某个产品需要参与网络化制造的企业进行协同制造时，就要根据信息模型进行任务分解。平台在接到订单之后，首先会对图纸和加工工艺进行分析，然后会根据参与协同制造的企业的制造能力进行任务分解。该过程分为四个层次，分别是零件层、制造特征层、逻辑制造单元层和逻辑加工路线层。分布式协同制造任务分解过程如图 4.9 所示，协同制造任务建模主要是针对加工路线和制造子任务的细节设计。

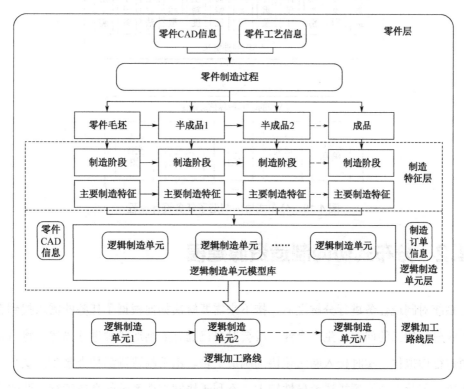

图 4.9　分布式协同制造任务分解过程

一个产品在不同制造阶段有着不同的关键制造特征，系统将对每个制造阶段的子任务的属性信息进行定义，对每个子任务的加工费用、完成时间、加工质量等指标进行估计。通过以上设计，可以得到子任务集合。分布式协同制造子任务设计流程如图 4.10 所示。各个子任务之间的关系并不能由子任务集合确定。要想确定子任务之间的顺序和关系，还需要对产品的工艺流程及制造顺序进行设计，构造关系矩阵，建立有向图，从而完成加工路线的设计。

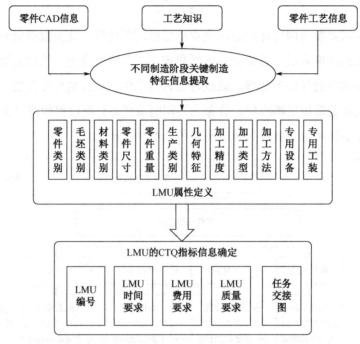

图 4.10　分布式协同制造子任务设计流程

4.2　分布式协同制造资源建模

在系统对制造任务进行分解之后，接下来需要解决如何根据子任务的需求找到合适的生产企业进行加工的问题。生产企业一般会对自己拥有的制造资源进行描述，将自身的制造资源进行虚拟化，实时接入网络化协同制造平台。由于制造资源种类繁多，缺少规范的描述术语，因此造成资源描述差异性较大，不利于协同制造系统的高效运行。要想统一描述制造资源，就需要在分布式协同制造系统中建立统一的制造资源的信息模型，对各个企业拥有的资源的特点进行分析和封装，为虚拟制造单元构建和优化打下基础。

4.2.1　分布式协同制造资源信息模型构建

分布式协同制造资源信息模型框架如图 4.11 所示。面向云定制的分布式协同制造资源信息模型以实现分布式制造业务活动功能为主要目标，主要包括活动参与者、技术资源、支撑资源等模型库。其中，业务活动模型库对其他四类模型库和模型关系起决定性作用。活动参与者模型主要描述业务活动参与者的基本情况和能力情况等内容，即描述平台中或者制造联盟中企业的加工制造能力。技术资源模型主要描述完成业务活动所需的工艺、产品、软件及设备等信息。支撑资源模型主要描述完成业务活动所需的人员、管理、物料和信誉等信息。业务资源模型主要描述支撑业务活动正常执行的数据、评价、风险评估、安全等内容。模型关系主要描述业务活动所需的信息模型间的组合关系。

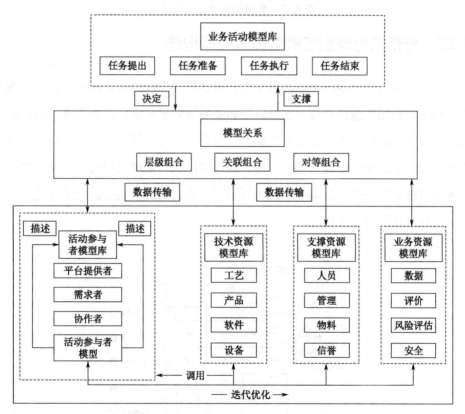

图 4.11　分布式协同制造资源信息模型框架

根据分布式协同制造资源信息模型框架，基于制造资源约束条件及约束之间的关联关系，将零散的制造资源组织成功能性虚拟制造单元，虚拟制造单元构建过程如图 4.12 所示。

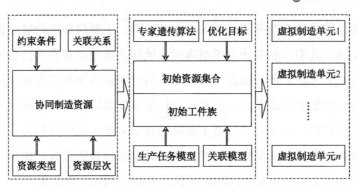

图 4.12　虚拟制造单元构建过程

4.2.2　分布式协同制造技术资源模型构建

分布式协同制造平台中的企业信息主要由基本信息和能力信息构成。其中，描述能力信息的指标由可调用的技术资源、支撑资源和业务规则等构成。因为系统中的需求是不断变化的，所以在协同过程中，各企业的能力信息会因各自担任的角色不同而有所差异。因此，需要对制造资源不断进行充实和完善，通过多层次、多维度对制造资源的类型、特点及关联关系进行实时统计。图 4.13 清晰地反映了分布式协同制造资源的多维度特征，可指导协同制造技术资源模型构建。

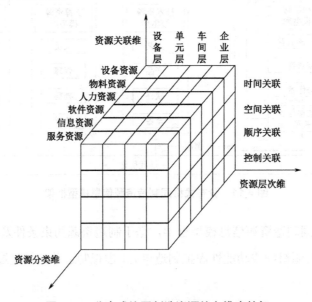

图 4.13　分布式协同制造资源的多维度特征

技术资源主要包括工艺、产品、软件、设备等类型，相关信息包括资源身份、资源功能、资源环境要求等。分布式协同制造技术资源模型如图4.14所示。

图4.14　分布式协同制造技术资源模型

1．工艺

工艺是平台提供的用于描述完成任务所需的工艺流程、参数等信息，应包含但不限于下列内容。

（1）资源身份：工艺文件名称、编号等信息。

（2）资源功能：加工工序、工序名称、加工内容等信息。

（3）资源环境要求：加工设备型号、工装夹具型号、加工工时、加工环境等要求信息。

2．产品

产品是平台提供的用于描述要执行任务对象的信息，应包含但不限于下列内容。

（1）资源身份：产品订单号、产品编号、产品名称等信息。

（2）资源功能：产品型号、产品规格等信息。

（3）资源环境要求：数量、质量、存储环境等要求信息。

3．软件

软件是平台提供的用于支撑分布式协同制造环境和执行任务所需的软件信息，应包含但不限于下列内容。

（1）资源身份：软件名称、软件编号等信息。

（2）资源功能：功能模块、版本号、创建日期、修改日期、性能等信息。

（3）资源环境要求：运行环境要求信息，如平台提供者的开发环境、协作者的生产执行系统、网络配置等。

4．设备

设备是用于支撑分布式协同制造环境和执行任务所需的硬件信息，如平台提供者的服务器信息、协作者的生产线及关键设备信息等，其应包含但不限于下列内容。

（1）资源身份：设备名称、编号、类型等信息。

（2）资源功能：设备规格、设备型号、设备功能、工作电压、额定功率、性能、状态、出厂日期、运行时长、故障报警、运行程序等信息。

（3）资源环境要求：安装场地及运行环境等要求信息。

4.2.3　分布式协同制造支撑资源模型构建

分布式协同制造支撑资源模型是平台提供的用于描述企业支撑能力和业务活动正常运作所需资源的信息模型，主要由资源身份和资源能力特征等信息构成，如图 4.15 所示。支撑资源主要包括人员、管理、物料和信誉等类型。

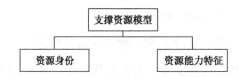

图 4.15　分布式协同制造支撑资源模型

1. 人员

人员是用于描述活动参与者支撑能力的信息，应包含但不限于下列内容。

（1）资源身份：人员编号、人员类型等信息。

（2）资源能力特征：人员资质、人员数量等信息。

2. 管理

管理是用于描述平台中的企业管理能力的信息，应包含但不限于下列内容。

（1）资源身份：管理能力编号、类型等信息。

（2）资源能力特征：管理体系、管理软件等信息。

3. 物料

物料是用于描述平台中的企业物料支撑能力及业务活动执行所需物料的信息，应包含但不限于下列内容。

（1）资源身份：物料代码、物料名称等信息。

（2）资源能力特征：物料规格、物料材质、物料种类、物料数量、物料位置、供应商等信息。

4．信誉

信誉是用于描述活动参与者曾经的业务能力及评价的信息，应包含但不限于下列内容。

（1）资源身份：信誉名称、信誉类型等信息。

（2）资源能力特征：信誉来源、信誉等级等信息。

4.3　分布式协同制造服务建模

随着工业云平台应用的逐渐成熟和"互联网+"技术的持续发展，跨时空、跨企业、跨学科领域的产品协同生产即分布式协同制造正在成为当前高效的工业组织模式的必然发展趋势。分布式协同制造系统以互联网为载体，业务繁多，主要涉及企业产品信息的管理和发布、协同生产项目的创建、项目的规划、产品的配置、协同关系的建立、任务的分解和发放及任务的评审等。

近年来，随着产品复杂性的增强及外部环境的快速变化，产品设计中各种活动的冲突和协调问题，与产品开发密切相关的组织、资源和人员的规划问题，以及数据和设计活动之间不能互通的问题越来越突出。产品的协同生产随着互联网技术的发展被人们密切关注。在分布式协同制造中，根据协同关注对象的不同，可分为过程协同和数据协同两类活动。过程协同的主要目标是保证开发过程中任务的调度和安排，使产品开发活动有序进行。数据协同则旨在解决各个企业存在的"信息孤岛"问题，使各个企业处于不同开发阶段的人员能够基于统一的产品数据模型进行协同工作。数据协同强调数据对象的信息共享和并发控制，它是分布式协同制造的基础。

在制造服务的过程协同方面，过程建模一直以来都吸引着众多研究者的关注。过程模型是过程协同实现的关键所在。对此，国内外学者提出了众多研究方法。例如，Robert P. Smith 等人在研究众多过程模型的基础上，将过程模型分为序列规划模型、分解模型、随机交货模型、设计反馈模型和并行模型五类。从模型的建立形式上看，过程建模方法可以分为基于语言的方法、基于图形的方法和基于知识的方法。但是，这些模型和方法未能很好地满足用户的客观需求，未能在工业界得到普遍认可和应用，过程建模方法仍然值得深入研究。

任务调度和资源分配是保证产品开发过程有序进行的关键。为了加快产品开发过程，工作流技术被用来驱动整个产品开发过程的运行。在当前知识经济的大背景之下，工作流技术已经演变为能够有效管理商业规则的知识库，并且已经作为基于"互联网+"支持的用于协同制造的一种关键使能技术。

目前，在我国众多的生产企业中，中小企业数量占90%以上，大多数中小企业是大型企业的零部件供应商，在产品设计过程中需要与供应链的上游整机厂进行沟通，进而才能协同生产。新产品立项以后，整机厂首先进行项目阶段规划，编制具体的项目计划，然后发布任务，并向配套企业提供与设计相关的技术文档，要求其参照技术文档执行。其间涉及大量的项目协同、技术协同、资源协同需求。整机厂利用网络化协同制造平台与配套企业进行项目的异地协同、技术沟通和资源共享，有效缩短开发周期，降低开发成本，提高产品的市场竞争力。

4.3.1　分布式协同制造服务模型构建

分布式协同制造具有层次性、嵌套性、分布性、动态性等特性。以减速器的生产制造流程为例，可以将协同制造服务细分为资源服务、功能服务和流程服务三个层次，从而更准确地描述服务。如图4.16所示为协同制造任务和服务的多层次特征。

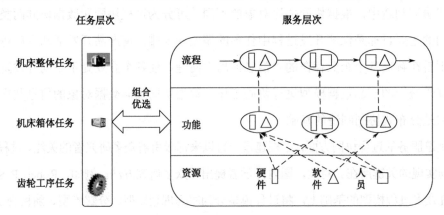

图4.16　协同制造任务和服务的多层次特征

一个企业要想实现与其他企业协同完成项目任务，一个很重要的环节就是在分布式协同制造平台中实时传递信息，共享任务进度。因此，企业及产品信息的发布就显得尤为重要。在跨时空、跨地域、跨企业的协同制造中，复杂产品的研究、开发、设计、制造、管理、营销、服务不再局限于一座城市、一个地区甚至一个国家。同时，企业间的兼并和收购成为激烈竞争的必然结果，这使得企业规模急剧膨胀，异构系统间的信息和知识交换成为瓶颈。

随着现代产品的复杂度和技术含量的提高，单一企业常常受到技术和资源等方面的限制，不能胜任产品开发的全过程。于是，人们利用现代计算机和网络技术，进行企业间的合作，以便充分利用各自的资源和技术优势，取长补短。在这一背景下，面向云定制的分布式协同制造系统应运而生。在这种情况下，产品的开发和生产不再局限于单个企业中，开发过程需要多领域、多学科的人员参与。整机厂通过市场调查，获悉市场最新需求，组织人员开发新产品以满足市场需求，建立协同生产项目。

为了便于在网络环境中管理协同生产项目，需要一套编码系统来对项目中的产品、单据、合同、订单等进行编码。此外，还需要制订完整的项目计划。有了计划，工作就有了明确的目标和具体的步骤，系统就可以协调各企业的制造过程，使制造活动有条不紊地进行。如图 4.17 所示为多层次服务建模过程。

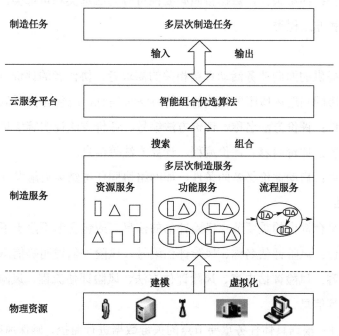

图 4.17　多层次服务建模过程

4.3.2 制造服务规则建模

制造服务规则模型是平台提供的用于保障平台业务模型正常运行的信息模型，主要由规则身份、规则内容、触发条件等信息构成，如图 4.18 所示。制造服务规则主要包括数据、评价、风险评估和安全等类型。

图 4.18　制造服务规则模型

1．数据

数据是平台提供的统一规范且标准的数据表达原则信息，应包含但不限于下列内容。

（1）规则身份：数据名称、数据说明等信息。

（2）规则内容：数据类型、数据格式等信息。

（3）触发条件：约束条件，数据按照必要性可分为必选类和可选类，按照数据更新频率可分为过程类和非过程类。

2．评价

评价是平台提供的面向业务活动直接相关的需求者、协作者的评价方法，以及与面向云定制的分布式协同制造环境服务相关的评价方法等信息，应包含但不限于下列内容。

（1）规则身份：评价方法名称、评价方法编号、评价方法说明等信息。

（2）规则内容：评价内容、评价流程、计算方法等信息。

（3）触发条件：启动评价必备的条件，如网络协同任务结束后触发评价。

3．风险评估

风险评估是平台提供的重要节点风险评估的信息，应包含但不限于下列内容。

（1）规则身份：风险评估名称、风险评估编号、风险评估说明等信息。

（2）规则内容：风险评估内容、风险评估方法、风险评估流程、风险评估分析、结果预警、应急预案等信息。

（3）触发条件：根据具体任务重要节点的关键数据进行监控，确保风险评估的及时性，如通过生产计划完成情况、支撑资源运行状态等信息进行交期风险评估。

4. 安全

安全是平台提供的确保企业信息安全的保障规则信息，应包含但不限于下列内容。

（1）规则身份：安全类型、安全名称、安全类型编号、安全说明等信息。

（2）规则内容：安全目标、安全等级划分、相关角色权限、数据流通场景、数据开放形式、使用披露原则、安全防范措施、知情和伦理审查等信息。

（3）触发条件：数据采集、数据传输、数据存储、数据使用、数据发布和共享等场景下的数据资源利用及申请。

4.4 分布式协同制造系统建模

面向云定制的分布式协同制造系统应能够对产品生命周期进行有效管理，包括概念设计、开发、分销、供应和报废等。系统模型在这种背景下被提出，其核心思想是协作式构思，通过将地理上分散的各种孤立的产品信息岛连接起来，帮助企业突破僵化的管理系统的限制。通过协作联盟的设计师、协作伙伴和客户之间的信息共享，可以完成动态的协作工作。

随着知识经济的发展，对于分布式计算、通信基础设施的需求变得越来越大。复杂产品的设计是一项知识密集型和协作型任务，分布式协同制造被认为是未来产品开发中具有竞争优势的关键解决方案。集成设计需要许多设计师和专家的技能，每个参与者都要创建模型工具来为其他参与者提供信息或模拟服务，并给出适当的输入信息。在分布式协同制造系统中，开发一个并发的综合模型，就可以使软件系统在整个生命周期的虚拟、分布和协作环境中具有语义的互操作性。

虽然许多个人和组织可能会提供服务，从而构建一个集成的产品模型，但企业不可能披露自己的专有模型和数据的全部细节。因此，提供一种封装核心数据的方法是至关重要的，面向对象的方法为这种知识封装提供了一个框架。一个计算机平台和语言独立的接口定义允许软件应用程序相互通信，前提是已经商定了一个中立的接口。例如，系统通过HTTP协议和HTML来呈现信息。因此，系统建模要实现灵活性、快速反应、易于维护和快速部署。事实上，在设计过程中，信息处理本质上是基于模型的。

4.4.1 分布式协同制造模块化设计

分布式系统通常由核心层、管理层、应用层和客户层组成。采用一个面向对象的方案，就可以在设计的同时进行计算和推理工作。如果能将一个产品设计问题分解成多个定义明确、可操作性强的模块，通过一系列规则和约束条件相互关联，那么这个问题就很容易变成一个面向对象的编程应用。系统模块之间的相互作用如图 4.19 所示。

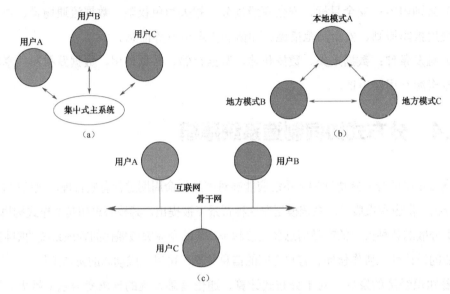

图 4.19　系统模块之间的相互作用

系统总体架构与模块方案如图 4.20 所示。

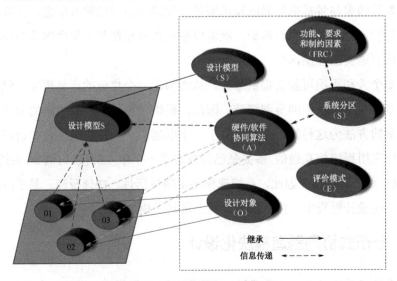

图 4.20　系统总体架构与模块方案

4.4.2　分布式协同制造过程模型构建

如图 4.21 所示，从分布式协同制造的基本概念和原理出发，构造一个以任务为核心，以系统组织者为主体，联系和控制所有系统内成员，共同完成协同工作的分布式协同制造过程模型。该模型依据分布式协同制造的过程分解为系统组织阶段、制造准备阶段和制造实施阶段。在系统组织阶段，主要进行组建系统的工作，在确定目标后，会进行联盟建模、伙伴选择、组织设计，并进行相关利益与风险的分配，最终完成组织实施。在制造准备阶段，需要进行产品需求分析，制定制造方案并进行任务分解，在专家评价后确定任务分解方案。在制造实施阶段，相关任务会被分配到相应的工厂，系统会对各个环节进行流程控制，最终完成产品的交付与评价。

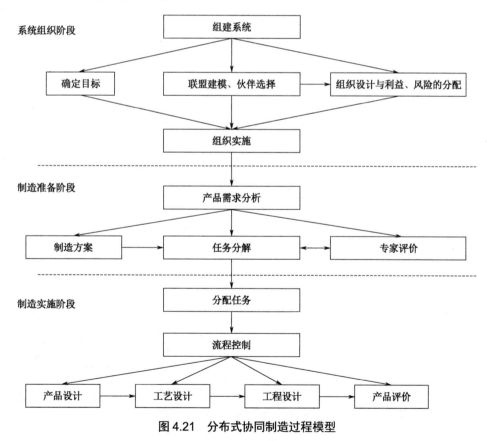

图 4.21　分布式协同制造过程模型

4.5 本章小结

　　本章主要探讨了面向云定制的分布式协同制造理论模型与建模方法。首先，针对网络环境下复杂定制化零件的协同制造这一现实场景，从任务描述建模入手，建立了协同制造任务流模型，对制造任务进行了形式化描述。其次，从分布式制造资源、服务、系统三方面建模入手，深入剖析了面向云定制的分布式协同制造的主要构成元素，提出了制造资源信息模型、服务模型、过程模型等核心模型，为后续章节进一步描述分布式协同制造打下了理论基础。

第 **5** 章

分布式制造资源协同生产运行机制

引言

生产机制本质上是一组用来组织和约束生产任务与制造企业之间对话序列和任务决策的规则集，是实现局部行为和系统全局目标之间一致性的关键。在云制造环境下，分布式制造资源协同生产涉及制造任务的分解、聚合及协同生产三部分。本章首先以物料清单为复杂产品的任务分解依据，构建元任务分解模型，从而得到用于制造任务重组的元任务；然后，从任务粒度等级、加工精度等级、加工尺寸、结构相关度四个维度定义元任务的聚合标准，并设计相应的聚合方法；最后，从任务调度框架和生产交互机制两方面分析跨区域、多企业协同生产的制造任务分配与执行流程。

5.1 面向复杂产品的多层级任务分解方法

5.1.1 基于物料清单的制造任务分解

物料清单（Bill of Material，BOM）是构建、制造产品所需的原材料、零件、组件和说明的技术工具列表，它是产品制造的集中信息来源。BOM 具有明显的层级结构，最高层级显示产品，最低层级显示单个零件或组件及材料，BOM 的这种特性给复杂任务分解带来了便利。图 5.1 显示了基于 BOM 的总制造任务分解结构树。

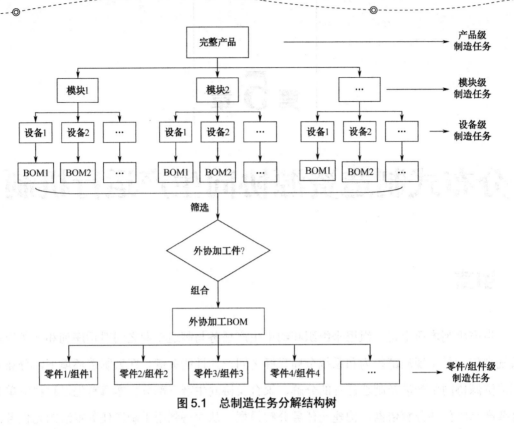

图 5.1　总制造任务分解结构树

图 5.1 中最顶层的根节点代表完整产品，与之对应的任务等级是产品级，即总制造任务；第二层是模块级制造任务，对于大型、复杂的产品，一般将其划分为若干模块分别进行设计、制造，而对于小型、简单的产品可以不设置此级别的制造任务；第三层是设备级制造任务，设备是能够完成某种特定功能的零部件集合体，每个模块都包含若干设备，每个设备都对应一份 BOM，设备 BOM 中记录的是构成该设备的所有零件。需要注意的是，在实际生产中，设备 BOM 中的最小结构单元不一定是零件，也可能是组件，虽然在物理结构上，组件是由多个零件组合而成的，可以继续拆分，但从功能结构的角度出发，企业会根据实际需求将组件作为一个不可再分的整体记录在设备 BOM 中。最后，对所有设备BOM 中的记录进行筛选处理，选出需要外协加工的零件和组件，重新组合为一份外协加工BOM，其中记录的每个零件或组件对应一个零件级或组件级制造任务，它们是整个分解结构树的叶子节点，是后续进行聚合处理的元任务。

对于一般产品而言，可按照图 5.1 所示的分解步骤从根节点开始逐层分解，如果没有当前层级的产品结构，就跳至下一层级，直至分解到叶子节点，得到元任务集。

5.1.2　基于物料清单的元任务分解

分解后得到的元任务具有清晰、简单的结构，方便对其进行形式化描述，构造元任务模型，为后续子任务的虚拟化、数据化做准备。元任务的关键信息总结如下。

（1）元任务属于零件级或组件级。

（2）元任务具体生产哪种零件或组件，如轴套类、箱体类零件等。

（3）元任务所需的加工材料。

（4）元任务需要满足的加工要求，如加工精度、加工尺寸等。

（5）元任务需要生产多少零件或组件。

（6）元任务的期望价格与交付时间。

将上述关键信息映射为元任务的属性，如图 5.2 所示。

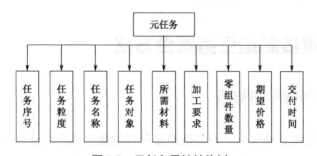

图 5.2　元任务属性结构树

根据属性结构树可构建出元任务的形式化描述模型，用集合语言表达为

$$MT = \{MTNum, MTGranu, MTName, MTObj, ReqMaterial, \\ MReq, MTPNum, MTExPrice, LimiTime\} \tag{5.1}$$

式中，MT 表示元任务；MTNum 表示任务序号；MTGranu 表示任务粒度，指明元任务属于零件级还是组件级；MTName 表示任务名称，本质上是待制造的零件或组件的名称；MTObj 表示任务对象，此处指的是该任务生产的零件或组件是何种类型；ReqMaterail 表示零件或组件的材料；MReq 表示零件或组件要达到的加工要求，如果采用机加工方式，则加工要求包括加工尺寸（MTSi）、加工精度（MTMP）、表面粗糙度（MTRa）；MTPNum

表示元任务中需要生产的零件或组件的数量；MTExPrice 表示元任务的期望价格，反映的是主企业期望支出的费用，其值是区间值，计算量纲为元／件；LimiTime 表示元任务的交付时间，其值是具体的日期格式值。由形式化描述构建元任务数据模型，如图 5.3 所示。

```
Object MetaTask {
    Integer MTNum;
    String MTName;
    String MTGranularity;
    String MTObject;
    String productMaterial;
    List MRequirment;
    Integer productNum;
    Float expectPrice;
    Date leadTime;
}
```

图 5.3　元任务数据模型

元任务并不是主企业最终发布的任务形式，需要聚合为子任务，构建元任务的描述模型是后续进行子任务形式化描述的基础。

5.2　多维度制造任务聚合方法

5.2.1　元任务的聚合维度

元任务之间不是随意地聚合，而是按照某种可量化的标准聚合为子任务，元任务的聚合维度是指构成该可量化标准的元任务特征元素，表明了元任务应根据哪些因素去考量是否聚为一类。特征元素的选取要满足两个条件：① 特征元素必须是影响元任务聚合的关键因素，元任务自身具有多种属性特征，但不是所有特征都对聚合起决策作用；② 特征元素之间必须是独立的，不应具有依赖关系，若特征之间存在依赖关系，则会导致特征冗余，增加元任务聚合的复杂性。结合企业实际生产情况，以及制造任务与制造资源某些特征的映射关系，提取元任务粒度、元任务加工精度等级、零组件加工尺寸、零组件结构相关度作为影响元任务聚合的特征元素。

（1）元任务粒度：要保证聚合在一起的元任务都是零件级或组件级的。

（2）元任务加工精度等级：此维度对应制造资源的加工精度等级。按照不同的加工精度等级，制造资源可被划分为普通精密级、精密级、超精密级三类，由于网络化协同制造的核心是以制造任务驱动的制造资源调度，因此，聚合在一起的元任务要保证属于同一加工精度等级。

（3）零组件加工尺寸：选择尺寸作为衡量维度是考虑到元任务零件或组件尺寸值分布的离散度，即使同一粒度与同一加工精度等级的元任务，也可能由于尺寸值分布太过离散，导致制造资源可达到的加工尺寸范围不能完全涵盖这些元任务，因此，同类元任务应保证尺寸分布是集中的。

（4）零组件结构相关度：结构相关度是指元任务零件或组件之间在结构层面的关联程度，这种关联程度可以用结构相似度和配合紧密度来表示。在实际中，企业通常会把结构相似的外协加工件归为一类。若零件或组件之间的结构配合要求高，应考虑将它们作为一个整体任务。

基于对元任务聚合维度的论述，构建如图 5.4 所示的元任务聚合架构。

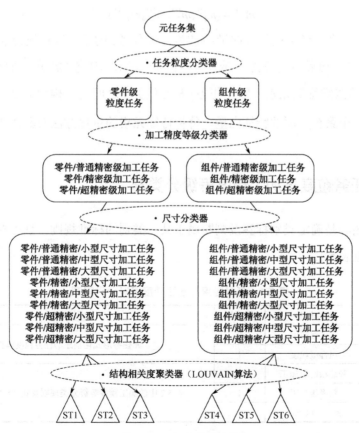

图 5.4　元任务聚合架构

图 5.4 显示了元任务集在每种聚合维度决策方法下的完整聚合过程，其中 ST 表示子任务。图中四种聚合维度的决策不是并行的，而是自上而下逐步决策。元任务集作为整个聚合架构的初始输入，首先通过任务粒度分类器得到零件级粒度任务集与组件级粒度任务集，这两个结果集是第二步加工精度等级分类器的输入，经过加工精度等级分类器的处理划分出三种精度等级的元任务集，第三步是利用尺寸分类器，将上一步得到的结果集进一步划分为小型尺寸加工任务、中型尺寸加工任务及大型尺寸加工任务，最后通过基于 LOUVAIN 算法的结构相关度聚类器完成聚合，得到子任务集。整个元任务聚合架构的决策方法可以概括为两种：分类与聚类。两者的区别在于，使用分类决策方法的维度具有确定的类别标签，而使用聚类决策方法的维度没有明显的可分类标签。

为了方便对元任务进行聚合操作，将上述四种维度转化为可量化的特征向量：

$$m^{(i)} = (m_1^{(i)}, m_2^{(i)}, m_3^{(i)}, m_4^{(i,j)}) \tag{5.2}$$

式中，$m^{(i)}$ 表示第 i 个元任务的特征向量；$m_1^{(i)}$ 表示元任务 i 的第一维特征元素任务粒度；$m_2^{(i)}$ 表示元任务 i 的第二维特征元素加工精度等级；$m_3^{(i)}$ 表示元任务 i 的第三维特征元素加工尺寸；$m_4^{(i,j)}$ 表示第四维特征元素，即元任务 i 与元任务 j 之间的结构相关度。元任务集中每个元任务对应一个聚合层面的特征向量，每种特征元素的量化方法及具体决策方法在下文详细论述。

5.2.2　任务粒度与加工精度等级分类器

分类器的核心是确定类别标签及判断属于某一类别的标准规则，任务粒度与加工精度等级分类规则见表 5.1。

表 5.1　任务粒度与加工精度等级分类规则

聚合维度	类别标签	量化值	判断标准
任务粒度 m_1	零件级粒度	0	元任务形式化描述的任务粒度属性值
	组件级粒度	1	
加工精度等级 m_2	普通精密级加工	0	表 5.2 中的加工精度等级分类规则及式（5.3）、式（5.4）
	精密级加工	1	
	超精密级加工	2	

由表 5.1 可知，任务粒度具有简单的分类标签，因为在元任务的形式化描述模型中就

已经标明该元任务是零件级粒度还是组件级粒度，对照表 5.1 中的量化值，若是零件级粒度，则 m_1 取 0，若是组件级粒度，则 m_1 取 1。而加工精度等级没有直接的可判断属于哪一类别标签的属性描述，需要从元任务的加工精度和表面粗糙度两个方面进行分析，具体的分类规则见表 5.2。其中，加工精度用公差等级表示，国标将公差等级划分为 20 级，从 IT01、IT0、IT1 到 IT18，加工精度逐级降低。表面粗糙度用微米衡量，其值越小，表面加工质量越好。因此，可以按照公差等级与表面粗糙度的取值范围划分加工精度等级。元任务描述模型中的加工要求属性包含了该元任务的加工精度与表面粗糙度要求，根据表 5.2 可以确定该元任务属于哪种加工精度等级，并对 m_2 赋予对应的类别标签量化值。

表 5.2　加工精度等级具体分类规则

类别标签及量化值 考察因素	普通精密级加工 0	精密级加工 1	超精密级加工 2
公差等级 q_1	≥IT7	≥IT5 且< IT7	≥IT01 且< IT5
表面粗糙度 q_2	≥0.3μm	≥0.03μm 且<0.3μm	≥0.005μm 且<0.03μm

在理想情况下，元任务的加工精度值与表面粗糙度值落在表 5.2 的同一类别标签中，此时，可直接确定元任务特征向量中 m_2 的值。但是，实际中会存在加工精度值与表面粗糙度值落在不同类别标签中的情况。例如，某个元任务要求加工精度的公差等级为 IT7，而表面粗糙度值为 0.2μm，可以看出二者的值分属不同类别标签，此时可按照式（5.3）与式（5.4）计算 m_2 的值。

$$m_2' = \sum_{j=1}^{2} w_j q_j$$
$$\text{s.t.} \sum_{j=1}^{2} w_j = 1$$
（5.3）

$$D(m_2', q_j) = \left| m_2' - q_j \right|, j = 1, 2$$
$$m_2 = \arg\min D(q), q \in \{q_j\}$$
（5.4）

式（5.3）中：m_2' 表示未圆整的加工精度等级量化值；q_j 表示第 j 个加工精度等级考察因素对应的量化值，q_1 代表公差等级所属的精度等级量化值，q_2 代表表面粗糙度所属的精度等级量化值，例如，对于上文举例的公差等级为 IT7、表面粗糙度值为 0.2μm 的元任务，查表 5.2 可得 $q_1=0$，$q_2=1$；w_j 表示第 j 个考察因素所占的权重，每个考察因素的权重取决于主企业对考察因素的偏好。由式（5.3）计算得出的 m_2' 是小数，需要按照式（5.4）进行圆整操作。

式（5.4）中：$D(m_2', q_j)$ 表示的是 m_2' 与 q_j 之间的距离函数，用二者之差的绝对值计算；$\arg\min D(q)$ 表示使距离函数 D 取最小值的参数 q，由于 m_2' 的值已计算得出，所以 q_j 是影响距离函数 D 取值的唯一参数，若某一 q_j 与 m_2' 之间的距离最小，则 m_2 的值就等于此 q_j 的值。

5.2.3 基于高斯分布的尺寸分类器

在概率论与统计学领域，现实世界中许多随机事件的发生服从某种概率分布，为了便于计算，随机事件用随机变量表示。在所有的概率分布模型中，高斯分布（又称正态分布）具有广泛的应用及重要影响，因为它揭示了自然界中最常见的事件分布规律。高斯分布表示的是在由随机变量构成的样本空间中随机变量的概率密度，高斯分布在图形上呈现"中间宽、两头窄"的形态，反映出大部分随机变量集中在中间区域，而少部分随机变量分布在边缘区域，高斯分布的这种特性符合人们对现实世界的经验认知。

在一个元任务集中，所有元任务零组件的尺寸值构成一个尺寸向量样本空间，零组件的尺寸值统一使用长、宽、高三维的形式表示，尺寸值的单位统一为毫米（mm）。但是，实际生产中零组件的真实尺寸规格是不同的，如圆柱体类的零组件，尺寸规格一般使用直径与高度表示。为了统一标准，将所有零组件的实体都看成由恰好包含该零组件的立方体经去除多余材料成形而来，因此，零组件的尺寸规格可以转换为此立方体的长、宽、高的表示形式，具体转换规则如下。

（1）若零组件的原尺寸规格本身就是长×宽×高的形式，则保持原尺寸形式，不进行转换。

（2）若零组件的原尺寸规格为直径×高的形式，如 $\phi 50 \times 60$，则转换为 $50 \times 50 \times 60$ 的形式。

于是，元任务零组件的尺寸值在统一规格后，可由三维数值向量表示，那么由尺寸向量构成的样本空间就是三维的，其中尺寸向量可表示为

$$s^{(i)} = (l, b, h) \tag{5.5}$$

式中，$s^{(i)}$ 表示第 i 个元任务对应的零组件尺寸向量；l,b,h 分别表示尺寸的长度、宽度及高度。

在三维样本空间中，每个元任务的尺寸向量可看作空间中的点，目的是找出哪些点可划分为中型尺寸、小型尺寸或大型尺寸，这样的类别划分契合高斯分布的思想，因此，可以使用高斯分布概率模型考察这些点在样本空间中的分布情况。假设这些点是由某个三元高斯分布模型采样得来的，那么可以将集中在高斯分布中间区域的点标记为中型尺寸，而分布在边缘区域的点，依据判别情况不同，标记为小型或大型尺寸。其中，三元高斯分布中间区域与边缘区域的确定依据它的核心参数：均值向量 μ 与协方差矩阵 Σ。元任务尺寸的类别划分不同于元任务的任务粒度与加工精度等级，因为后面二者的类别划分是绝对的：任务粒度在描述元任务时已确定，加工精度等级是根据固定的数值区间分类的。而尺寸的中型、小型、大型的类别划分是相对的，它不是由固定的划分好的数值区间确定的，而是由属于该样本空间的高斯分布模型确定的，以分离出集中在均值向量附近的尺寸向量，这些点对应中型尺寸，分离出偏离均值向量过大的尺寸向量，这些点对应小型或大型尺寸。正是由于没有明显的可判别的类别标签，对于尺寸类别归属问题，起初想到的求解方法是高斯混合聚类方法，但该聚类算法必须预先设置数据聚合成簇的个数，例如，设置簇的个数为 3，那么即使较集中的数据分布也会被强制划分为三类，这并不符合实际情况。因此，仍然使用分类方法求解元任务尺寸类别归属问题，具体的求解步骤如下。

（1）确定三元高斯分布模型。

已知尺寸向量样本空间中的点是由某个三元高斯分布模型生成的，那么问题是如何找出这个模型。三元高斯分布模型可由下式表示：

$$p_{\mu,\Sigma}(s) = \frac{1}{(\sqrt{2\pi})^3 \sqrt{|\Sigma|}} \exp\left(-\frac{(s-\mu)^{\mathrm{T}} \Sigma^{-1}(s-\mu)}{2}\right) \tag{5.6}$$

式中，$p_{\mu,\Sigma}(s)$ 表示尺寸向量 s 的概率密度；$|\Sigma|$ 表示 3×3 协方差矩阵的行列式；exp 表示以自然常数 e 为底的指数；Σ^{-1} 表示协方差矩阵的逆矩阵；μ 表示均值向量；$(s-\mu)^{\mathrm{T}}$ 表示列向量的转置。由此可知，确定了 μ 与 Σ 的值，即可确定高斯分布模型，因此，确定模型的问题便转化为求解参数 μ 与 Σ 的问题。

最大似然法给参数的求解带来了思路：如果概率模型的某个参数使得样本空间中样本

出现的概率最大，那么就选择此参数作为概率模型估计值。利用此思想建立如下优化函数：

$$L(\mu, \Sigma) = \prod_{i=1}^{n} p_{\mu,\Sigma}(s^{(i)}) \tag{5.7}$$

式（5.7）表示的是将尺寸向量样本空间中的每个尺寸向量依次代入式（5.6）中，并将概率密度值进行连乘，其中，n 指代样本的个数，下文公式中的 n 均指代样本数。由此可知，函数 L 是关于 μ 与 Σ 的二元函数，使函数 $L(\mu, \Sigma)$ 取得极大值的 μ 与 Σ 就是要求解的三元高斯分布模型的参数，记作：

$$(\mu^*, \Sigma^*) = \mathrm{argmax}(L(\mu, \Sigma)) \tag{5.8}$$

式中，符号 argmax 表示的是使函数取得最大值的参数值。

在求式（5.7）的极大值时，为了降低计算复杂度，可以在等式两边取自然对数，将连乘的形式改为加和形式，二者在求解极大值时是等价的，取自然对数后的优化函数如下：

$$L'(\mu, \Sigma) = \ln(L(\mu, \Sigma)) = \sum_{i=1}^{n} \ln(p_{\mu,\Sigma}(s^{(i)})) \tag{5.9}$$

针对式（5.9）分别对变量 μ 与 Σ 求偏导，并令各自的偏导值为 0，联立二者的方程得：

$$\begin{cases} \dfrac{\partial L'}{\partial \mu} = 0 \\[2mm] \dfrac{\partial L'}{\partial \Sigma} = 0 \end{cases} \tag{5.10}$$

求解式（5.10）得：

$$\begin{cases} \mu^* = \dfrac{1}{n} \sum_{i=1}^{n} s^{(i)} \\[2mm] \Sigma^* = \dfrac{1}{n} \sum_{i=1}^{n} (s^{(i)} - \mu^*)(s^{(i)} - \mu^*)^{\mathrm{T}} \end{cases} \tag{5.11}$$

从式（5.11）可以看出，所要求解的 μ^* 就是样本空间中所有尺寸向量的平均值，Σ^* 是正定对称矩阵，表示所有尺寸向量与均值向量分别在长、宽、高三个维度上的偏离程度。将求得的 μ^* 与 Σ^* 代入式（5.6）中，便确定了属于该尺寸向量样本空间的三元高斯分布模型。

（2）确定尺寸类别划分范围。

在求解三元高斯分布模型后，需要确定哪些分布区域属于中间区域或边缘区域，以便确定中型、小型、大型尺寸值的具体范围。从一元高斯分布联想到：当一元随机变量 x 属

于区间 $[\mu-\sigma,\mu+\sigma]$ 时可将其视作具有较高的概率密度，当 x 属于区间 $(-\infty,\mu-\sigma)$ 或 $(\mu+\sigma,+\infty)$ 时可将其视作具有较低的概率密度，其中，μ 与 σ 分别表示一元随机变量的数学期望与标准差。将此划分方法推广到三元高斯分布模型中，以尺寸向量与均值向量之间的距离作为划分标准：若某一尺寸向量 $s^{(j)}$ 与均值向量 μ^* 的距离的平方小于或等于协方差矩阵 Σ^* 的迹 $\mathrm{Tr}(\Sigma^*)$ 与判别系数的乘积，则将此尺寸划分为中型尺寸；若二者距离的平方大于 $\mathrm{Tr}(\Sigma^*)$ 与判别系数的乘积，且 $s^{(j)}$ 的模小于或等于 μ^* 的模，则将此尺寸划分为小型尺寸；若二者距离的平方大于 $\mathrm{Tr}(\Sigma^*)$ 与判别系数的乘积，且 $s^{(j)}$ 的模大于 μ^* 的模，则将此尺寸划分为大型尺寸。将上述类别划分标准整理为以下公式：

$$(s^{(j)}-\mu^*)^{\mathrm{T}}(s^{(j)}-\mu^*)\leqslant c^2\mathrm{Tr}(\Sigma^*) \tag{5.12}$$

$$\begin{cases}(s^{(j)}-\mu^*)^{\mathrm{T}}(s^{(j)}-\mu^*)>c^2\mathrm{Tr}(\Sigma^*)\\|s^{(j)}|\leqslant|\mu^*|\end{cases} \tag{5.13}$$

$$\begin{cases}(s^{(j)}-\mu^*)^{\mathrm{T}}(s^{(j)}-\mu^*)>c^2\mathrm{Tr}(\Sigma^*)\\|s^{(j)}|>|\mu^*|\end{cases} \tag{5.14}$$

式（5.12）～式（5.14）中：$(s^{(j)}-\mu^*)^{\mathrm{T}}(s^{(j)}-\mu^*)$ 表示在尺寸向量样本空间中任一尺寸向量 $s^{(j)}$ 与 μ^* 的距离的平方；$|s^{(j)}|$ 与 $|\mu^*|$ 表示向量的模；c^2 表示判别系数，取值范围为 $(0,1]$，通常设置为 1。

至此，元任务零组件加工尺寸的类别归属问题已解决，具体的分类规则见表 5.3。

表 5.3　元任务尺寸分类规则

聚合维度	类别标签	量化值	判断标准
元任务零组件加工尺寸 m_3	中型尺寸	0	式（5.12）
	小型尺寸	1	式（5.13）
	大型尺寸	2	式（5.14）

5.2.4　基于 LOUVAIN 算法的元任务聚类

初始元任务集在经过任务粒度分类器、加工精度等级分类器及尺寸分类器处理后被分为 18 个元任务子集，最后的聚合决策是对每个元任务子集进行零组件结构相关度层面的聚类操作。结构相关度从结构相似度与配合紧密度两个方面考量：结构相似度是指两个零件或组件在形状结构上的相似程度；配合紧密度是指两个零件或组件在位置配合上的精密度，特别地，若两个零件或组件之间互为参照地进行加工，则这种关联关系同样归属于配合紧密度。无论结构相似度或配合紧密度，均是定性的概念，必须进行定量描述才能直观地表达结构相关度的大小，更重要的是能够参与后续的聚类算法的计算。使用模糊评价法可以将定性的评价转化为[0,1]范围内的数值区间表示形式，详细的评价量化规则见表5.4。

表5.4　零组件结构相似度与配合紧密度模糊评价量化规则

评价等级	取值区间	评价等级	取值区间
微弱相似 / 配合	[0,0.2]	较强相似 / 配合	(0.6,0.8]
弱相似 / 配合	(0.2,0.4]	强相似 / 配合	(0.8,1.0]
一般相似 / 配合	(0.4,0.6]		

依次轮循元任务集中的两两元任务，对照表 5.4 中的评价等级，对元任务之间的结构相似度和配合紧密度赋值，而最终的结构相关度是这两个因素的综合权衡，元任务结构相关度的计算公式如下：

$$m_4^{(i,j)} = \sum_{k=1}^{2} w_k a_k^{(i,j)}$$

$$\text{s.t.} \sum_{k=1}^{2} w_k = 1$$

（5.15）

式中，$m_4^{(i,j)}$ 的符号来源可参考式（5.2），它表示元任务 i 与元任务 j 的结构相关度；w_k 表示第 k 个结构相关度考量因素所占的权重，可根据主企业对考量因素的偏好进行设置；$a_k^{(i,j)}$ 表示第 k 个考量因素的模糊评价量化值，规定 $a_1^{(i,j)}$ 指代结构相似度，$a_2^{(i,j)}$ 指代配合紧密度。

假定元任务集中有 n 个元任务，按照式（5.15）求出所有元任务之间的结构相关度值，将这些值依次放到 $n \times n$ 大小的矩阵中，这个矩阵称为元任务结构相关度矩阵，可用下式表示：

$$M(i,j)_{n \times n} = \begin{pmatrix} 0 & m_4^{(1,2)} & \cdots & m_4^{(1,n)} \\ m_4^{(2,1)} & 0 & \cdots & m_4^{(2,n)} \\ \vdots & \vdots & \vdots & \vdots \\ m_4^{(n,1)} & m_4^{(n,2)} & \cdots & 0 \end{pmatrix}$$

（5.16）

由式（5.16）可知，元任务结构相关度矩阵是对称矩阵，并且矩阵对角线上的值均为 0，由于对角线上的元素表示的是元任务与自身之间的结构相关度，这样的比较是无意义的，故将其全部设置为 0，矩阵的这些特性类似于图的存储结构邻接矩阵，因此可以用无向图表示元任务结构相关度，如图 5.5 所示。

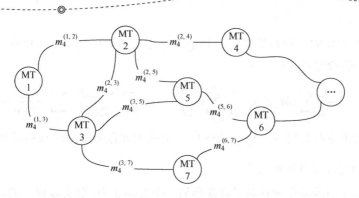

图 5.5　元任务结构相关度的无向图表示

图结构的表示符号为 $G(V,E)$。其中，V 表示图的顶点集，对应每个元任务（MT）；E 表示图的带权边集，对应元任务之间的结构相关度。将图 5.5 看作一个多节点之间互相连接的网络结构，元任务间的聚类问题求解可以等同于求解复杂网络的社区发现问题，因为网络社区发现问题追求的目标是同一社区内的节点尽可能地联系紧密，而不同社区节点之间的联系尽可能少，这与元任务聚合的高内聚、低耦合要求相同。

对于复杂网络社区划分的好坏需要建立判断标准，模块度是衡量社区划分质量的常用标准，模块度的概念是由 M.E.J. Newman 提出的，将模块度公式引入元任务聚类问题，其定义形式如下：

$$M\begin{cases} Q = \dfrac{1}{2k}\displaystyle\sum_{i,j=1}^{n}\left[\left(M_{ij} - \dfrac{d_i d_j}{2k}\right)\delta_{ij}\right] \\[2ex] k = \dfrac{1}{2}\displaystyle\sum_{i,j=1}^{n} m_4^{(i,j)} \\[2ex] d_i = \displaystyle\sum_{j=1}^{n} m_4^{(i,j)} \end{cases} \tag{5.17}$$

式中，Q 表示模块度；k 表示元任务结构相关度图中所有边的结构相关度之和；M_{ij} 参考式（5.16），表示元任务 i 与元任务 j 的结构相关度；d_i 表示元任务 i 的度，即所有与元任务 i 连接的边的结构相关度之和；δ_{ij} 是判别值，若元任务 i 与元任务 j 在同一类别中，则其值为 1，否则，其值为 0。模块度的合理取值范围为[−0.5,1)。

网络社区划分得越好，其模块度的值越大，因此，当某种聚类结果使得模块度 Q 的值最大时，此种聚类方式就是要寻找的元任务聚类问题的解。LOUVAIN 算法是求解如何聚类以使模块度最大化的一种高效算法，其基本思想是基于模块度，计算模块度增益。下面对式（5.17）中的 Q 等式进行化简：

$$Q = \frac{1}{2k}\sum_{i,j=1}^{n}(M_{ij}\delta_{ij}) - \frac{1}{2k}\sum_{i,j=1}^{n}(\frac{d_id_j}{2k}\delta_{ij}) = \sum_c\frac{(\Sigma_{c(in)})}{2k} - \sum_c\frac{(\Sigma_{c(d)})^2}{(2k)^2} \qquad (5.18)$$

式中，c 表示元任务聚类类别；$\Sigma_{c(in)}$ 表示同一类别中元任务间的结构相关度之和；$\Sigma_{c(d)}$ 表示同一类别中所有元任务的度之和。

假设把类别 I 中的某个元任务 i 放置到另一个类别 J 中，那么放置后的模块度与放置前的模块度数值之差就称为模块度增益，其计算公式如下：

$$\Delta Q = Q_{after} - Q_{before}$$
$$= \{(\frac{\Sigma_{I(in)} - d_{i,I(in)}}{2k} - \frac{(\Sigma_{I(d)} - d_i)^2}{(2k)^2})_1 + (\frac{\Sigma_{J(in)} + d_{i,J(in)}}{2k} - \frac{(\Sigma_{J(d)} + d_i)^2}{(2k)^2})_2\}_{after} \qquad (5.19)$$
$$- \{(\frac{\Sigma_{I(in)}}{2k} - \frac{(\Sigma_{I(d)})^2}{(2k)^2})_3 + (\frac{\Sigma_{J(in)}}{2k} - \frac{(\Sigma_{J(d)})^2}{(2k)^2})_4\}_{before}$$

由于变化只发生在类别 I 与类别 J 中，而其他类别没有变动，因此在进行模块度变化前后的相减操作时，其他类别的项会被消去，只剩下与类别 I 和类别 J 相关的项。式（5.19）中：下标为 1 的圆括号内的项表示的是将元任务 i 从类别 I 中移除产生的该类别的模块度变化，其中，$d_{i,I(in)}$ 表示元任务 i 与类别 I 中的其他元任务的结构相关度之和的值乘以 2；下标为 2 的圆括号内的项表示的是将元任务 i 加入到类别 J 中产生的变化，其中，$d_{i,J(in)}$ 表示元任务 i 与类别 J 中的元任务的结构相关度之和的值乘以 2；下标 3 与下标 4 的圆括号内的项分别对应放置操作前类别 I 与类别 J 的模块度。

将式（5.19）进一步化简得 ΔQ 的最终计算公式：

$$\Delta Q = \frac{d_{i,J(in)} - d_{i,I(in)}}{2k} - \frac{d_i^2 + \Sigma_{J(d)} \cdot d_i - \Sigma_{I(d)} \cdot d_i}{2k^2} \qquad (5.20)$$

利用上述模块度增益的概念，基于 LOUVAIN 算法的元任务聚类流程总结如下。

Step1：初始化类别划分，即将元任务结构相关度无向图中的每个元任务看作一个独立的类别。

Step2：遍历每个元任务，尝试将该元任务依次放置到其邻接的元任务所属的类别中，计算每次放置的模块度增益 ΔQ，选择增益最大的 $\max\Delta Q$，若 $\max\Delta Q$ 大于 0，则将该元任务放置到与 $\max\Delta Q$ 对应的类别中，否则，将该元任务归还到原类别中。

Step3：重复 Step2，直到各个元任务所在的类别不再发生变化。

Step4：对 Step3 得到的新的类别划分进行"压缩"处理，将每个类别压缩为一个新节点，将每个类别中的元任务结构相关度之和作为该节点的环的权重，可以把它看作该节点与自身之间的结构相关度，把类别之间的连接边上的结构相关度转换为新节点之间的结构相关度，转换之后，形成新的图连接。

Step5：重回 Step1，直至整个图的模块度不再发生变化或者变化小于设定的阈值时，算法停止，此时的类别划分状态就是最终的聚类结果。

算法中有几个需要特别注意的地方：Step2 中依次尝试将元任务放置到其邻接元任务的类别中时，只考虑处于不同类别中的邻接元任务；Step2 中计算模块度增益时不能忽略元任务从原类别中移除时原类别的模块度变化。

至此，元任务在最后一个聚合维度上的决策方法论述完毕，最终的输出是子任务集，将完整的元任务聚合过程绘制为如图 5.6 所示的元任务聚合算法流程图。

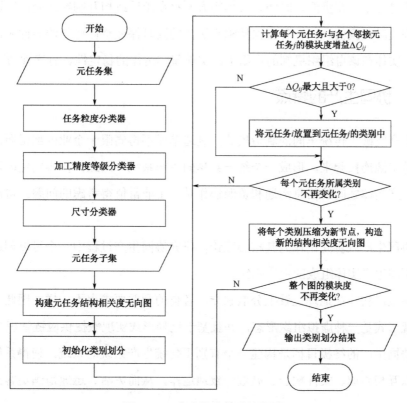

图 5.6 元任务聚合算法流程图

5.3 基于任务驱动的分布式制造资源协同生产运行机制

协同生产是基于网络化分布式制造，将相互依存、地理位置分散的生产实体以"竞争、合作、协调"的自组织机制组织为一个整体，使各生产实体之间能够互相协调、和谐有序地工作，进而完成某一生产实体不能完成或者虽然能够完成但代价较大的任务，实现整体收益优于各生产实体独立运作收益之和的一种生产形式。根据这一定义可知，协同生产的主体是地理位置分散且相互依存的生产实体，其目的是使各生产实体自主协作，获取更大的收益，完成生产任务。为了达到协同生产总目标，"竞争、合作、协调"的自组织机制被融入其中。竞争是为了保证各生产实体在协同生产过程中资源的高效利用和优化配置；合作是指由于在协同生产过程中各生产实体执行的生产任务之间在物理上或逻辑上具有一定依存性，所以唯有各生产实体互相配合，才能完成任务；协调是指由于各生产实体在完成各自任务的过程中，在资源、时间、目标等方面存在矛盾或相互制约之处，所以各生产实体之间必须及时交换信息，在各自保持独立运作的同时保证整体运作的柔性协调、和谐配合。各生产实体在该自组织机制的作用下，实现整体运作的稳定性、有序性与高效性。

5.3.1 协同生产的特点

协同生产突破了传统车间的制造模式，制造单元不再局限于企业内部资源，而是通过网络将异地资源连接起来，形成一个统一共享的生产系统。因此，在协同生产过程中，如何加强各生产实体之间的信息沟通和资源协作是一个非常值得考虑的问题。协同生产具有如下特点。

（1）协同生产以协同论作为其核心理论，研究协同生产过程中一个可以创造最大协同收益的由不同生产实体组成的生产系统。

（2）各生产实体在地理位置上分散独立，各自的利益要求也不一样。因此，协同生产企业的表现形式是一种虚拟组织形态，并且基于这种形式实现敏捷供应链管理。

（3）协同生产的终极目标是构建一个有别于传统生产系统的系统，使得系统中的各生产实体可以互相协调、柔性配合、高效一致地运作，从而灵活、迅速地满足客户的定制化解决方案。

（4）协同生产以"竞争、合作、协调"的自组织机制实现整体任务目标。参与其中的生产实体具有分布性、独立性、异构性等特性，因此有必要建立一种统一的协作机制，以此制约所有生产实体的行为，进而完成整体任务目标。由于在生产过程中可能出现难以预料的动态变化情况，各生产实体在约束之下还需要独立自主地解决局部问题，具备一定的自治性。所以，在集中管理的同时，还要结合分布式控制，以更好地实现整体任务目标。

5.3.2　协同生产中的制造任务分配

在云制造环境下，产品的制造过程往往是由跨区域的多个企业相互协作完成的，协同生产的目的正是整合利用接入云制造平台的跨区域企业的生产制造能力，在保证制造任务保质保量如期完成的同时获取最优的生产效益。在这一过程中，首先要解决的是在调度资源时如何给合适的生产企业分配恰当的生产任务。因此，高效、科学的任务分配方法和技术是保证参与协同生产的企业有条不紊运作的关键。本章中的协同生产主要涉及上下游企业之间制造信息及时传输和共享，包括准确、及时地接收上游企业传来的实时制造信息和向下游企业发送本企业的实时制造信息，以及本企业生产设备的实时信息自我反馈和云制造平台反馈，为局部和全局制造任务动态调度提供数据基础。

在面向定制化产品的制造资源调配过程中存在三类主体，分别是资源需求者、资源提供者和云制造平台。资源需求者指具有制造服务能力的需求方，是整个生产调配活动的发起者，负责将个性化产品制造任务发布至云制造平台，并获取平台为之提供的制造服务；资源提供者指为资源需求者提供制造服务的物理资源拥有者，负责将自身所具备的制造能力封装为制造服务并发布至云制造平台，并执行平台分配的个性化制造任务；云制造平台是一种为资源需求者和资源提供者提供制造服务发布、管理和监控服务的交易平台。

在协同生产过程中，上游企业与下游企业紧密联系、环环相扣，生产调度不再仅仅局限于单个企业内部，而是着眼于各企业之间。借助良好的调度逻辑，下游企业能够根据上游企业的生产情况及时调整本企业的生产进度，避免库存增加，出现产能过剩现象；上游企业也能根据下游企业的生产信息准时按质按量地向下游企业交货，避免出现制造资源闲置现象，进而确保参与协同生产过程的所有生产实体的整体利益。因此，设计一种科学合理的企业间协同调度逻辑是实现资源合理利用的关键环节之一。针对这一问题，本章基于

"制造资源集中调度，分散任务协同执行"的调度思想，提出了如图 5.7 所示的云制造环境下的协同生产调度框架和如图 5.8 所示的协同生产交互机制。

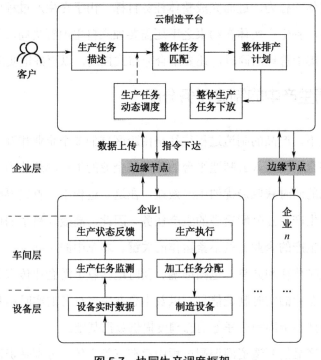

图 5.7　协同生产调度框架

首先，资源需求者（客户）将生产任务信息发布至云制造平台，如所需的制造能力、加工工艺、交货期限、质量要求、成本范围、订单数量等信息；然后，云制造平台根据生产工艺要求将生产任务分解成若干子任务，从资源提供者通过资源虚拟化技术发布至云制造平台的众多制造服务中筛选出能够满足子任务的制造服务集，再根据云制造平台的资源配置规则，完成整体生产任务的调度配置，形成整体排产计划指导企业的加工生产，并将生产任务下放至各边缘节点。边缘服务器在收到排产计划后，进一步将生产任务分配给制造设备并执行。在生产过程中，制造设备将各种实时制造数据同时反馈至企业内部和云制造平台，实现生产任务实时监测、跨区域企业间生产状态的共享与协同。资源需求者也能通过云制造平台了解生产任务的整体执行过程与子任务的具体信息。当制造设备出现故障等突发情况扰动正常生产时，云制造平台通过企业反馈的节点数据，如生产库存、设备状态等，再次进行调度配置，同时边缘节点企业再次更新任务清单，维持协同生产系统整体稳定运行。

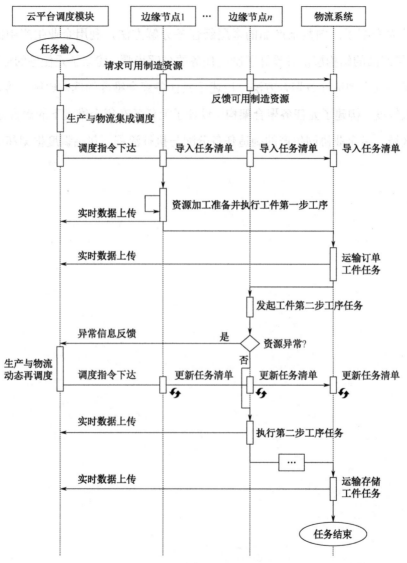

图 5.8 协同生产交互机制

5.4　本章小结

　　本章首先介绍了面向复杂产品的多层级任务分解方法，利用企业生产中的重要工具BOM分析了产品的结构层次并设计了制造任务的分解步骤，建立了元任务的描述模型；其次，介绍了多维度制造任务聚合方法，论述了元任务聚合维度的选取原则，确定了元任务聚合的四大维度，构建了元任务聚合架构，设计了元任务在每个维度下的聚合方法；最后，分析了跨区域、多企业协同生产的制造任务分配与执行流程，包括调度框架和交互机制。

第**6**章

面向分布式制造过程的网络协同管控平台设计

引言

面向分布式制造过程的网络协同管控平台是工业技术与互联网技术深度融合的产物，云边协同能实现对不同应用场景下各类需求的良好契合和高效匹配，它是基于数字孪生的新一代工业应用的载体，是企业数字化转型的关键赋能工具，对实现企业设备、产线、车间、工厂、价值链数据协同极其关键。研究面向分布式制造过程的网络协同管控平台对构建我国多层次系统化工业互联网平台自主创新发展体系，提升企业制造过程数字化、智能化水平，提高生产效率，挖掘工业大数据价值，具有非常重要的意义。

6.1 总体架构

本章面向工业企业生产现场应用需求，为解决产业链上下游企业信息不透明、边缘端实时计算难、云端管控难、跨平台系统兼容难等技术难题，构建一个面向分布式制造过程的网络协同管控平台，包括边缘智能协同子系统、云端智能协同子系统、云端应用开发工具及云边协同工业模型库等功能子系统，提供边缘计算与云计算协同应用服务，可以实现多类型工业数据、工业智能模型、工业应用的云边协同交互，满足企业生产现场质量检测、设备管理、能耗优化等智能应用需求。

6.1.1 平台架构

边云协同可以实现边缘计算与云计算更好的融合，将计算能力下沉到更为靠近物或数据源头的网络边缘侧，不断提升工业大数据实时计算与决策能力，是制造企业数字化转型的重要技术手段，在边缘端与云端之间完成资源协同、数据协同、模型协同和应用协同是面向分布式制造过程的网络协同管控平台系统的核心部分，如图 6.1 所示。

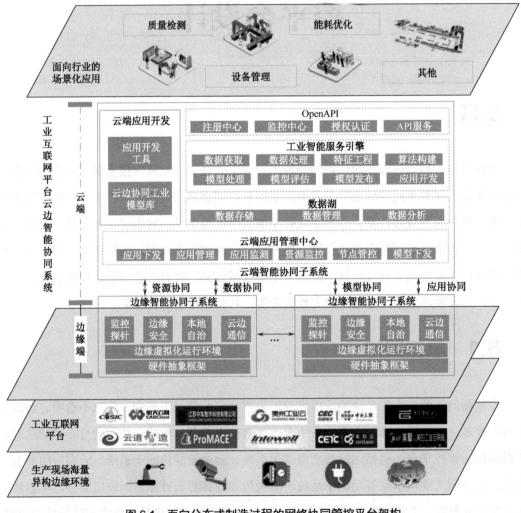

图 6.1 面向分布式制造过程的网络协同管控平台架构

1．资源协同

从边缘计算单节点的角度看，资源协同提供了底层硬件的抽象，降低了上层应用的开发难度。从全局的角度看，资源协同提供了全局视角的资源调度和全域的 Overlay 网络动态加速能力，加速边缘端的资源实现高效利用，促进边缘与边缘、边缘与中心之间的实时互动协同。

2．数据协同

实现数据在边缘云和中心云之间有序、可控地流动，建立完整的数据流转路径，并进行数据全生命周期管理与数据挖掘。边缘端负责数据的采集、存储，同时对隐私数据进行本地化处理，然后在边缘设备上筛选数据，并仅在需要时通过蓝牙或网络向云端传输数据，以降低云存储和移动网络连接成本，并将结果上传到云端，通过云端实现海量数据的分析和决策。

3．模型协同

在云端进行工业智能模型训练和优化迭代，并下发至边缘端部署。将工业智能模型的推理过程放在靠近终端设备的边缘端完成，满足边缘端工业智能深度学习高计算量和低延时要求。同时，边缘端采集终端设备不断生成的需要使用深度学习等人工智能（AI）技术进行实时分析或用于训练深度学习模型的数据，通过数据协同上传至云端，实现云端工业智能模型的优化迭代。

4．应用协同

边缘节点提供模块化、微服务化的应用实例，云端按照使用者需求提供应用业务编排能力，实现边缘应用的统一注册接入、体验一致的分布式部署和集中化的全生命周期管理。对于边缘计算的落地实践来说，应用协同是整个系统的核心，涉及云、边、管、端各个方面。

6.1.2　技术架构

为了提升面向分布式制造过程的网络协同管控平台的兼容性，基于云原生技术，通过 K8s 和 KubeEdge 容器化技术实现系统在云端和边缘端的微服务架构，开发云原生的工业互联网平台云边智能协同系统，总体技术架构如图 6.2 所示。

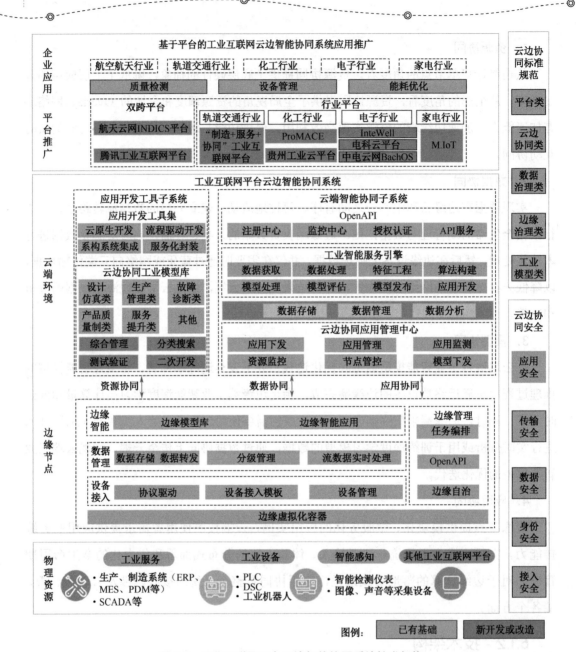

图6.2　工业互联网平台云边智能协同系统技术架构

　　面向分布式制造过程的网络协同管控平台的建设内容包括边缘智能协同子系统、云端智能协同子系统、云端应用开发工具和云边协同工业模型库等。通过平台提升云边智能协同系统对不同工业互联网的兼容性，满足不同行业场景化的基于云边协同的工业应用，不断增强工业互联网平台云边协同工业应用服务能力，以及云边协同应用行业示范推广能力。

（1）基础支撑环境：通过容器化技术实现在资源受到隔离的进程中运行应用程序及其依赖关系。通过使用容器，轻松打包应用程序的代码、配置和依赖关系，将其变成容易使用的模块，实现环境一致性、运营效率、开发人员生产力和版本控制等诸多方面的目标，保证工业互联网平台云边智能协同系统应用程序快速、可靠、一致地部署，其间不受部署环境的影响。

（2）边缘智能协同子系统：支持工业现场边缘侧的设备接入、数据存储实时处理和工业智能模型应用及边缘云运行管理，在边缘侧实现与中心云的资源协同、数据协同和应用协同。

（3）云端智能协同子系统：提供协同数据管理中心、云端应用管理中心、工业智能服务引擎、OpenAPI 管理中心等功能模块，支持边缘侧任务的云端管理，工业数据、应用和模型的云边交互，工业智能模型的云端训练，支持云边协同系统基础支撑环境，以及 API 服务等。

（4）云端应用开发工具：面向云端应用构建和验证过程，提供云端应用开发环境，提供云端应用可视化构建和运行服务功能，实现云端应用的敏捷开发、快速开发，提升应用开发效率，降低开发成本。

（5）云边协同工业模型库：提供模型综合管理、模型分类与搜索、模型测试验证功能，配合云边协同管理系统，满足多种类工业模型云边交互需求，实现工业模型云端训练迭代和边缘侧部署调用。同时，构建场景化工业模型资源库，提供 100 个边缘部署的工业模型。

6.2　边缘智能协同子系统

边缘智能协同子系统是整个系统中最靠近数据源的协同子系统，是连接物理世界与数字世界的桥梁。通过大范围、深层次的数据采集，以及协议转换与数据处理，加上云边智能协同功能，边缘智能协同子系统为工业互联网平台云边智能协同系统提供完整的应用数据。边缘智能协同子系统可以通过各类通信手段接入不同的设备、系统和产品，实现工业生产的数据采集。通过协议转换技术，实现多源数据统一归口，以及数据在边缘侧集成汇总处理。通过与云端协同操作，将数据与云端同步，实现数据向云端平台集成。

边缘智能协同子系统在全面接入生产现场设备的基础上，搭载丰富的人工智能分析决策功能，可对接现有的工业生产管理系统，帮助企业降低生产设备故障率、优化产品工艺、降低管理成本，它是"云制造+边缘制造"模式中实现云平台与边缘侧协同的关键，是云制造应用服务在边缘侧提供现场快速响应与决策功能的重要途径，支持智能分析、数据流处理、数据监测等智能服务，可就近提供实时边缘智能服务。

边缘智能协同子系统应用场景如图 6.3 所示。

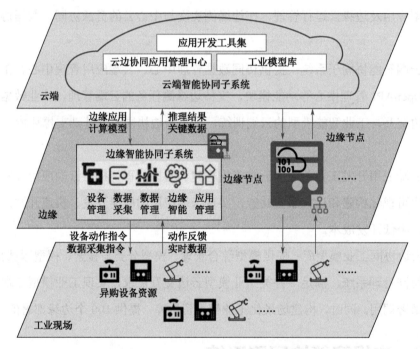

图 6.3　边缘智能协同子系统应用场景

6.2.1　系统架构

边缘智能协同子系统架构如图 6.4 所示。

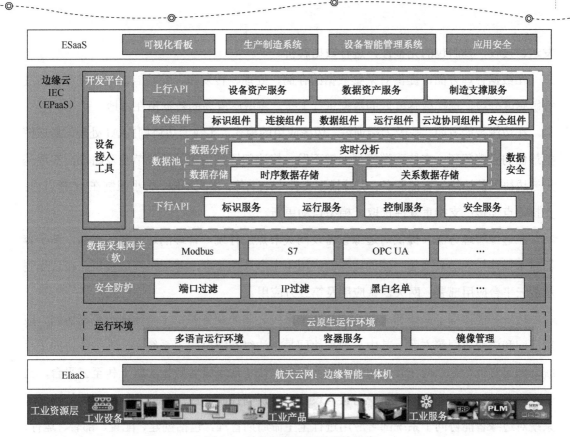

图 6.4　边缘智能协同子系统架构

边缘智能协同子系统侧重于在边缘侧对现场资源和云上资源进行整合。首先，它提供接入设备的全生命周期管理，支持设备模板集中化管理，通过对设备模板的不断累积，使设备连接越来越简单；其次，它支持工业现场总线协议、远程服务协议、数据传输协议等通信协议，实现与工业现场设备、传感器、OT系统、IT系统的互联互通；再次，在对边缘计算、网络、存储资源统一管控的同时，提供边缘应用所需要的基础运行和存储环境，以及信息交互所需的中间件和 API 等平台化服务；最后，提供云边协同服务，支持 Docker应用的管理调度，实现将云端 AI 模型和容器化应用一键部署在边缘侧。

在设备接入方面，支持工业现场总线协议，并对接入设备进行模板化管理，从而提升设备接入能力，使用更加便捷。另外，针对私有协议和不支持的协议，用户可基于 SDK 开发协议插件包。插件包包含 UI 和协议解析两部分，UI 部分通过边缘智能前端页面调用，实现数据标签的属性配置；协议解析部分通过边缘智能后端程序调用，实现报文的合成、发送、接收，判断包的完整性，进行数据解析。

在数据管理方面，提供对采集数据的存储、处理、转发和告警功能，可通过对数据进行敏感度分级，选择敏感度低的数据进行上传，将敏感度高的数据留在本地。

在边缘智能方面，基于云端训练、边缘应用的模式，实现云边协同的 AI 处理，形成模型最优的完整闭环。支持云端模型一键下发、快速部署到指定的边缘节点及路径，实现基于云边协同的边缘侧智能服务；支持模型文件本地上传，格式不限，大小限制在 1GB 以内；支持断点续传；支持重复性选取、模型自动更新。

在边缘管理方面，提供对边缘设备及网关节点进行统一管理的边缘服务产品，基于容器技术构建与容器云产品一致的边缘侧应用全生命周期管理，并提供开放接口，在边缘侧承载云平台应用部署、网关默认应用及第三方应用。

边缘智能协同子系统和云端智能协同子系统之间的业务关系主要体现在数据协同、应用协同和资源协同等方面。其中，数据协同是指边缘智能协同子系统和云端智能协同子系统之间可实现数据双向交互，边缘智能协同子系统将现场设备数据实时上传至云平台，云平台可通过边缘智能协同子系统对接入设备进行反向控制；应用协同是指云端智能协同子系统对边缘智能协同子系统部署应用进行全生命周期管理，包括创建、配置、部署、运行、更新、卸载、监控和日志采集；资源协同是指云端智能协同子系统对边缘智能协同子系统进行远程管控，包括计算、网络和存储资源。

6.2.2　功能架构

边缘智能协同子系统有六大功能，分别是数据采集、数据管理、设备接入、云边协同、API 服务（分上行 API 和下行 API）和通用 App。

数据采集是指面向工业现场各种设备的数据采集功能，通过内置各种采集协议驱动，实现与子设备的数据传输。另外，用户可以根据自身需要扩展协议驱动。

数据管理主要实现对采集数据的存储、处理、转发和告警，可通过对数据进行敏感度分级，选择敏感度低的数据进行上传，将敏感度高的数据留在本地。

设备接入提供对接入设备的全生命周期管理。设备模板管理可将 IoT 模板从云端下发至边缘侧，构建主流厂商机器人、电表、空调、加工设备等设备接入模板，支持对异常数据进行告警提示。

云边协同主要实现创建应用模板、创建配置项、创建密钥、应用部署和应用监控等功能，提供对边缘节点的自治管理和冗余备份能力，并支持对系统固件的远程升级管理。在AI场景下，支持在云端使用人工智能平台进行大数据量的训练生成 AI 模型，然后将 AI 模型通过边缘云部署到边缘节点运行，进行本地推理。

API 服务是指面向现场设备资源的管理，提供标准服务接口，包括标识服务、运行服务、控制服务、安全服务；面向上层应用的服务调用，提供统一的服务接口，包括设备资产服务接口、数据资产服务接口、制造支撑服务接口。

通用 App 是指在边缘云上搭载了设备智能管理、生产执行系统、可视化看板系统等工业软件，开箱即用，只需简单配置，即可实现产线信息化和自动化的整合，帮助生产企业快速组织生产，提升设备管理效率，在为企业生产提质增效的同时，大幅降低设备故障停机时间，并为产品质量工艺优化和企业运营决策提供数据支撑。

6.3 云端智能协同子系统

6.3.1 系统架构

云端智能协同子系统与边缘智能协同子系统各有所长，云端智能协同子系统擅长全局性、非实时、长周期的大数据处理与分析，能够在长周期维护、业务决策支撑等领域发挥优势；边缘智能协同子系统擅长局部性、实时、短周期数据的处理与分析，能更好地支撑本地业务的实时智能化决策与执行。

因此，云端智能协同子系统与边缘智能协同子系统只有通过紧密配合才能更好地匹配各种需求场景，从而放大边缘计算和云计算的应用价值。边缘计算靠近执行单元，该单元能为采集云端高价值数据并进行初步处理，可以更好地支撑云端应用；反之，云计算通过大数据分析优化输出的模型、应用和数据可以下发到边缘侧，边缘智能协同子系统基于新的业务规则或模型运行。

云边协同的能力与内涵涉及各层面的全面协同。云端智能协同子系统与边缘智能协同子系统应实现对网络资源、虚拟化资源等的资源协同，并在此基础上实现数据协同、模型协同和应用协同。

资源协同：云端智能协同子系统可纳管边缘智能协同子系统提供的计算资源、网络资源、虚拟化资源等基础设施资源，对边缘智能协同子系统进行资源调度管理。

数据协同：云端智能协同子系统接收边缘智能协同子系统上传的相关数据，并提供海量数据的存储、分析与价值挖掘功能。通过两个子系统的数据协同，支持数据在边缘与云之间可控有序流动，形成完整的数据流转路径，高效率、低成本地对数据进行生命周期管理与价值挖掘。

模型协同：云端智能协同子系统开展集中式 AI 模型训练，并将模型下发到边缘智能协同子系统；边缘节点按照 AI 模型执行推理，实现分布式智能。

应用协同：云端智能协同子系统提供应用开发与测试环境，以及应用的生命周期管理能力，并将应用下发到边缘智能协同子系统；也将智能协同子系统中的边缘节点提供应用部署与运行环境，并对本节点的多个应用进行调度管理。

云边智能协同系统架构如图 6.5 所示。

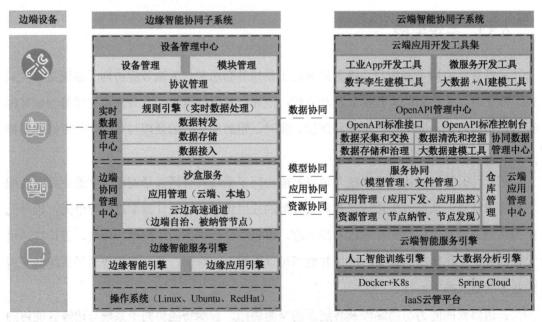

图 6.5　云边智能协同系统架构

云端智能协同子系统主要通过云端应用管理中心、云端智能服务引擎、协同数据管理中心、OpenAPI 管理中心、云端应用开发工具集等模块，实现与边缘智能协同子系统的资源协同、数据协同、模型协同和应用协同功能，将优化输出的模型、应用和数据下发到边缘侧，帮助边缘智能协同子系统更好地支撑本地业务的实时智能化决策与执行。

6.3.2　技术架构

云端智能协同子系统基于云原生技术，通过 K8s 和 KubeEdge 容器化技术实现系统在云端和边缘端的微服务架构，开发云原生的工业互联网平台云边智能协同系统。

KubeEdge 包含边端的计算节点部分和云端的管理控制部分，其云边协同体现在：基于 WebSocket 和 QUIC 协议构建可靠、高效的云边消息通信，并作为云边控制协同、数据协同的通信基础；扩展 K8s 功能，实现云边协同编排管理，包括基于云端的边缘控制器（EdgeController）等控制 K8s 应用程序编程接口服务器与边缘节点、应用和配置的状态同步，支持直接通过 kubectl 命令行在云端管理边缘节点、设备和应用；提供 DeviceTwin 模块，实现边缘计算节点下挂的边缘设备与云端设备管理之间的同步和控制；支持边缘离线自治，节点元数据持久化，实现节点级离线自治；节点故障恢复不需要 List-Watch，降低网络压力。

6.3.3　云端应用管理中心

云端智能协同子系统通过云端应用管理中心来管理边缘侧的服务，将云端服务能力延伸到边缘节点，这是实现云边协同的关键环节（底层环节）。云端应用管理中心的功能包括资源协同、应用协同、服务协同和仓库管理。

在资源协同功能中，云端智能协同子系统可纳管边缘节点，展示边缘节点的信息，包括主机名、网络、操作系统、规格（CPU／内存）、实例数量、设备数量、边缘侧软件版本、容器运行时版本、MQTT 服务器配置等，对边缘智能协同子系统进行资源调度管理，并实现边缘节点管理的自治功能，自主发现、连接、管理边缘节点。

（1）边缘节点纳管。边缘节点是边缘计算设备，用于运行边缘应用，处理边缘数据，安全、便捷地和云端应用进行协同，通过智能边缘平台部署系统应用来延伸云服务能力到边缘节点。

（2）边缘节点发现。自动发现边缘节点，自动发现服务。

边缘基础设施通常由多个边缘节点组成，包括部署在城域网侧的近场边缘云、工厂的现场边缘节点、工厂的智能设备（如机器人）等，提供边缘计算所需的算力、存储、网络资源。

为了降低上层应用适配底层硬件的难度，需要通过一个中间层（容器）来对底层硬件进行虚拟化，使得上层应用可以用一点接入、一次适配、一致体验的方式来使用边缘侧的资源。

从单节点的角度看，容器化提供了底层硬件的抽象，降低了上层应用的开发难度。从全局的角度看，容器化提供了全局视角的资源调度和全域的 Overlay 网络动态加速能力，使边缘侧的资源得到有效利用，促进边缘与边缘、边缘与中心的实时互动。

应用协同是指用户通过边缘计算平台在云上的管理面，将开发的应用通过网络远程部署到自己希望的边缘节点上运行，为终端设备提供服务，并且可以在云上进行边缘应用生命周期管理。应用协同还规定了边缘计算平台向应用开发者和管理者开放的应用管理北向接口。对于边缘计算的落地实践来说，应用协同是整个系统的核心，涉及云、边、管、端各个方面。相比于集中在数据中心的云计算，边缘计算的边缘节点较为分散，在很多边缘场景中，如智能巡检、智能安防、智能检测等，边缘节点采用现场人工方式对应用进行部署和运维非常不方便，效率低、成本高。边缘计算的应用协同能力，可以让用户很方便地从云上对边缘应用进行灵活部署，大大提高了边缘应用的部署效率，降低了运维管理成本，为用户在边缘场景实现数字化、智能化提供了基础。这也是应用协同对于边缘计算场景的价值所在。

边缘计算应用协同系统整合边缘节点资源，通过边缘管理模块与云上控制模块共同完成应用协同。目前边缘计算领域多种技术架构并存，其中基于云原生技术的边缘计算架构发展迅速，并逐渐成为主流。这里以基于云原生技术的边缘计算为例给出应用协同技术架构，如图6.6所示。

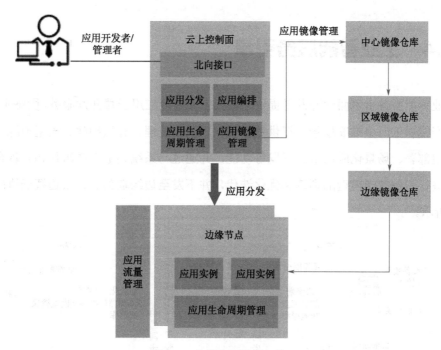

图 6.6　应用协同技术架构

　　整个系统分为云上和边缘两个部分，云上部分包含云上控制面和云端镜像仓库，云上控制面主要用于接收用户提交的应用部署请求信息并对边缘应用进行生命周期管理，云端镜像仓库主要用于对用户提交的应用镜像进行分级转发缓存；边缘部分主要包含边缘节点和边缘镜像仓库，边缘节点用于为边缘应用提供运行环境和资源，边缘镜像仓库为边缘应用提供具体的镜像加载服务。用户将其开发的应用通过边缘计算平台下发部署到边缘节点上运行，因此需要边缘计算平台提供清晰、明确的应用部署接口。应用部署接口定义了用户与边缘计算平台之间的交互方式与功能边界。边缘计算平台为用户提供标准化的北向接口，开放各种应用部署和调度能力，用户的所有应用部署需求都以服务请求的形式向边缘计算平台提交，边缘计算平台将执行结果以服务响应的形式返回给用户。用户使用边缘计算平台进行应用部署时，应对应用的目标形态提出需求，以部署配置文件的形式进行描述，并提交给边缘计算平台。边缘计算平台会根据用户提交的需求及既定的调度策略，选择最能满足用户需求的节点进行调度，获取相关节点资源，创建应用实例和相关资源（如中间件、网络、消息路由等），完成应用在边缘节点上的下发部署。

6.4 工业智能服务引擎

工业智能服务引擎面向开发者提供全栈式工业智能应用云端开发服务,围绕企业产品、设备、产线、工厂全维度场景,提供数据获取、数据处理、算法构建、模型训练、模型评估、模型部署、场景化应用快速开发等功能,并通过与系统其他功能组件相互耦合,实现在云端进行工业智能模型的训练和优化迭代,并下发至边缘端部署,云边智能协同关系如图 6.7 所示。

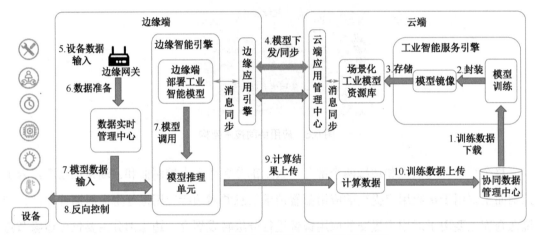

图 6.7 工业智能服务引擎的云边智能协同关系

6.4.1 工业智能服务引擎架构

工业智能服务引擎兼容 TensorFlow、Caffe 等主流人工智能训练框架,提供一套人工智能算法和模型开发与运行的基础环境,以及配套管理和训练能力。人工智能引擎基于容器化、GPU 虚拟化技术,采用 GPU、FPGA 和定制人工智能芯片,构建统一的人工智能算法运行环境,兼容 TensorFlow、Caffe、PaddlePaddle、Scikit-Learn、MILib、Theano、Keras 等主流计算框架。同时,利用分布式计算和 GPU 运算的优势,集成 Pandas、NumPy、Sklearn、Scipy、Matplotlib 等计算运行库,依托 HDFS 文件存储支持分布式计算、图式计算,并支持 CPU+GPU 混合图形计算集群,提高模型训练效率,为基于机器学习和深度学习的模型算法提供开发和运行的基础环境，同时提供模型训练、模型部署和模型版本管理的支撑服务。人工智能引擎技术架构如图6.8所示。

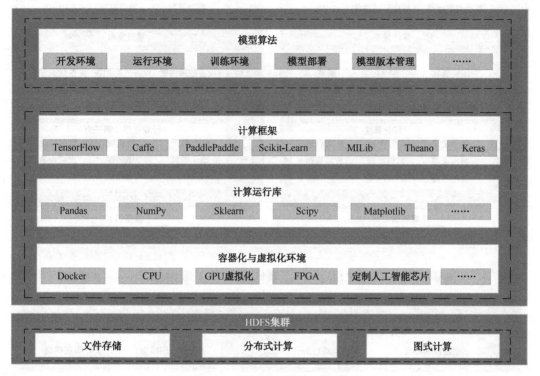

图 6.8　人工智能引擎技术架构

6.4.2　工业智能开发环境及工具

人工智能模型训练及应用流程如图 6.9 所示。首先基于算法服务生成算法模型并形成算法库，然后开发环境调用算法模型及服务，通过人工智能模型工具进行训练和优化，最后生成面向行业的应用模型及应用模型库，为用户提供人工智能建模服务。

人工智能模型训练环境包括私有化训练环境和定制化训练环境。私有化训练环境支持用户创建模型训练环境和训练任务。定制化训练环境支持基于通用模型的二次训练运行环境构建。算法服务包括随机森林、递归神经网络、蚁群算法等通用算法，以及面向航空航天、工程机械等重点制造行业的频谱分析、缺陷识别、异常监测、趋势预测等行业算法。模型库则对生成的人工智能模型进行上传、下载、授权、监控等管理。

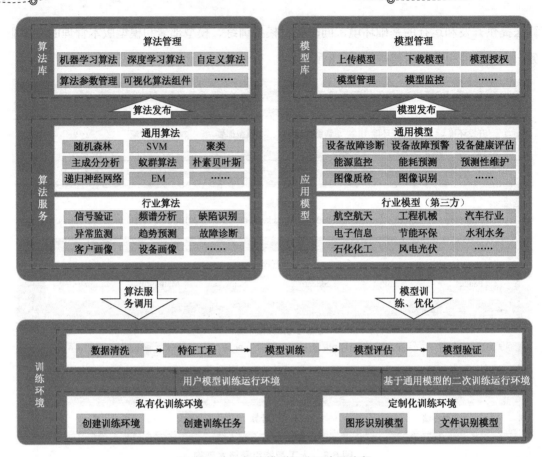

图 6.9　人工智能模型训练及应用流程

6.5　OpenAPI 服务

采用标准化 OpenAPI 接口技术，研发 OpenAPI 管理中心，提供开放 API 服务接口。OpenAPI 管理中心提供 API 注册、发布、管理、监控和运维等全生命周期管理服务，实现边缘应用灵活部署、模型快速下发、多节点全局资源调度。OpenAPI 开放下行标识、连接、运行、安全类标准 API，支持合作伙伴在边缘侧快速连接工业资源，采集实时和历史数据；开放上行数据类、模型类、平台基础服务类 API，解决边缘数据实时处理和云端大数据分析协同、多场景工业应用云边协同、工业模型协同问题，支持应用开发者、工业企业查询多源大数据分析优化、AI 模型训练结果；面向设备智能运维、资产优化分析、能耗优化等应用场景，支持灵活调用 API 服务，实现 SaaS 应用的快速开发与集成。

6.5.1 OpenAPI 架构

云边智能协同系统微服务集提供标准化下行 API、上行 API，通过开放下行标识、运行、连接、安全类服务，支持工业设备、工业产品、工业系统接入；通过提供数据、模型、平台基础服务，实现对多源异构数据的存储、管理和分析，支持开发者实现应用敏捷开发。

（1）开放微服务集（下行 API）提供标识、运行、连接、安全四类 API，全面支持各类工业设备、工业产品和工业服务接入，提供丰富的设备采集、系统数据采集模板接口，支持用户简单、便捷地实现数据采集、文件传输、设备反控和边缘实例管理。

（2）开放微服务集（上行 API）提供数据、模型、平台基础服务三类 API，全面支持各类工业应用的快速构建。同时，支持云原生工具集、数据接入工具集敏捷开发，实现工业企业信息化人员的可视化开发。

工业互联网平台云边智能协同系统通过 OpenAPI 向管理员和用户两类使用者提供各类云边智能协同服务。对系统用户提供 OpenAPI 标准接口服务，用户通过 OpenAPI 注册中心即可实现 API 发布、管理、维护和下线，并获得上行和下行两大类 OpenAPI 服务。对系统管理员提供 OpenAPI 标准控制台服务，实现 API 监控、授权等一系列功能。工业互联网平台云边智能协同系统的 OpenAPI 技术架构如图 6.10 所示。

工业互联网平台云边智能协同系统基于开放架构，采用将单一应用划分为一组小的服务的微服务架构设计模式，实现每个服务在独立的进程中运行，通过轻量级通信机制，即基于 HTTP 的 RESTful API 进行相互协调、相互配合，故设计研发系统 OpenAPI 接口和标准控制台，实现基于 Web 的 SOA 集成，满足使用不同语言、基于不同平台构建云边智能协同应用的需求。

为了确保工业互联网平台云边智能协同系统各平台兼容性，系统 API 接口开发规范按照 RESTful 方式来实施，要求 API 接口开发符合 REST（Representational State Transfer，表述性状态转换）规定的架构约束条件和原则，设备、软件和服务可以通过 JSON 统一格式实现不同微服务业务系统的信息交互和调度管理，面向管理员提供 API 全生命周期管理功能；面向系统用户提供在线注册服务，以 REST 协议为核心手段，用户通过 API 实现设备、应用程序、后端系统的全要素集成。

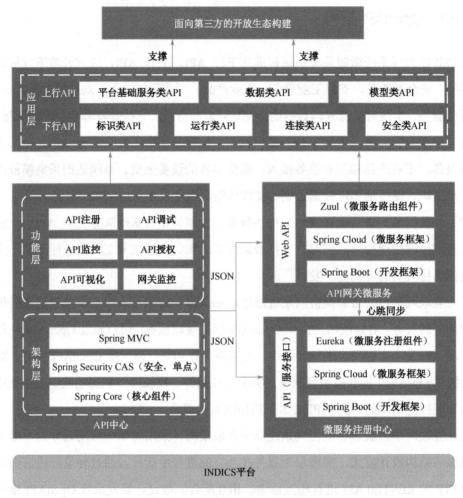

图 6.10 系统 OpenAPI 技术架构

6.5.2 OpenAPI 标准接口

为了满足系统用户对质量检测、设备管理、能耗优化等场景化云边智能协同应用开发的需求，设计研发了下行和上行两类 API，下行 API 涵盖标识、运行、连接、安全四类 API，实现云边协同；上行 API 涵盖面向第三方应用的信息查询、时序数据、统计分析、平台基础服务接口，实现研发类、设计类、流程类工业 App 定制化敏捷开发，满足云端工业应用开发和边缘端应用部署需求。

1. 下行 API

下行微服务集是面向工业设备、工业产品、工业资源数据快速接入的服务接口集，涵盖标识、运行、连接、安全四类服务，如图 6.11 所示。通过对外提供开放服务接口，支持实施合作伙伴快速接入各类工业设备，灵活适应各类工业产品，满足企业信息系统的快速接入需求。

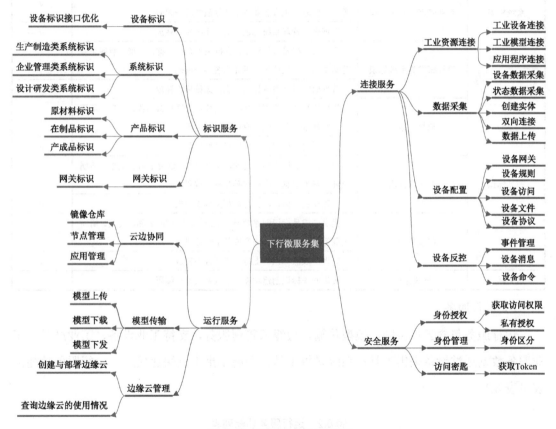

图 6.11　下行微服务集架构

1）标识服务

标识服务包含设备标识、系统标识、产品标识和网关标识服务，支持用户快速创建和获取工业设备、工业产品、工业服务数据的唯一编码；支持按照设备组、设备类型等多个维度，对设备标识进行查询和管理。标识服务功能列表见表 6.1。

表 6.1 标识服务功能列表

子类	API 名称	API 功能描述	现有基础
设备标识	设备标识接口优化	标识设备名称、区域、企业、类型、项目,生成唯一编码	√
		管理设备标识,支持系统标识释放	√
系统标识	生产制造类系统标识	申请生产制造系统标识,支持录入系统名称、类型、所属企业等基本信息,生成生产制造系统唯一编码	√
		管理生产制造系统标识,支持系统标识释放	√
	企业管理类系统标识	申请企业管理系统标识,支持录入系统名称、类型、所属企业等基本信息,生成企业资源计划系统唯一编码	√
		管理企业管理系统标识,支持系统标识释放	√
	设计研发类系统标识	申请设计研发系统标识,支持录入系统名称、类型、所属企业等基本信息,生成研发设计系统唯一编码	√
		管理研发设计系统标识,支持系统标识释放	√
产品标识	原材料标识	提供原材料标识创建功能,支持录入原材料名称、类型、所属企业等基本信息,生成原材料唯一编码	√
		管理原材料标识,支持原材料标识释放	√
	在制品标识	提供在制品标识创建功能,支持录入在制品名称、类型、所属企业等基本信息,生成在制品唯一编码	√
		管理在制品标识,支持在制品标识释放	√
	产成品标识	提供产成品标识创建功能,支持录入产成品名称、类型、所属企业等基本信息,生成产成品唯一编码	√
		管理产成品标识,支持产成品标识释放	√
网关标识	网关标识	提供网关标识创建功能,生成网关唯一编码	√

2)运行服务

运行服务包含云边协同、模型传输、边缘云管理服务,支持工业设备、工业产品、工业服务数据通过设备采集工具、系统采集工具、智能填报工具快速接入。运行服务功能列表见表6.2。

表 6.2 运行服务功能列表

子类	API 名称	API 功能描述	现有基础
云边协同	镜像仓库	获取租户镜像	√
	节点管理	节点分页查询	√
		新增节点协议	√
	应用管理	下发 YAML 文件,支持数据库应用一体化运行。填写、获取、下发	√

子类	API 名称	API 功能描述	现有基础
云边协同	应用管理	支持挂载外部存储。存储大小、应用挂载点管理（指定挂载路径）	√
		支持多实例运行，创建、修改、删除负载均衡，关联应用	√
		根据节点名称获取应用列表	√
模型传输	模型上传	通过此接口可将指定后缀名的文件上传到平台	√
	模型下载	通过本接口可以获取上传到平台的文件	√
	模型下发	通过本接口可以将模型从云端下发到边缘侧	√
边缘云管理	创建与部署边缘云	创建边缘实例	√
		部署边缘实例，创建边缘实例部署单	√
	查询边缘云的使用情况	获取边缘实例详情	√
		查询当前账户下的所有边缘实例	√
		查询边缘实例中的设备列表	√
		查询边缘实例中的网关	√

3）连接服务

连接服务包含工业资源连接、数据采集、设备配置和设备反控服务，支持自定义设备属性，可实现接收设备消息和在线发送控制指令，满足实施合作伙伴管理、控制工业设备、工业产品、工业服务的需求。连接服务功能列表见表 6.3。

表 6.3　连接服务功能列表

子类	API 名称	API 功能描述	现有基础
工业资源连接	工业设备连接	通过多种方法支持与设备的连接，包括第三方设备云、直接网络连接、OpenAPI 连接。实现与工业设备的开箱即用的连接	√
	工业模型连接	将本地模型通过弹性、安全的方式连接到设备，支持企业最大化利用现有的云投资	√
	应用程序连接	降低连接到其他关键应用程序（包括 PLM、ERP、CRM 和 SCM）的时间和复杂性，在云边协同系统中无缝使用这些数据	√
数据采集	设备数据采集	获取设备采集的数据点列表，最多允许采集 100 个数据	√
	状态数据采集	获取设备运行状态，包含运行、待机、故障、离线四种状态数据	√
	创建实体	创建属性、服务、订阅和事件的实体	√
	双向连接	利用物理和数字世界的双向连接，支持快速构建海量的物模型实体	√
	数据上传	根据规范，向设备代理提供基于 MQTT 的 API 数据上传	√

续表

子类	API 名称	API 功能描述	现有基础
设备配置	设备网关	提供实时视频数据接入功能，包括摄像头视频数据采集、实时数据分发和视频数据转储等功能。支持与视频分析服务集成，快速构建基于实时视频数据的智能分析应用	√
	设备规则	设备挂载网关	√
	设备访问	设备报警规则配置	√
		设备密钥配置	√
		设备访问凭证配置	√
	设备文件	设备客户匹配配置	√
	设备协议	设备配置文件	√
		设备负载配置	√
设备反控	事件管理	管理标准化和自定义的事件，从字段和其他应用获取事件	√
	设备消息	从边缘实例中移除边缘应用	√
		查询设备消息	√
		下发设备消息	√
	设备命令	查询指定消息 ID 的消息	√
		下发设备命令	√
		下发异步设备命令	√

4）安全服务

安全服务包含身份授权、身份管理、访问密钥服务，保障企业工业资源数据安全。安全服务功能列表见表 6.4。

表 6.4　安全服务功能列表

子类	API 名称	API 功能描述	现有基础
身份授权	获取访问权限	基于用户角色申请 API 接口访问权限，新增批量角色申请	○
	私有授权	工单申请	○
身份管理	身份区分	授权私有权限，用户可访问私有 API	○
访问密钥	获取 Token	增强 Token 时效性，由长期有效更新为对用户设定有效时间	○

2. 上行 API

上行微服务集提供面向应用开发的开放服务接口，通过对外提供通用开放服务，支持开发者灵活调用 API 获取历史和实时数据，并提供资产统计与智能分析服务，实现云端大数据湖的多源异构数据分析，支持云端应用敏捷开发，提升资产运营管理效率。上行微服务集架构如图 6.12 所示。

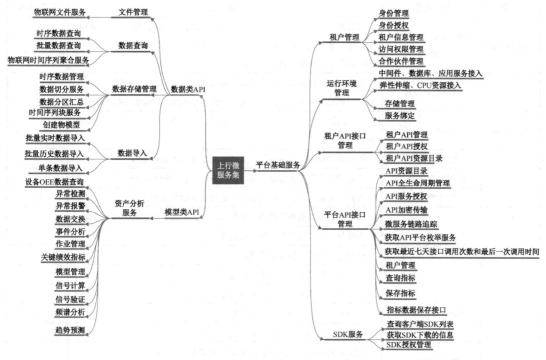

图 6.12　上行微服务集架构

数据类 API 提供物联网领域数据获取、高频时序数据批量导入、集成数据湖存储管理、时序数据聚合、文件管理服务等功能，实现批量导入实时数据和历史数据，并对多源异构数据进行统一存储、管理和分析。对外提供工业设备状态查询、企业资产查询管理类 API，支持设备资产监控与故障诊断、产线监控与优化、企业资产优化管理类应用敏捷开发。数据类 API 列表见表 6.5。

表 6.5　数据类 API 列表

子类	API 名称	API 功能描述	现有基础
文件管理	物联网文件服务	读取、写入和删除文件，上传、更新和删除设备资产相关文件，存储元数据信息，按元数据搜索文件	○
数据查询	时序数据查询	读取设备资产最新已上传数据	√
		根据用户自定义时间条件，查询设备历史数据	√
	批量数据查询	批量查看同一产品下指定设备的运行状态	√
		批量查询设备详情	√

续表

子类	API 名称	API 功能描述	现有基础
数据查询	物联网时间序列聚合服务	读取聚合的时间序列值。按照时间间隔检索以下聚合值：计数、总和、平均值、最小值、最大值、第一个值、最后一个值和标准偏差，时间间隔内有效值、不确定值和无效值的计数	√
数据存储管理	时序数据管理	管理从现场设备或应用中提取的时间序列数据，进行数据创建、读取、更新、删除，由时间戳、一个或多个值、可选指标项构成时间序列记录	√
	数据切分服务	对于超过一定大小的分区，可以实现手动切分，将一个分区的数据分散到多个分区	√
	数据分区汇总	汇总每个分区存储数据量，支持按指定字段汇总数据量	√
	时间序列块服务	支持实时检索超大分区，定时删除分区，存储删除记录	√
	创建物模型	支持以界面方式创建物化视图，定时启用物化视图	○
数据导入	批量实时数据导入	批量导入和读取设备最新采集数据，导入和读取高频时间序列数据	√
		批量导入和读取设备实时采集数据	√
		批量导入和读取设备状态数据	√
		导入和读取企业所有采集点信息	√
	批量历史数据导入	批量导入和读取设备整点采集数据	√
		批量导入和读取设备采集点名称对应的采集点值	√
		根据预设时间，导入和读取设备采集点历史数据	√
	单条数据导入	根据时间范围，导入和读取单条设备实时采集数据	√
		根据时间范围，导入和读取单条设备历史采集数据	√

模型类 API 提供设备资产统计、设备 OEE 分析、异常检测、趋势预测等算法模型开放服务接口，支持企业根据实时数据和历史数据进行设备异常检测、异常报警、事件分析和趋势预测。模型类 API 列表见表 6.6。

表 6.6　模型类 API 列表

子类	API 名称	API 功能描述	现有基础
资产分析服务	设备 OEE 数据查询	获取企业某个时间范围内的效率列表	√
		支持根据时间查询 OEE 列表	√
	异常检测	基于时间序列数据分析，实现自动检测过程和资产的异常行为检测和预警	○
	异常报警	提供检测时序数据中最常见问题所需的功能，包括范围检查、峰值报警、阶跃报警、噪声报警和偏置报警	○
	数据交换	通过 REST API 调用，提供远程文件存储和管理支持，实现在相同的租户文件或文件夹中上传、下载、重命名和发布文件	○

续表

子类	API 名称	API 功能描述	现有基础
资产分析服务	事件分析	为事件数据提供数据驱动的分析功能。通过统计分析，用户可以更好地理解系统的内部运作	○
	作业管理	用户可以通过作业管理服务，采用调度机制，提供运行模型所需的执行环境	○
	关键绩效指标	可计算资产的关键绩效指标。它使用的数据源包括传感器、控制事件和日历条目等	○
	模型管理	提供支持版本控制的分析模型管理文件存储。该服务可以协助维护版本、相关性、参数和创建者信息	○
	信号计算	处理实体传感器的时间序列数据，可聚合、修改、平滑和转换原始传感器数据，以便进行进一步分析或存储	○
	信号验证	审核实体传感器的时间序列数据，提供一组用于信号审核的常用操作	○
	频谱分析	允许用户进行时域和频域分析	○
	趋势预测	使用线性和非线性回归模型预测时间序列的未来值，提供支持众多应用的预测框架	○

平台基础服务提供租户管理、运行环境管理、租户 API 接口管理、平台 API 接口管理和 SDK 服务，支持 API 注册、发布、管理、监控和运维的全生命周期管理。平台基础服务功能列表见表 6.7。

表 6.7　平台基础服务功能列表

子类	API 名称	API 功能描述	现有基础
租户管理	身份管理	管理用户身份，支持添加新用户或更改现有用户	√
	身份授权	请求身份验证和授权	√
	租户信息管理	管理子租户、租户信息和法律信息	√
	访问权限管理	提供某个应用的访问权限，访问使用该应用的其他租户的数据	√
	实施合作伙伴管理	创建、编辑、删除实施合作伙伴，激活和取消激活代理，以及设置与设备资产的关系	√
运行环境管理	中间件、数据库、应用服务接入	对接中间件、数据库、应用，基于 SB 规范接入	√
	弹性伸缩、CPU 资源接入	对接弹性伸缩、容器、虚拟机，基于资源接入规范接入	√
	存储管理	提供基于 ISCSI 协议的服务管理	√
	服务绑定	服务和资源的绑定	√

续表

子类	API 名称	API 功能描述	现有基础
租户 API 接口管理	租户 API 管理	租户 API 创建、修改、删除	√
	租户 API 授权	支持根据租户名称、订单编号、App 名称获取租户服务授权	√
	租户 API 资源目录	根据租户设定的子租户角色，区分展示 API 资源目录	√
平台 API 接口管理	API 资源目录	根据平台设定的用户角色，区分展示 API 资源目录	√
	API 全生命周期管理	优化 API 发布、订购、消费、注销功能，支持微服务发布、工单申请、调用、下线的 API 全生命周期管理	√
	API 服务授权	优化用户调用微服务的身份认证标识，支持根据用户、订单编号、App 名称获取服务授权，增加令牌时效、证书时效功能	√
	API 加密传输	采用 API 参数，支持用国密算法进行 API 加密传输	√
	微服务链路追踪	支持完整的针对微服务链路和系统指标的日志、巡检和监控，可展示微服务调用次数、调用排行、调用错误列表信息	√
	获取 API 平台枚举服务	获取 API 平台枚举服务	√
	获取最近七天接口调用次数和最后一次调用时间	获取最近七天接口调用次数和最后一次调用时间	√
	租户管理	租户新增、修改、删除、授权	√
	查询指标	查询平台监控指标	√
	保存指标	保存平台监控指标	√
	指标数据保存接口	平台 API 监控指标数据保存接口	√
SDK 服务	查询客户端 SDK 列表	查询客户端 SDK 列表	√
	获取 SDK 下载的信息	获取 SDK 下载的信息	√
	SDK 授权管理	提供 SDK 授权处理机制，支持开发者配置用户授权令牌或服务凭证，在 API 客户端中使用服务凭证，生成 API 调用的授权	√

6.6　云边协同工业模型库

云边协同工业模型库的基本架构如图 6.13 所示。其中，工业模型综合管理系统包括模型综合管理、模型分类及搜索、模型测试验证三部分。

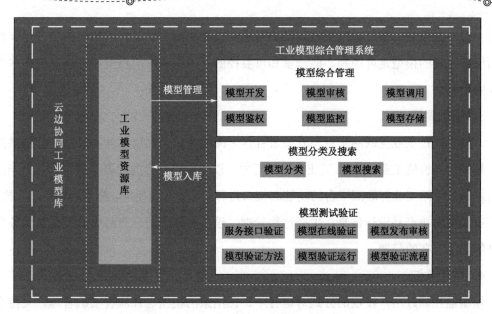

图6.13　云边协同工业模型库的基本架构

6.6.1　模型综合管理

模型综合管理实现对工业模型资源的统一管理和调用，提供模型开发、模型审核、模型调用、模型鉴权、模型监控、模型存储等功能。

1. 模型开发

模型综合管理支持用户在线设计开发模型、在线打包部署模型。利用集成环境构建的模型采用前后端分离模式，前端交互页面利用在线设计工具提供的业务设计模块进行快速开发，后端服务采用 Maven、Spring Boot 框架开发。通过 Jenkins 开源工具实现在线打包部署。

模型开发提供集页面设计、后端服务开发、数据接入、对接第三方服务于一体的云原生模型开发软件产品。其中，业务设计模块提供可视化布局功能及模型开发通用组件，支持自定义前端脚本样式、自适应分辨率、自定义数据库查询、调用第三方服务 REST API、前后端 Web Socket 通信等。

2. 模型审核

模型审核可实现轻量客户端通过 Web 浏览器对设计仿真模型的在线审核，并可针对每个用户提交的模型，按照模型类型、模型用途、模型功能及稳定性适用范围等进行审核，从而保证上传的模型是可控制、能测量和可监控的，确保入库的模型能够满足服务水平协议和安全要求。

3. 模型调用

开发者通过工业互联网平台与开发者社区之间的接口，利用工业互联网平台提供的开发工具进行高价值工业 App 和工业微服务开发，以支持跨平台的部署、调用和互操作。工业用户通过使用工业互联网平台的功能和接口进行检索、在线使用、跨平台调用和互操作，用工业模型解决产品设计仿真、生产过程管理、设备故障诊断、产品质量控制和服务效能提升等方面存在的问题。

4. 模型监控

模型监控通过用户授权的方式对运行中、已结束的模型进行流程实例管理，支持企业用户查看某个模型对应的流程图，并展示该模型当前的状态和任务的详细说明，以及该模型对应的监控信息、存储历史等。在监控过程中，可以在任务产生后根据选择的通知类型发送消息给任务执行人，还可以设置任务的审批期限和过期时间，并进行催办设置。

5. 模型鉴权

模型鉴权主要针对模型调用申请及上传申请进行操作。当用户进行模型调用或者上传时，工业模型库接收用户或者第三方平台的请求，发放模型调用或者上传的鉴权接口，通过传递用户的名称、密码、时间戳及密钥四个参数，获取模型调用接口或者上传接口的访问密钥，之后通过综合管理系统将要发放的接口访问密钥放到用户或者第三方平台 API 的请求消息头的 header 当中，第三方平台或者用户对密钥进行验证，验证通过以后对模型调用接口或者上传接口进行访问。

6. 模型存储

工业模型库依托工业互联网平台进行模型存储，借助工业互联网平台提供的信息化、数字化技术进行模型管理、展示和应用。工业模型库支持行业多源异构模型资源格式，通过将行业通用知识封装成数字化模型并统一注册发布到工业模型库进行存储，方便工业 App 开发者灵活调用，促进工业知识的沉淀、传播、复用和价值创造。

6.6.2 模型分类及搜索

1. 模型分类

工业模型多维分类体系是建立在以多种分类维度为划分依据的工业模型分类树的基础上的。通过该体系，用户可以利用分类索引的方式管理工业模型。例如，按照领域专业维度和产品类别维度等对工业模型进行管理和应用。

2. 模型搜索

建立工业模型搜索引擎，实现工业模型的高效、精准、快速定位和查询。目前工业互联网发展极快，工业信息表现出多元化的新特性，传统的搜索引擎已难以满足目前的信息搜索需求。通过建设工业模型搜索引擎，不仅能够给用户提供准确、有用的信息，而且能够快速整理出分类细致、准确、全面、具备时效性的模型搜索信息列表。

工业模型搜索引擎架构如图 6.14 所示。

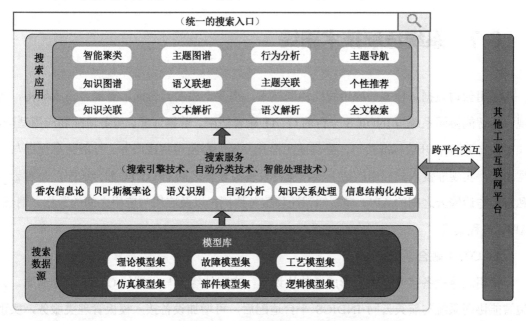

图 6.14 工业模型搜索引擎架构

6.6.3　模型测试验证

基于复杂系统校核、验证与确认（Verification, Validation and Accreditation，VV&A）的相关理论与方法，实现模型测试验证，保证工业模型可信度，在给定模型使用目的的前提下，分析评价模型与真实系统相似或接近的程度。模型测试验证主要关心工业模型是否有效和可信，包括概念模型验证和实体模型验证两项内容。

概念模型验证是对概念模型能否全面地描述问题及准确地刻画真实系统进行分析和评价的过程。概念模型描述方法有业务领域指定方法（Ad Hoc Method）、设计调节（Design Accommodation）、开发范例（Development Paradigm）和科学论文方法（Scientific Paper Approach）。实体模型验证是对模型计算结果与真实系统的静、动态特性及试验结果是否充分一致进行分析和评价的过程。实体模型验证的基本手段是在相同的工作条件下对模型输出与真实系统输出之间的一致性进行考察。

6.7　系统适配技术路线

采用云边数据／模型／应用智能协同技术，构建全栈多云协同部署混合集成架构，实现云边智能协同系统与 INDICS 平台的 OT/IT 融合适配、数据适配、服务适配和应用适配，如图 6.15 所示。开放标准接口，提供适配器开发框架和应用集成服务。打破信息孤岛与数据断层，实现非侵入式应用改造上云，支持设备与设备之间的 OT/IT 融合适配，公有云／私有云与边缘云之间的 API、模型知识迁移服务协同，以及应用与应用之间的数据、消息、API、流程集成。

1．OT/IT 融合适配

采用边缘设备接入技术，形成通信协议库，实现边缘侧与云端的 OT/IT 融合适配。云边智能协同系统与航天云网 INDICS 平台适配后，可增加设备接入模板管理类服务，实现标准化设备连接，打通企业 OT 与 IT 设备和生产信息，实现物理设备与数字资产之间的数字化连接。采用边缘数据处理技术，在边缘侧实现设备数据汇聚，支持企业自研或第三方研发的应用系统，实现边缘侧数据管理、实时分析，并将数据快速转化为工业现场业务信息。采用云端大数据分析协同技术，实现边缘侧与云端数据共享及可视化。设备数据、企业生产执行数据、计划管理系统数据可通过设备连接、系统接入类 API 实现快速上云，提高工业设备、工业系统、工业软件全要素连接能力，提升工业资源连接实施效率。

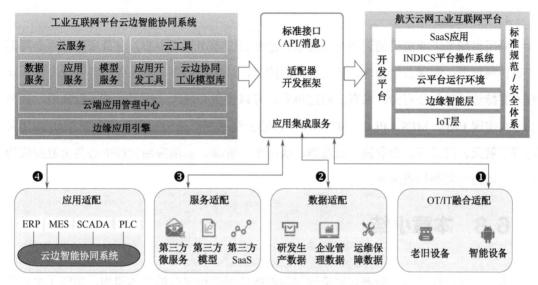

图 6.15　工业互联网平台云边智能协同适配架构

2. 数据适配

采用协同数据管理技术，实现云端数据分级分类存储、计算、处理和分析，并通过标准化数据类 API 开放给上层应用使用，从而支持应用开发者直接复用已有核心资产数据，实现资产监控与优化管理。云边智能协同系统适配航天云网工业互联网平台后，实现百万工业设备、服务、产品数据的存储，以及相关业务数据、主数据、元数据等的 TB/PB 级存储与管理，提供多种业务系统（ERP、MES、SCADA、PLC）、多种异构数据源（MySQL、MongoDB、RESTful API 等）的综合分析能力，将数据分析结果开放为 RESTful API，供开发工具或业务系统直接调用。

3. 服务适配

采用工业智能服务引擎技术，实现工业模型云端训练迭代，支持跨云、跨域的第三方微服务、模型协同适配，支持知识共享与业务协同。该技术基于消息分布式集成，打破地域限制，实现边缘云、公有云、私有云之间核心微服务、模型无缝对接，支持区域业务集成自治，保障业务集成可靠性，并且支持跨网集成，实现云边智能协同系统与航天云网 INDICS 平台跨系统安全适配，打通上行数据、模型、平台基础服务，以及下行标识、连接、运行、安全服务，提升 INDICS 平台设备接入模板管理、模型共享迁移服务能力。

4. 应用适配

采用多场景工业应用的云边交互技术，适配云端应用管理中心，支持应用全生命周期云边协同管理，实现云端创建、下发、管理应用，边缘侧启停、删除应用等管理操作。该技术支持边缘侧与公有云、私有云应用协同，可以提供非侵入式应用改造，以高效、轻量的方式实现 ERP、MES、PLC、SCADA 系统的云端适配。云边智能协同系统 SaaS 应用可部署于航天云网云端、企业侧、边缘侧，实现统一管理，云端应用管理中心负责监控应用状态、能力列表和集成关系。

6.8 本章小结

本章首先阐述了面向分布式制造过程的网络协同管控平台的整体架构，明晰了平台的运行逻辑与技术开发路线。其次，设计了面向边缘侧物理设备的边缘智能协同子系统，实现了边缘设备的数据感知集成与边缘应用的智能分析决策。再次，研究了云端智能协同子系统的整体架构与技术架构，设计了云端应用管理中心对边缘节点与边缘应用进行全生命周期管理。接着，研究了工业智能服务引擎，从引擎架构与开发环境的角度分别阐述了面向云边协同的工业智能服务实现过程。然后，设计了标准化 OpenAPI 接口和工业模型库综合管理方法，实现了边缘应用灵活部署、工业模型快速下发和多节点全局资源调度。最后，为打破信息孤岛与数据断层，研究了云边智能协同适配架构，实现了云边智能协同系统与云平台的 OT/IT 融合适配、数据适配、服务适配和应用适配。

第 **7** 章

异构制造资源实时信息主动感知与集成技术

引言

在分布式生产环境中，要真正实现离散制造资源高效整合，首先要将分布式制造资源接入统一平台，并获取边缘侧制造资源实时状态信息。然而，接入平台的制造资源存在来源广、多样化的特点，且边缘侧制造资源产生的数据类型，以及数据传输通信协议均各不相同，这些都对分布式协同制造系统的真正落地应用产生了巨大的障碍。本章主要阐述异构制造资源实时信息主动感知与集成体系架构，通过将工业物联网技术引入制造领域，实现异构制造资源实时信息主动感知和集成融合，为实现分布式制造资源实时交互和协同控制提供数据基础。

7.1 异构制造资源实时信息主动感知与集成体系架构

对分布式制造资源实时状态进行主动感知，获取透明、可追踪的信息，对改善制造任务整体进度安排、调度控制和优化决策等方面有着重要作用。本节参照物联网架构，提出一种异构制造资源实时信息主动感知与集成体系架构，如图 7.1 所示。

首先，利用物联网传感设备建立车间传感网络，对车间制造资源进行智能化改造，让车间制造资源具备主动感知和接入的能力；其次，对传感设备进行注册和管理，准确有效地收集车间生产过程的实时数据；再次，通过对企业方收集和获取的数据进行增值，将多源异构数据转化为实时制造信息，用于优化生产过程；最后，将实时制造信息应用于生产现场上层决策系统，对不同生产阶段进行决策优化。该架构实现了对现场制造资源的实时跟踪和识别，以及对整个制造执行过程海量数据的透明感知和动态监测。收集和获取制造资源的传感器参数（温度、气压、湿度等）、运行参数（速度、加速度、振动等）和实时状态参数变化，为后续决策优化提供准确的实时制造信息，可用于制造执行系统的动态控制和决策。

下面对图 7.1 所示体系架构的主要部分进行详细说明。

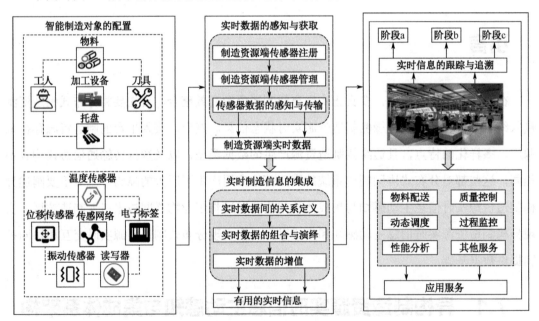

图 7.1　异构制造资源实时信息主动感知与集成体系架构

7.1.1　智能制造对象的配置

智能制造设备指具有感知、交互、分析和执行能力的制造设备，它能够感知自身的状态信息，与车间内部的其他制造设备交换任务信息，并能根据工作场所环境信息和自身状态信息及时执行生产任务的调度决策。智能制造设备是软件和硬件的综合体。

软件是实现设备智能化的重要部分，通常由适配层、交互层和分析层三部分组成，如图 7.2 所示。其中，适配层是基础软件，主要实现对制造设备的监控；交互层负责设备间的信息交互；分析层用于分析状态信息，为后续合理决策打下数据基础。软件需要与相应的控制器配合使用，但制造设备本身在出厂时通常是设置好的，其控制器系统不满足一般的开发需求，而且不同厂家有不同类型的控制器，很难实现统一的开发方式。因此，为了解决软件运行所需的硬件环境问题，需要为制造设备添加一个嵌入式工控机。制造设备和嵌入式工控机通过网络接口连接，信号由嵌入式工控机发送，以控制和监测软件的运行。

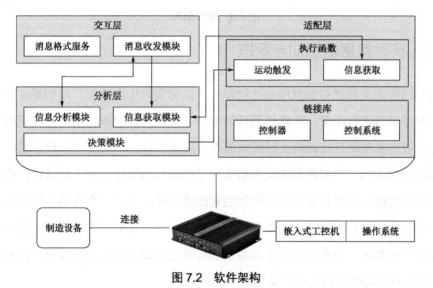

图 7.2 软件架构

除制造设备本体与运行软件部分的嵌入式工控机之外，硬件部分还配有相应的工件缓冲区，用于存储要加工的工件。智能制造设备通过 RFID 读写器来读取工件信息，并且利用其他传感器来监测其他制造设备的状态信息。硬件架构如图 7.3 所示。

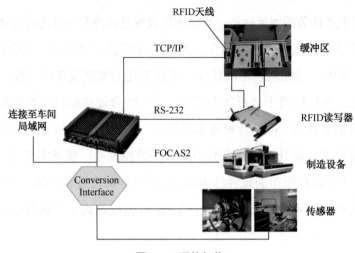

图 7.3　硬件架构

7.1.2　实时数据的感知与获取

智能制造资源能够感知和获取制造过程中产生的实时生产数据。对配置在制造资源端的物联网传感设备进行注册，在软件系统的支持下实现对传感数据的差异化识别，通过对传感设备的管理实现制造资源端实时数据的有效采集和传输。如图 7.4 所示是一个实时数据感知与获取的实例。中间的圆圈代表附着在工作场所的制造资源上的物联网传感设备，虚线代表配置物联网传感设备后制造资源的智能感应区，上下两个方框分别代表操作者和装有物料的托盘。操作者和托盘都配备了传感装置，可以存储相关的操作者数据，以及托盘所承载的物料数据。当携带 RFID 标签的操作者进入加工设备的智能感应区时，加工设备可以读取 RFID 标签上的电子产品代码（EPC）。

图 7.4　实时数据感知与获取的实例

7.1.3　实时制造信息的集成

在通过物联网对制造资源进行主动检测和实时信息集成的系统架构下，制造资源端虽然可以通过配置的物联网传感设备检测和获取车间生产过程中产生的海量实时数据，但是如果要使其成为对生产控制有用的信息，从而能够用于上层管理系统的决策及控制过程，还需要在制造资源端通过实时制造信息集成模块进行转化。

图 7.5 展示了一个实时制造信息集成的实例。在数据感知和获取阶段，可以收集和获取 RFID 标签上的 EPC 数据。实时制造信息集成模块根据基于知识的数据组合解释规则，将传感数据转换为有效的制造信息，以实现数据的增值。例如，当操作者或物料托盘到达制造资源的智能感应区时，对附着在他们身上的 RFID 标签上的 EPC 数据进行采集，由数据处理模块转换为相应的操作者或物料信息，用于上层管理系统对生产过程的控制和现场决策。

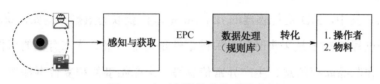

图 7.5　实时制造信息集成的实例

7.1.4　应用服务

通过对制造资源进行实时信息整合，能够实现对制造过程中各个阶段的制造信息的跟踪和追溯，这些信息可以被更高层次的制造管理系统所利用，并且可以提供一套基于实时制造信息的关键应用服务。在基于物联网的系统架构下，主动感知和整合制造资源的实时信息，可为关键应用服务提供数据基础。这些服务遵循面向服务的架构（Service-Oriented Architecture，SOA），可以作为独立的应用工具提供，或者作为即插即用的服务单元与第三方系统集成。制造资源的实时信息将成为提供这些服务的重要参考依据。

7.2　主动感知与多协议解析的硬件接口

上节详细介绍了异构制造资源实时信息主动感知与集成体系架构，包括制造对象配置、制造数据感知与采集、制造数据集成等内容。然而，车间现场环境复杂多变，制造数据多源异构，仅依靠中央服务器通过物联网来采集各制造资源的状态信息将导致数据感知延时大、实时性差。为提升数据采集与集成效率，本节将介绍主动感知技术，并设计具备多种工业协议解析能力的硬件接口，使制造设备能够自主采集数据并传输至需求端，为实现分布式设备协同控制提供信息来源。

7.2.1　主动感知技术

主动感知是指实时检测异构制造资源的制造服务状态信息，如人员、材料、在制品库存，以及加工设备上的各种传感器采集的加工质量信息。

本节将使用一个关键事件模型来展示将事件转化成状态信息的过程。为了便于理解，将事件分为原始事件和关键事件。这里的原始事件指的是传感器采集事件，定义为 $PE=\{SID,Str,t\}$。其中，SID 是传感器的 ID，Str 是事件获取的数据（例如，获取的 RFID 标签的事件驱动过程链），t 是采集时间。关键事件是与生产服务状态有关的事件，如实时生产进度监控、在制品库存信息、生产异常信息等，由原始事件和复合事件按一定规则组合而成，定义为 $CE=\{CeID,Attributes,Context,Time\}$。其中，CeID 代表事件的唯一标识符；Attributes 代表事件的属性，即事件的类别、事件的地点和时间，以及相关的元素；Context 代表事件的具体内容和属性之间的关系，主要是对事件的描述、构成事件的元素及其逻辑关系；Time 表示事件发生的时间，可以用某个时间点或某个时间段来表示。

如图 7.6 所示为主动感知模型。首先定义关键事件，即制造服务的状态感知信息。其中，对关键事件与原始事件之间的时间关系、逻辑关系和层次关系的定义需要重点关注。完成定义后，关键事件与原始事件之间的关系将被存储在 XML 文件中。关键事件的执行需要先创建实例，然后根据其对应节点的原始事件去触发关键事件的执行条件。与执行的关键事件相联系的原始事件一旦被检测到，之前定义好的关系就会被立即触发，从而解析和执行此关键事件。最后，关键事件的执行结果将会以数字化和可视化的方式返回，这样便实现了实时制造服务状态的感知。

7.2.2　制造服务接入技术

通过虚拟化技术，可以将大量的物理制造设备虚拟化为一个庞大的虚拟制造资源池。在此虚拟制造资源池中，各物理制造设备可以便捷地实现互联和感知。通过虚拟化技术将实体制造设备转化为逻辑制造设备，打破了传统的实体制造设备和制造应用间紧密耦合的依赖关系。

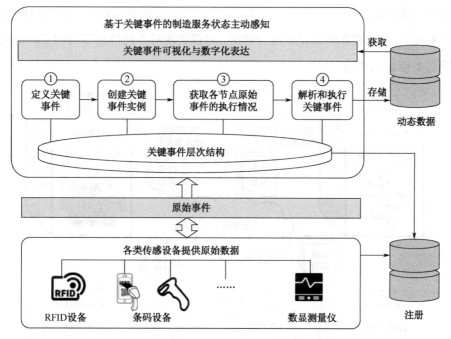

图 7.6   主动感知模型

如图 7.7 所示是制造服务接入技术示意图。基于设备制造服务封装，以松耦合和灵活的方式描述和部署各种制造服务，并将其接入和发布到云平台。其中采用了 Web 服务描述语言（Web Service Description Language，WSDL）、简单对象访问协议（Simple Object Access Protocal，SOAP）和面向服务的架构等技术。以松耦合的方式提供设备制造服务，将分布在各地的制造设备利用先前提出的标准化接口技术注册并发布到云平台，这一方面实现了服务和接口的动态耦合，使得制造服务资源能够快速、灵活地转移，以更好地满足用户多样化的需求；另一方面，能够充分利用云制造环境可以不断变化和扩展的特点。其中，Web服务描述语言对设备制造服务的描述是通过抽象定义和具体实现来完成的。抽象定义的元素主要包括<types>、<message>和<portType>，它们被用来描述服务操作与消息。具体实现部分包括<binding>和<services>，用于对特定服务地址信息的定义和绑定。与此同时，为了更好地实现云制造中各种加工设备服务信息的互操作和共享，基于对企业系统与控制系统集成标准（ISA—95）和企业制造标记语言（B2MML）标准结构的扩展，在设备端构建了对应的制造服务层次信息模板。设备的各类信息，如静态信息、动态信息、实时感知信息和统计计算的增值信息等，都可以被直接记录在该信息模板的节点中。将 WSDL 文件的入口地址与相应的 Web 服务的 SOAP 进行绑定，可以实现对不同信息节点的实时访问和对远程制造服务的绑定与调用。

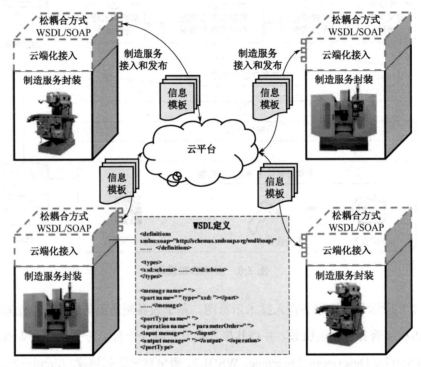

图 7.7　制造服务接入技术示意图

7.2.3　多协议解析的硬件接口

为了实现主动感知和接入，要求设备终端有标准化接口用于实现对多种协议的解析。异构装置的制造资源种类繁多，使用的通信协议也各种各样，给实现标准化接口带来了极大的障碍。目前，有两种方法能够实现不同协议的接入，一种方法是通过增强物联制造系统的兼容能力，实现对使用各种通信协议的异构设备的兼容，但这样会造成物联制造系统复杂度显著提高，系统开发困难且柔性较低。另一种方法则更为合理，即设计一种统一的通信接口，所有异构设备都使用该接口接入物联制造系统。

在物联制造环境下，车间信息化水平显著提高，对底层装备的数据采集也更为频繁。然而，底层装备种类繁多、通信协议各异，不同品牌底层装备的数据格式也存在差异（例如，从 SIEMENS 机床采集的机床坐标数据以毫米为单位，精确到小数点后三位，而从 FANUC 机床采集的机床坐标数据以微米为单位），因此对采集的数据还需要进行清洗、整理、归一化等一系列处理，这就给底层装备的数据采集及后续的数据分析和使用带来了很大的障碍。为此，需要设计一种标准化的数据访问接口，使物联制造系统的信息服务层可以通过统一的通信协议，以标准化的数据格式获取底层装备的各种状态信息。

7.2.4　通信接口设计和通信协议设计

在制造系统中，上层控制软件一般运行在上位机或工控机中，为了方便其与底层装备通信，本节选择使用基于 TCP/IP 的 Socket 通信技术来实现底层装备与上层控制软件的通信接口。

在本节中，选择上层控制软件作为 Socket 服务端，底层装备作为 Socket 客户端，物联制造系统运行时上层控制软件首先启动，等待底层装备准备就绪后与其建立连接。

底层装备与上层控制软件之间采用一问一答的信息交互方式，上层控制软件发起对话，底层装备进行回复。其交互指令可以分为两种类型，即控制型指令（如控制机床加工）和查询型指令（如查询 AGV 当前位置），底层装备在收到查询型指令后实时回复查询结果，收到控制型指令时则在完成该指令要求的操作后，回复动作完成或控制失败。

这里选择一种通过 JSON（JavaScript Object Notation，一种基于 JavaScript 语言的轻量级数据交换格式）封装的语义化通信格式，该格式具有可读性好、拓展性强、占用带宽小等显著优点，表 7.1 中列出了交互指令中部分常见字段的定义。

表 7.1　交互指令常见字段定义

字段	数据类型	示例	定义
task_no	Integer	1	指令编号
cmd	String	Grab_Workpiece	指令内容
Workpiece_type	String	001	工件类型
result	String	success/failed	执行结果
path	String	2,5,8,9,10	指定路径

续表

字段	数据类型	示例	定义
data	JSON	{"D1":"25.013","H1":"5.029"}	查询结果
NC_code	String	T1M03S800G55G00X…	NC 代码
step	Integer	1	工序号

由于底层装备收到控制型指令后并不实时回复，因此在实际运行过程中就可能出现上一条指令还未回复，下一条指令已经下发的情况（如上层控制软件向 AGV 下发按指定路径运行的指令，AGV 收到指令后按照指定路径行驶，并在到达路径终点后回复动作完成，但在 AGV 运行过程中，上层控制软件也会向 AGV 下发指令以查询其当前位置信息）。为了满足这一实际应用场景，就需要在交互指令中加入指令编号，如图 7.8 所示。该交互指令格式能够实现上层控制软件下发指令与底层装备回复指令的一一对应，避免因交互过程中消息回复的时序问题造成控制逻辑的混乱。

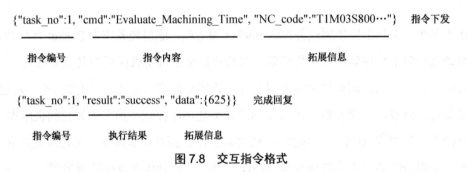

图 7.8　交互指令格式

7.2.5　数据访问接口设计

如果底层装备能够提供标准化的数据访问接口，其他外部程序便可以无视底层装备本身的通信协议和数据格式，直接通过数据访问接口方便地获取底层装备各种状态信息，从而显著降低底层装备的数据采集难度。数据库技术在数据存储、查询、管理等各个方面具有显著优势，是实现底层装备数据访问接口的最佳选择。

在物联制造模式下，每个底层装备在车间的数据库中都有对应的数据表格，其各种状态数据被实时存储在对应的数据表格中。因此，物联制造系统的信息服务层就可以直接通过连接底层装备数据库的方式，方便地获取车间内所有底层装备的各类实时数据。

通过单独为底层装备设计数据访问接口，使得底层装备的功能实现和数据访问能够形成两套独立的接口，分别对接物联制造系统的上层控制软件和信息服务层。相较于 OPC UA、MT-Connect、NC-Link 等通信协议，本节设计的通信协议针对物联制造系统的需求开发，具有结构简单、可读性好的特点，使得开发人员不需要经过系统的学习就可以快速掌握，结合 Socket 通信技术和数据库技术的使用，显著降低了上层控制软件与信息服务层的复杂度和构建难度。又由于该通信协议具有开放式、可拓展的特点，因此能够按照底层装备的特点和物联制造系统的需求灵活地进行调整，从而满足各种类型底层装备的接入需求。

为了实现装备适配模型与物联制造系统其他部分的连接，本节分别针对物联制造系统中的上层控制软件、车间底层装备、底层装备数据库、车间技术人员开发了四个接口，如图 7.9 所示。

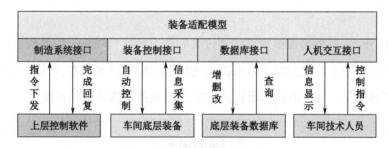

图 7.9　装备适配模型外部接口

1. 制造系统接口

装备适配模型的制造系统接口是基于物联制造系统使用的统一通信协议开发的，用于装备适配模型与上层控制软件的连接、交互。装备适配模型通过制造系统接口实现对上层控制软件下发指令的接收与回复。

2. 装备控制接口

装备适配模型的装备控制接口是基于对应底层装备的特点和装备本身的通信协议开发的，用于装备适配模型与其对应底层装备的连接、交互。装备适配模型通过装备控制接口实现对底层装备的自动控制与信息采集。

3. 数据库接口

装备适配模型的数据库接口是基于底层装备数据库的具体类型开发的，用于装备适配模型与底层装备数据库的连接、交互。装备适配模型通过数据库接口实现底层装备各种状态信息的存储与查询。

4．人机交互接口

装备适配模型的人机交互接口是基于 C#控制台（命令行应用程序）的人机交互界面开发的，用于装备适配模型与车间技术人员的交互。装备适配模型通过人机交互接口实时显示运行过程中的各类信息，如装备适配模型各个接口的连接状态、上层控制软件与装备适配模型的交互指令、装备适配模型运行过程中的异常扰动等，从而方便车间技术人员监控与调试。

本节设计了一种适用于物联制造系统的底层异构设备通信协议，车间底层制造资源本身并不支持此种通信协议，但结合上面提出的接口可以实现车间内异构制造资源的无障碍通信。

如图 7.10 所示，装备适配模型首先通过其制造系统接口以统一的通信协议接收上层控制软件下发的控制指令，然后通过装备控制接口以对应底层装备本身的通信协议对其进行自动控制和信息采集。这样的操作流程实现了底层装备通信协议的转换。

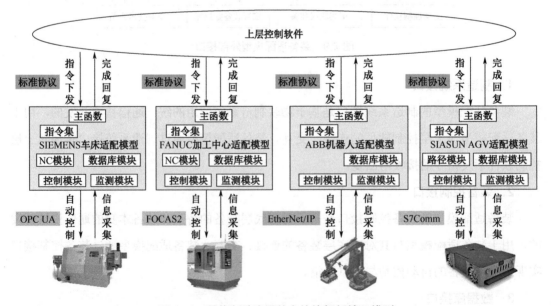

图 7.10　异构制造资源的多协议解析接口模型

底层装备数据访问接口是基于底层装备数据库构建的，其他外部程序可以通过访问底层装备数据库的方式，方便地获取底层装备各类状态信息。但底层装备本身并不提供与数据库连接的功能和接口，无法直接与底层装备数据库连接并作为数据来源。因此，底层装备数据访问接口的功能仍然需要通过装备适配模型实现。

在实际运行过程中，装备适配模型完成对底层装备的信息采集后，并不会直接将采集的信息存入底层装备数据库中，而是先通过与上一次采集的信息进行对比，判断底层装备状态是否产生变化。当信息发生变化时，先对其进行格式转换，实现数据格式的统一后将该条信息存入数据库中，否则将予以忽略。这样既可以保证底层装备数据库中的数据能代表对应底层装备的实时状态，又可以降低装备适配模型与数据库之间的通信压力和数据库存储压力。

7.3　异构制造资源实时信息集成服务

当前，如何将收集到的海量制造数据实时转化为有用的制造信息，并实现其在多相异构系统中与智能制造设备间的交互是亟待解决的问题。本节提出实时制造信息集成服务，利用此服务实现海量数据实时转换，以及多相异构应用系统与智能制造设备的交互。在该服务中，为了给不同种类的制造元素提供一套标准的模板，采用了 B2MML 标准，如图 7.11 所示。

为了适应面向服务的架构，以便能够轻松地在网上发布、检索和调用，本节将实时制造信息集成服务封装为一个 Web 服务。在此 Web 服务中，输入是从底层制造资源中收集的实时数据，输出则是管理系统需要的标准的实时信息。实时制造信息集成服务包括两个模块：数据处理服务和集成服务，具体介绍如下。

7.3.1　数据处理服务

为了实现异构管理系统间的信息共享与传输，可以利用数据处理服务将从制造设备端收集的杂乱的制造数据转换为标准的制造信息。

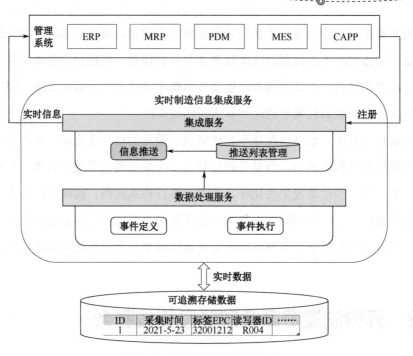

图 7.11　实时制造信息集成服务

实时处理制造数据的基础是事件模型。车间具体任务和现场实时数据的对应关系可以通过构建事件模型来清晰地表示。事件模型由事件定义和事件执行两个模块构成。智能识别装置原始事件的相互关系（逻辑或顺序关系）的建立由事件定义模块完成，基于此可以构建与制造有关的基本、复杂和关键事件。

例如，RFID 信息采集器 A1 和 A2 分别安装在装配站的物料输入缓冲区和在制品输出缓冲区。如图 7.12 所示，原始事件数据由 A1 和 A2 感知，通过使用事件模型可以实现对装配站实时在制品数量的追踪。该装配站的实时在制品数量跟踪事件与 A1 和 A2 感应到的原始事件之间的关系可以描述如下：A1 用于监测装配站的物料输入缓冲区，A1 处的每个原始事件被定义为将导致物料数量的增加；A2 用于监测装配站的在制品输出缓冲区，A2 处的每个原始事件被定义为将引起物料数量的减少。这些关系是在事件模型的事件定义模块中预先定义的。在装配过程中，当带有 RFID 标签的物料进入装配站的物料输入缓冲区或在制品输出缓冲区时，A1 或 A2 感应并读取标签的 EPC，物料的当前有效数据被相应地记录，即 A1 或 A2 采集的原始事件数据。一旦获得原始事件数据，事件模型的事件执行模块就会被激活，并根据预先定义的事件关系和相关的辅助数据（如购物清单）计算物料消耗和装备站的生产信息，以获得实时、准确的在制品信息。

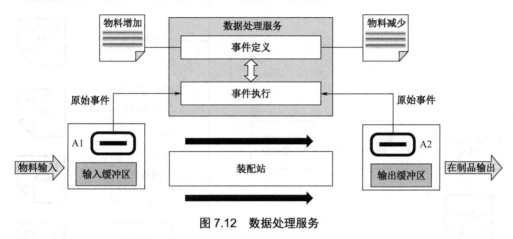

图 7.12　数据处理服务

7.3.2　集成服务

多相异构管理系统所需要的实时制造信息主要由制造信息集成服务提供。该服务主要由信息推送模块和推送列表管理模块两部分组成。对于各种管理系统的信息入口处的注册是由推送列表管理模块完成的。各管理系统可以自己定义对信息的要求。信息推送模块主要用于向不同的管理系统推送相关信息。当生产资源方的传感设备感知到数据在实时变化时，信息推送模块就会被自动调用。在信息推送模块被调用的初始阶段，会加载一个定义了所收集信息的传输路径的列表文件，这样，来自现场的信息就可以被及时传递给需要它的管理系统。

在本节中，ISA—95 数据结构和 B2MML 模板被用来将来自上层管理系统和底层传感器的数据转换成 B2MML 实例形式的标准制造信息。基于 B2MML 标准的实时制造信息模型如图 7.13 所示。该模型包含六个 B2MML 模板（人员、物料、设备、维护、生产能力和加工片段），描述了现场的人员、物料、设备和生产过程信息。这个信息模型与制造厂的资源分层结构是一致的。一个制造厂有一条或多条生产线，每条生产线由人员、设备和物料等不同的制造资源组成，不同的生产线对应不同的生产过程。

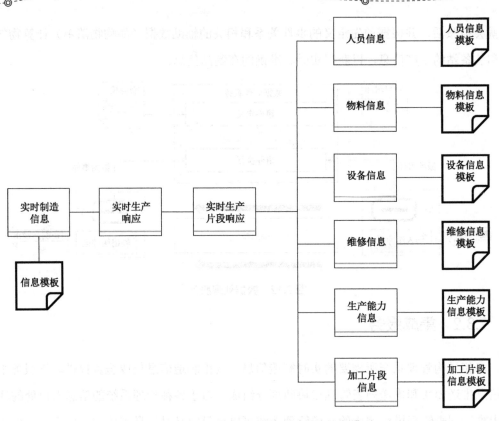

图 7.13　基于 B2MML 标准的实时制造信息模型

7.4　异构制造资源实时信息跟踪与追溯

由于基于工业物联网技术的制造资源实时信息的主动感知和集成架构还没有在制造企业中得到充分的应用，本节将通过构建相关的实验环境，建立一个概念性应用场景，实现对实时制造信息进行跟踪和追溯。该应用场景的目标是采集现场各种制造资源的实时信息，如员工、设备、物料等，并将采集的信息集成到相关的信息管理系统中。

首先，需要配置一些基本的制造资源。本节构建的应用场景的实验环境布局如图 7.14 所示，主要组成部分见表 7.2。

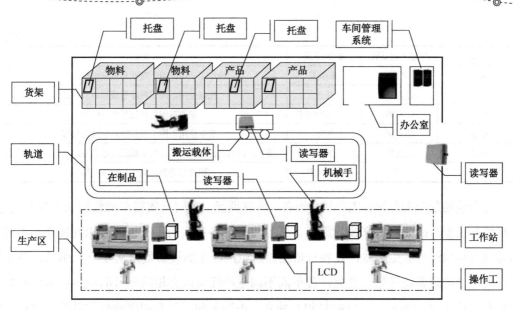

图 7.14　应用场景的实验环境布局

表 7.2　实验环境的主要组成部分

名称	数量	用途
工作站	3	用于生产关键部件或者产品装配
货架	若干	用于物料、在制品及成品的存储
机械手	3	用于物料的装载或卸载
搬运载体	1	用于车间物料配送
操作工	若干	完成物料配送、生产、装配过程的操作
车间管理系统	1	用于车间生产任务的计划及生产过程的监测与控制

　　其次，为了创造一个主动感知环境，需要为现场制造资源配备适当的自主识别装置。表 7.3 提供了所建感知环境中自主识别装置的配置信息。考虑到成本，本节主要使用高频 RFID 和超高频 RFID 设备，以实时跟踪信息。

表 7.3　自主识别装置的配置信息

类型	高频 / 超高频	制造资源	用途
RFID 读写器	高频	加工设备	感知操作工信息
RFID 读写器	超高频	加工设备	感知托盘、关键部件及关键工具信息
RFID 读写器	超高频	搬运载体	感知物料托盘信息
RFID 读写器	超高频	机械手	感知物料托盘信息

续表

类型	高频 / 超高频	制造资源	用途
标签	高频	操作工	操作工使用，用于跟踪与追溯操作工信息
标签	超高频	托盘	托盘使用，用于跟踪与追溯物料信息
标签	超高频	车间关键位置	获取车间关键位置坐标信息
标签	超高频	货架	货架使用，用于识别物料所处的位置
标签	超高频	关键部件	某一产品的关键部件使用，用于跟踪与追溯各阶段的在制品信息
标签	超高频	关键工具	跟踪与追溯关键工具的使用信息

将上述场景分为车间、生产线、设备、零件四级。车间号依据车间数量从 1 开始编号；生产线号依据车间内的生产线数量从 1 开始编号，各车间的生产线编号相互独立，不同车间可以有相同编号的生产线；设备号依据相应生产线上的设备数量从 1 开始编号，各车间生产线之间的设备编号相互独立，各车间不同生产线可以有相同编号的设备；零件号按照零件数量从 1 开始编号，零件编号相互独立，不同车间可以有相同编号的零件。通过车间号可以追溯到唯一的车间；通过车间号和生产线号可以追溯到唯一的生产线；通过车间号、生产线号、设备号可以追溯到某车间某生产线上的某个设备；通过车间号、生产线号、设备号、零件号可以追溯到某车间某生产线某制造设备上加工的某个零件。

在整个加工制造过程中，每一条制造信息都会带着标号存储在云端数据库中。当需要对某一条制造信息进行查询的时候，通过查询标号便可实现对制造信息的精确查询。查询过程会一直随着制造过程进行。在任何阶段，制造资源的实时信息都可以由附加的自主识别装置自动感知，并与标记信息一起存储在数据存储器中，以便对制造资源信息进行跟踪和追溯。

7.5　本章小结

本章首先基于工业物联网技术，研究了一种异构制造资源实时信息主动感知与集成体系架构，并详细介绍了该架构的主要组成部分。其次，针对异构制造装备的数据采集困难与信息交互障碍，提出了一种具备多种工业协议解析能力的智能接口，通过设计标准化通信接口、通信协议与数据库访问接口，实现了物联车间环境下异构装备状态互感知与信息交互。再次，设计了实时制造信息集成服务，实现了多相异构系统和实际加工过程之间的信息交互。最后，构建了相应的应用场景，并阐述了如何实现制造资源实时信息的跟踪与追溯。

第 **8** 章

分布式制造资源服务化封装与云端接入技术

引言

在产业链协同制造系统中,对跨区域、跨企业制造资源进行服务化封装是实现面向多类型制造任务的分布式资源配置的技术基础。然而,分布式异构异能制造资源种类繁多,其功能属性各有不同,且资源的工作状态多变。因此,如何对制造资源的信息进行全面描述就成为制造资源虚拟化的关键问题。

8.1 制造资源虚拟化研究框架

在面向对象的思想中,所有客观存在的事物均被视为对象。每个对象都是唯一的,但对象具有分类性,即具有相同性质和属性的对象可归于一类,从而引入类的概念:类是对象的抽象,概括了同一类型对象的共同特征。对象是类的实例化,是物理世界的具体存在。当从类中实例化一个对象时,对象会继承该类的所有属性。基于此种思想,制造资源可被看作对象,对象的唯一性决定了每个对象具有不同的属性,这种属性差异更多地体现在不同类型的制造资源上,例如,对于数控车床类型的制造资源,关注点在于主轴转速,而对于数控铣床类型的制造资源,关注点则在于进给速度,这就给制造资源建模带来了困难,因为使用固定的描述模板无法体现不同制造资源类型属性的差异性。由类和对象之间的关系联想到解决这一问题的方法：首先，构建制造资源类型模型，制造资源类型是对具有同一类性质和功能的物理制造资源的概括和抽象，其模型包含通用的一般信息和该类型具有的属性列表信息；其次，构建制造资源实例模型，制造资源实例是具体存在的物理资源，其模型包含于所属的制造资源类型下，因此制造资源实例模型除一般信息外，更重要的是继承了其所属制造资源类型的所有属性。

在网络化协同制造模式下，对制造资源进行建模的目的是虚拟化制造资源，将虚拟化后的制造资源发布到网络化协同制造平台的资源池中，实现制造任务与制造资源的匹配，达到制造资源配置的目的。而单个制造资源实例往往无法完成一项完整的制造活动，因此在完成对制造资源实例的建模后，还需要考虑如何将多个制造资源实例聚合为服务资源。在这一问题上，当前的研究大都以完成某项制造活动为目标聚合制造资源，但是，制造活动涉及的对象较多，影响活动的因素较复杂，在分析时不便于进行分类与归纳。因此，由面向对象思想中的封装概念联想到可以将制造活动的具体细节隐藏，即不必关心制造活动是如何进行的，只关心制造的是何种产品，以产品为目标进行分析。从集合的角度思考，服务资源是制造资源实例的集合，集合中的元素可以为单个或多个，将单个或多个制造资源实例聚合在一起完成某种产品的制造，经过聚合封装后的服务资源才是发布到资源池中的资源。

综上所述，从面向对象思想中的类、实例、继承与封装概念出发，笔者设计了如图 8.1 所示的制造资源虚拟化研究框架，包括分析制造资源属性构成、设计制造资源类型模板、构建标准属性库及设计可扩展的自定义属性模型、设计继承某类制造资源所有属性的制造资源实例模型、以产品为目标将制造资源实例封装为服务资源五个步骤。

（1）对于参与网络化协同制造的制造资源来说，其具有的属性可以归纳为五种系统必需的信息：基本信息、制造能力信息、状态信息、任务信息及统计信息。其中，制造能力信息根据制造资源的类型不同而具有不同的表述。以硬制造资源中的机加工设备数控机床为分析对象，虽然数控机床的制造能力体现在机床规格、性能指标、精度指标上，但不同的数控机床类型在这三个方面的具体属性不同。例如，在机床规格方面，数控车床关注的是回转直径、车削长度，而加工中心关注的是工作台的尺寸，这些属性代表了它们各自可加工的最大产品尺寸，属于制造能力信息的范畴。由此可知，制造资源的属性可以依附于制造资源类型来描述。

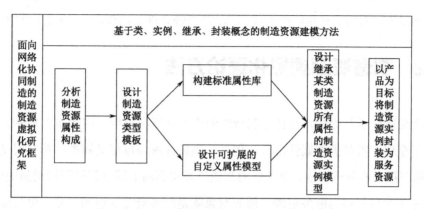

图 8.1　制造资源虚拟化研究框架

（2）由于制造资源的属性可以依附于类型来描述，因此首先应构建制造资源类型模板。在设计之初，规定两种根类型，即硬制造资源和软制造资源，制造资源类型应是这两种根类型之一。对制造资源类型的描述除类型名称、所属根类型等基本信息外，最重要的是该类型具有的属性本身的信息。

（3）制造资源类型的属性可以从标准属性库中选择，若标准属性库中没有需要的属性，则可以自定义所需属性。从网络化协同制造的整个系统来看，标准属性由平台方根据制造领域的相关知识定义，进而建立标准属性库，统一标准是为了后续多个制造资源实例被封装为服务资源时制造资源实例之间属性的聚合。标准属性库不是静态库，而是不断更新和维护的。设计自定义属性模型是为了满足企业用户个性化属性设置的需求，例如，企业用户可以自定义设备的电压、温度等属性，虽然这些属性对于后续的制造资源与制造任务匹配来说可能不是必要的，但可用于企业物理资源的状态监控等目的。同时，自定义属性对于标准属性库具有正反馈作用，当某种相似的自定义属性被多个企业频繁定义时，说明此属性对于大部分企业用户而言是必要的，那么可将此属性添加到标准属性库中。

（4）赋予制造资源类型相应的属性集后，接下来是构建制造资源实例模型。同样，该模型信息也包括实例本身的基本信息，以及从所属资源类型继承的全部属性信息。与资源类型具有的属性集信息不同的是，制造资源实例继承而来的属性要被赋予属性值。

（5）建立了制造资源实例模型后，以制造某种产品为目标将制造资源实例划分到同一集合中，集合中的元素至少为一个，这样的集合可以被封装为一个服务资源，服务资源模型的建立涉及产品粒度、产品制造方式、产品类型等条件的约束，将在 8.2.4 节中详细论述。

8.2　制造资源虚拟化理论方法

根据上面的分析与论述，设计了制造资源虚拟化三层架构，如图 8.2 所示。第一层是制造资源类型层，附带类型属性部分，包括标准属性库与自定义属性；第二层是制造资源实例层；第三层是服务资源层。第二层的制造资源实例向上继承某种资源类型的属性列表，向下按照服务对象封装为服务资源，服务对象就是服务资源制造的产品。可将服务资源类比成"文件夹"，打开"文件夹"即可看到其中所有的制造资源实例。

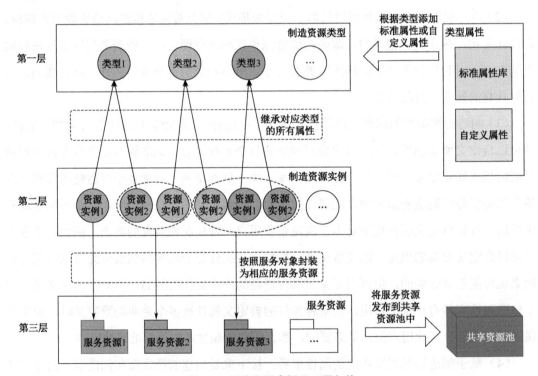

图 8.2　制造资源虚拟化三层架构

8.2.1 制造资源类型模型

基于面向对象的思想，类本身是一种对象。制造资源类型是具有共同特征的制造资源实例的抽象，其本身也是对象，因此类型的模型信息同样由自身应具备的属性来描述，制造资源类型的属性结构树如图 8.3 所示。

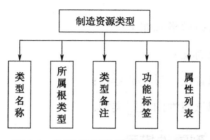

图 8.3　制造资源类型的属性结构树

完整地构建一个制造资源类型模型，需要类型名称、所属根类型、类型备注、功能标签、属性列表五种属性信息，可使用集合语言形式化描述制造资源类型模型：

$$MRT = \{TypeName, RootType, Note, FunctionTag, AttributeList\} \tag{8.1}$$

式中，MRT 表示制造资源类型（Manufacturing Resource Type）；TypeName 表示类型名称；RootType 表示该资源类型所属的根类型，如 8.1 节所述，根类型是所有制造资源类型的根节点，是硬制造资源和软制造资源的集合；Note 表示类型备注，是补充描述；FunctionTag 表示资源类型的功能标签，是一个标签集合，用于标记该资源类型执行何种功能，例如，数控车床类和数控铣床类的功能是机加工，机械手类的功能是抓取工件等；AttributeList 表示该类型具有的属性列表，是一系列属性的集合，集合中的元素是标准属性库中的属性或者自定义属性。

例如，企业用户创建数控车床类的制造资源类型，可按照式（8.1）的格式形式化表示：
MRT={TypeName：数控车床，RootType：硬制造资源，Note：所有数控车床类设备的抽象，FunctionTag：机加工，AttributeList{最大车削直径，最大车削长度，定位精度，表面粗糙度，……}}。

按照制造资源类型的形式化描述，可将其映射为基于对象的制造资源类型数据模型，如图 8.4 所示。

```
Object MRT {
    String TypeName;
    String RootType;
    String Note;
    String FunctionTag;
    ArrayList AttributeList;
}
```

图 8.4　制造资源类型数据模型

本节中规定的所有数据模型格式如下：

（1）模型名称以 Object 标记；

（2）模型的所有属性包含在一对花括号内；

（3）在属性名称前声明该属性的数据类型。

8.2.2　制造资源类型属性模型

属性模型用于描述属性自身的信息，属性模型的构建分为两种：标准属性库与自定义属性。标准属性库是由网络化协同制造系统的平台方规定的，企业用户在标准属性库中选择所需的属性即可。自定义属性可弥补标准属性库中无企业用户所需属性的不足，自定义属性只属于创建该属性的企业用户，也可用于标准属性库的更新。虽然属性模型的构建分为两种，但二者底层的描述模型是一致的。制造资源类型属性的属性结构树如图 8.5 所示。

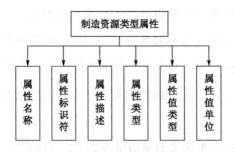

图 8.5　制造资源类型属性的属性结构树

可以将图形化的属性结构树转换为如下集合语言形式：

$$\mathrm{ATTRI} = \left\{ \begin{array}{l} \mathrm{AttriName, AttriIdentifier, AttriType,} \\ \mathrm{AttriDescription, ValueType, ValueUnit} \end{array} \right\} \qquad (8.2)$$

式中，ATTRI 表示属性（Attribution）；AttriName 表示属性名称；AttriIdentifier 表示属性

标识符，标识符指明属性的唯一性，在对属性进行数据更新、查询等操作时主要以属性标识符为操作对象；AttriDescription 表示属性描述，是对属性的补充解释；AttriType 表示属性类型，属性分为两种：静态属性和动态属性，静态属性是属性值不会发生变化或发生微小变化的那类属性，如车削直径、定位精度等，动态属性是属性值实时发生变化的那类属性，如电压、温度、主轴转速等；ValueType 表示属性值的数据类型，如字符串型、浮点型、整型、文本型等，数据类型由平台方规定；ValueUnit 表示属性值的单位，如 mm、μm、r/min 等，属性值的单位来自平台方规定的标准单位库，企业用户创建自定义属性时可在标准单位库中选择。

例如，企业用户为已经创建好的数控车床类的制造资源类型添加属性，分别是标准属性中的静态属性"表面粗糙度"及动态属性"主轴转速"，可按照式（8.2）的格式形式化表示为 ATTRI ={ AttriName：表面粗糙度，AttriIdentifier：geo_accur，AttriDescription：用于描述该资源类型下实例的加工表面粗糙度，AttriType：静态属性，ValueType：double，ValueUnit：μm}；ATTRI ={ AttriName：主轴转速，AttriIdentifier：spindle_speed，AttriDescription：用于描述该资源类型下实例的实时主轴旋转速度，AttriType：动态属性，ValueType：float，ValueUnit：r/min}。若用户创建数控车床类的自定义属性，则其表述形式与标准属性相同。

同样，可将制造资源类型属性的形式化表达映射为对象形式的数据模型，如图 8.6 所示。

```
Object ATTRI {
    String AttriName;
    String AttriIdentifier;
    String AttriDescription;
    String AttriType;
    String ValueType;
    String ValueUnit;
}
```

图 8.6　制造资源类型属性数据模型

8.2.3　制造资源实例模型

制造资源实例最重要的特点是其继承所属资源类型的属性列表，并对属性列表中的每个属性赋予属性值，属性列表中包含该资源实例的制造能力信息、状态信息等。因此，制造资源实例模型包含基本信息和属性值列表信息，基本信息又可细化为资源实例编号、资源实例名称、所属资源类型等信息，由此得出制造资源实例的属性结构树，如图 8.7 所示。

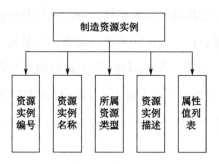

图 8.7　制造资源实例的属性结构树

由属性结构树可得制造资源实例的形式化描述如下：

$$MRI = \left\{ \begin{array}{l} InstanceNum, InstanceName, ResourceType, \\ InstanceDescription, AttributeValueList \end{array} \right\} \tag{8.3}$$

式中，MRI 表示制造资源实例（Manufacturing Resource Instance）；InstanceNum 表示资源实例编号；InstanceName 表示资源实例名称；ResouceType 表示该资源实例所属的资源类型；InstanceDescription 表示资源实例描述，是对资源实例的信息补充；AttributeValueList 表示属性值列表。

例如，企业用户在数控车床类的制造资源类型下添加一台编号为 QY01 的 CK6140 数控车床设备，可用式（8.3）的格式形式化表示为 MRI ={ InstanceNum：QY01，InstanceName：CK6140 数 控 车 床，ResourceType：数 控 车 床 类，InstanceDescription：null，AttributeValueList {最大车削直径：400mm，最大车削长度：750mm，定位精度：0.02mm，……，表面粗糙度：0.3μm，……}}。

相应地，制造资源实例数据模型如图 8.8 所示。

```
Object MRI {
    String InstanceNum;
    String InstanceName;
    String ResourceType;
    String InstanceDescription;
    ArrayList AttributeValueList;
}
```

图 8.8　制造资源实例数据模型

8.2.4　服务资源模型

构建服务资源的目的是屏蔽资源实例的具体制造活动，借助服务的概念，专注于制造资源的服务对象，即制造资源生产何种产品。这样做的优点之一是不必考虑制造活动中的繁杂因素，可以降低后续制造资源与制造任务匹配的复杂度。因此，服务资源是企业用户发布到网络化协同制造平台资源池中的资源的最终表现形式。

在分析服务资源的属性构成时，除必要的基本信息外，主要考虑的是协同制造产业链中主企业对服务资源的关键需求。对于负责发布子制造任务的主企业来说，其关注的信息主要包括：

（1）服务资源是否可以生产自己所需的产品；

（2）服务资源是否满足产品所需的材料要求；

（3）服务资源是否可以按时完成产品的生产并交付；

（4）服务资源的服务价格；

（5）服务资源生产的产品质量是否满足需求。

将上述核心需求信息映射为服务资源的服务信息五元组，即服务对象、可用材料、生产周期、服务价格及服务能力。由于服务信息五元组的具体值是由服务资源发布方赋予的，所以具有一定的主观性，不能完全体现服务资源的真实情况，因此定义服务质量信息，它的值是动态变化的，是由网络化协同制造平台方与服务资源使用方共同赋予的，可以更客观地描述服务资源，反映服务资源的真实服务能力。此外，服务资源的状态信息也是必不可少的，在进行资源配置时服务资源的状态是需要考虑的因素之一。综上所述，服务资源的属性结构树如图 8.9 所示。

按照服务资源的属性结构树，可以将其形式化描述为

$$SRM = \{SRB, SRC, QoS, SRSta\} \tag{8.4}$$

式中，SRM 表示服务资源模型（Service Resource Model）；SRB 表示服务资源的基本信息；SRC 表示服务资源的服务信息五元组；QoS 表示服务资源的服务质量信息；SRSta 表示服务资源的状态信息。

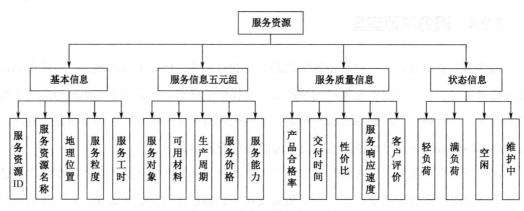

图 8.9　服务资源的属性结构树

其中，基本信息可以展开为

$$SRB = \{SRID, SRName, SRLo, SRGranu, SRTime\} \tag{8.5}$$

式中，SRID 表示服务资源 ID；SRName 表示服务资源的名称；SRLo 表示服务资源的地理位置；SRGranu 表示服务资源的服务粒度，这里的服务粒度对应制造任务分解模块中的任务粒度，根据产品可拆分到的最小单元，分为零件粒度和组件粒度；SRTime 表示服务资源的服务工时，其值的计量单位为 min/d。

服务信息五元组可表示为

$$SRC = \{SObjs, SMaterials, SPCT, SPri, SPow\} \tag{8.6}$$

式中，SObjs 表示服务对象，即服务资源可生产哪种产品，其值从平台方提供的对象标准库中选择；SMaterials 表示服务资源可用材料，其值从平台方提供的材料标准库中选择；SPCT 表示服务资源的生产周期，即生产一件产品的一般用时，其值是由服务资源提供方根据生产经验提供的区间值，计量单位为 min/PC（分钟／件）；SPri 表示服务资源的服务价格，同样由服务资源提供方制定，属于区间值，按件计算；SPow 表示服务资源的服务能力，若服务资源的服务方式为机加工方式，则其服务能力包括加工尺寸（SMSi）、加工精度（SMP）及表面粗糙度（SRa），于是服务能力可用集合语言表示为

$$SPow = \{SMSi, SMP, SRa\} \tag{8.7}$$

服务质量信息的形式化表达式为

$$QoS = \{PQR, LimiTime, CostPerf, RSp, CustEval\} \tag{8.8}$$

式中，PQR 表示服务资源生产产品合格率；LimiTime 表示服务资源的产品交付时间；CostPerf 表示服务资源的性价比；RSp 表示服务资源的服务响应速度；CustEval 表示客户对服务资源的评价，即客户评价。服务资源 QoS 各元素的值均不由服务资源提供方赋予，而是该服务资源每完成一次任务所产生的。

服务资源的状态信息被划分为四种：轻负荷、满负荷、空闲、维护中。为了简化操作，将字符形式的状态值一一映射为数字，则可表示为

$$SRSta = \{0,1,2,3\} \tag{8.9}$$

服务资源的实质是制造资源实例集的封装，其模型的某些属性值不是直接赋予的，而是由集合中制造资源实例的相应属性值按照某一计算方法聚合得到的。以服务资源的生产周期及可达到的加工尺寸范围、加工精度、表面粗糙度为例，这些属性值的聚合公式如下：

$$SPCT = \max\{PCT(RI_j)\} \tag{8.10}$$

$$SMSi = \{\min\{MSi(RI_j)\}, \max\{MSi(RI_j)\}\} \tag{8.11}$$

$$SMP = \min\{MP(RI_j)\} \tag{8.12}$$

$$SRa = \min\{Ra(RI_j)\} \tag{8.13}$$

上述聚合公式中，RI_j 表示第 j 个制造资源实例，j 的取值为 1,2,3,…；$PCT(RI_j)$ 表示第 j 个资源实例的生产周期；$MSi(RI_j)$ 表示第 j 个资源实例的可加工尺寸范围；$MP(RI_j)$ 表示第 j 个资源实例可达到的加工精度；$Ra(RI_j)$ 表示第 j 个资源实例可达到的加工表面粗糙度。

同样地，服务资源数据模型如图 8.10 所示。

```
Object SRM {
    String SRID;
    String SRName;
    String SRLocation;
    String SRGranularity;
    Set sObject;
    List productionCycleTime;
    List sPrice;
    List sPower;
    Float productionQualifiedRate;
    Integer leadTime;
    Float sCostPerformance;
    Integer responseSpeed;
    Float customerEvaluation;
    Integer state;
}
```

图 8.10　服务资源数据模型

8.3 基于 Java Web 的制造资源虚拟化实现方法

8.3.1 制造资源虚拟化实现流程

在网络化协同制造模式下，数据借助互联网技术在接入网络的各节点间传递。互联网技术的经典应用之一是 Web Service，通过 Web Service，数据能够进行远程网络间的输入、展示、传输、处理及存储等操作，这是制造资源实现虚拟化、数字化所需要的。Java 语言是实现 Web Service 的一个重要工具，由其衍生出的 Java Web 技术体系具有完善的 Web 服务端生态系统，因此选择 Java Web 技术框架实现制造资源虚拟化，具体实现流程如图 8.11 所示。

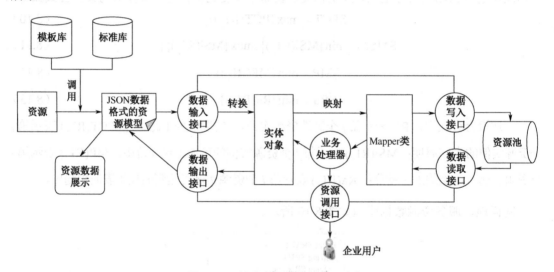

图 8.11 制造资源虚拟化实现流程

根据图 8.11，制造资源虚拟化实现流程从结构上可以划分为三个模块：左侧是数据表示模块，中间是数据处理模块，右侧是数据存储模块。各模块之间通过接口进行通信，箭头代表数据的流向。

（1）数据表示模块。Web 浏览器端调用网络化协同制造平台方定义的各标准库及资源描述模板库，企业用户与 Web 浏览器端交互，填入相应制造资源模板中的数据，制造资源的信息以 JSON 数据格式进行传输。同时，Web 浏览器端负责制造资源数据展示。此模块使用的技术工具是"HTML + JavaScript"。

（2）数据处理模块。数据处理模块向外暴露接口。数据输入接口接收输入的制造资源 JSON 数据流，将其转换为对应的 JavaBean 对象，JavaBean 对象通过 Mapper 类的映射建立与数据库中表的对应关系，并通过数据写入接口完成制造资源数据的存储；数据读取接口读取数据库"资源池"中的制造资源数据，借助 Mapper 映射器将数据流映射为相应的 JavaBean 对象，JavaBean 对象通过数据输出接口转化为 JSON 数据，JSON 数据传输至 Web 浏览器端在用户界面上展示；资源调用接口用于分布式资源调度中的服务资源调用。业务处理器是上述数据交互的枢纽，负责所有数据处理操作，业务处理器中定义了核心方法用于处理业务逻辑。此模块使用的技术工具是"Spring Boot + MyBatis-Plus"。

（3）数据存储模块。该模块用于存储制造资源数据，制造资源虚拟化后的数据持久存储在数据库中，其与数据处理模块的 Mapper 映射器建立 SqlSession 连接，实现数据的增加、删除、修改、查询等操作。同时，企业用户定义的制造资源动态属性值可通过底层数据传输接口上传至数据库中。此模块使用的技术工具是"MySQL 数据库管理系统"。

8.3.2　制造资源虚拟化实例

1. 标准库的建立

标准库是由网络化协同制造平台方根据制造业领域的相关知识定义的，企业用户在描述制造资源时需要调用标准库，因此要先构建标准库。标准库主要包括标准属性库、标准属性值类型库、标准属性值单位库、服务对象库（零件级）、材料库等。标准库的构建是一个持续的过程，初始的标准库在内容上是不完整的，需要不断更新和完善。下面主要论述标准属性库与标准属性值单位库的构建方法。

1）标准属性库

标准属性库抽取了制造资源的常用属性，本节论述的标准属性库在初始化时赋予的值主要是机加工制造资源的一般属性，表 8.1 列出了标准属性库的部分属性信息。

将设计好的标准属性列表作为数据集持久地存储在 MySQL 数据库中，对照表 8.1 中的字段设计了如图 8.12 所示的标准属性库虚拟化模型，图中右侧是数据库表模型，左侧是对应的 Java 实体类代码清单。

表 8.1　标准属性列表

序号 id	属性名称 sp_name	标识符 sp_identifier	值类型 vt	值单位 vu	属性类型 sp_type
1	最高加工精度	max_machining_accur	string	mm	静态属性
2	定位精度	posit_accur	double	mm	静态属性
3	重复定位精度	re_posit_accur	double	mm	静态属性
4	表面粗糙度	sur_roughness	double	μm	静态属性
5	最大车削直径	max_turning_dia	int	mm	静态属性
6	最大车削长度	max_turning_len	int	mm	静态属性
7	最大加工尺寸	max_machining_size	string	mm^3	静态属性
8	最小加工尺寸	min_machining_size	string	mm^3	静态属性
9	加工周期	machining_time	float	min/PC	静态属性
10	主轴最大转速	max_spindle_speed	float	r/min	静态属性
11	工作状态	status	int	null	动态属性
12	工作节拍	working_takt	float	min/PC	动态属性
…	…	…	…	…	…

```
@Data
@TableName("standard_property")
public class StandardProperty {
    @TableId(type = IdType.AUTO)
    private Integer id; //序号
    private String spName; //标准属性的名称
    private String spIdentifier; //标准属性的标识符
    private String spDescription; //标准属性的描述
    private String vt; //标准属性的值类型
    private String vu; //标准属性的值单位
    private Integer isDynamic; //是否为动态属性
}
```

standard_property
- id: int(11)
- sp_name: varchar(20)
- sp_identifier: varchar(20)
- sp_description: text
- vt: varchar(20)
- vu: varchar(20)
- is_dynamic: tinyint(4)

图 8.12　标准属性库虚拟化模型

2）标准属性值单位库

标准属性值单位库抽取了国际单位及制造业领域中常用的表示相关属性值的单位，只有统一单位，属性值才能参与计算、进行比较。表 8.2 列出了部分标准属性值单位信息。

表 8.2　标准属性值单位列表

序号 id	1	2	3	4	5	6	7	8	9	…
单位符号 vu_symbol	mm	μm	h	min/PC	r/min	W	V	℃	null	…
说明	毫米	微米	小时	分钟／件	转／分钟	瓦	伏特	摄氏度	无	…

同样，设计标准属性值单位库的数据库表模型及 Java 实体类模型，如图 8.13 所示。

```
@Data
@TableName("value_unit")
public class ValueUnit {
    @TableId(type = IdType.AUTO)
    private Integer id; //序号
    private String vuSymbol; //单位符号
}
```

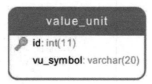

图 8.13　标准属性值单位库虚拟化模型

2．制造资源虚拟化实现步骤

本节以数控车床类设备为例，根据 8.2 节论述的虚拟化理论方法，按照"创建制造资源类型—添加制造资源实例—封装为服务资源"三大步骤，说明制造资源虚拟化的具体实现过程。

1）创建制造资源类型

企业用户在 Web 浏览器端调用制造资源类型模板，完成模板内容的语义描述，创建数控车床类资源，同时调用属性描述模板，对数控车床类添加所需属性，创建的数控车床类的信息以 JSON 格式暂时存储，参与数据传输，转换为 Java 实体类的对象实例，最终存储到数据库表中。图 8.14 展示了数控车床类 JSON 数据与 Java 实体类代码清单。

```
//数控车床类JSON数据格式
{
    ...
    "rtName":"数控车床",
    "rootType":"硬资源",
    "functionTag":"机加工",
    "customProperties":[
        {
            "pname":"最大车削直径",
            "pidentifier":"max_turning_dia",
            "valueType":"int",
            "valueUnit":"mm",
            "isDynamic":0,
            "resourceType":"数控车床"
        },
        {
            "pname":"表面粗糙度",
            "pidentifier":"sur_roughness",
            "valueType":"double",
            "valueUnit":"?m",
            "isDynamic":0,
            "resourceType":"数控车床"
        }, ...
    ], ...
    ...
}
```

```
//Java实体类核心代码清单
...
@TableName("resource_type")
public class ResourceType {
    ...
    private String rtName; //类型名称
    private String rootType; //根类型
    private String functionTag; //功能标签
    ...
    @TableField(exist = false)
    private List<CustomProperty>
customProperties; //类型属性集
}
```

```
//Java实体类核心代码清单
@TableName("custom_property")
public class CustomProperty {
    ...
    private String pName; //属性名称
    private String pIdentifier; //属性标识符
    private String valueType; //属性值类型
    private String valueUnit; //属性值的单位
    private Integer isDynamic; //是否为动态属性
    private String resourceType; //所属资源类型
    ...
}
```

图 8.14　数控车床类 JSON 数据与 Java 实体类代码清单

资源类型虚拟化核心代码清单如图 8.15 所示。

```
//资源类型JSON数据输入接口
   public String updateTypeForm (ResourceType resourceType ){
      ...
      //对资源类型进行保存，针对resource_type表
      resourceTypeService .saveOrUpdate (resourceType );
      ...
      //给前端返回一条消息
      return "success";
   }
//资源类型数据输出接口
   public List<ResourceType > getTypeList (Integer eId){
      ...
//返回浏览器端数据
   return resourceTypeService .getTypeListByEId (eId);
}
```

(a) 资源类型数据输入和输出接口核心代码清单

```
//资源类型数据处理部分代码
public class ResourceTypeServiceImpl extends
      ServiceImpl <ResourceTypeMapper ,ResourceType >
      implements
      IResourceTypeService {
   ...
   private ResourceTypeMapper resourceTypeMapper ;
   ...
}
```

(b) 资源类型数据处理核心代码清单

```
//Mapper映射器部分代码
public interface ResourceTypeMapper extends
      BaseMapper <ResourceType > {
   ...
   //获取资源类型列表
   List<ResourceType > getResourceTypeByEId (Integer eId);
   ...
}
```

(c) 资源类型 Mapper 映射器核心代码清单

图 8.15　资源类型虚拟化核心代码清单

```xml
<!-- 资源类型Mapper映射器XML配置文件 -->
<?xml version="1.0" encoding="UTF-8"?>
...
<mapper
namespace="org.linxian.mapper.ResourceTypeMapper">
<resultMap id="resourceTypeMap" type="ResourceType">
    <result property="rtName" column="rt_name"/>
    <result property="rootType" column="root_type"/>
    <result property="functionTag" column="function_tag"/
>
    ...
</resultMap>
...
<select id="getResourceTypeByEId"
parameterType="java.lang.Integer"
resultMap="resourceTypeMap">
    SELECT *
    FROM resource_type
    WHERE e_id = #{eId}
</select>
</mapper>
```

（d）资源类型 Mapper 映射器 XML 配置文件

图 8.15　资源类型虚拟化核心代码清单（续）

2）添加制造资源实例

企业用户添加型号为 CK6140 的数控车床设备，首先调用制造资源实例模板，完成模板内容的语义描述，在所属资源类型字段选择已创建的数控车床类，该资源实例就会继承数控车床类的所有已添加属性，然后对属性列表赋值。资源实例的信息同样以 JSON 数据格式暂存，参与完整数据流的传输。该设备 JSON 数据及 Java 实体类核心代码清单如图 8.16 所示。

```json
//CK6140数控车床JSON数据
{
  "riNumber":"QY01",
  "riName":"CK6140",
  "resourceType":"数控车床",
  "instanceProperties":[
    {
      "pname":"最大车削直径",
      "pidentifier":"max_turning_dia",
      "pvalue":400,
      "punit":"mm",
      "isDynamic":0
    },
    {
      "pname":"表面粗糙度",
      "pidentifier":"sur_routhness",
      "pvalue":0.3,
      "punit":"μm",
      "isDynamic":0
    },
    ...
  ],
  ...
}
```

```java
//Java实体类核心代码
@TableName("resource_instance")
public class ResourceInstance {
    ...
    private String riNumber;//设备编号
    private String riName;//设备名称
    //所属资源类型
    private String resourceType;
    @TableField(exist = false)
    //资源实例属性列表
    private List<InstanceProperty>
instanceProperties;
}
```

```java
//Java实体类核心代码
@TableName("instance_property")
public class InstanceProperty {
    ...
    private String pName;//属性名称
    private String pIdentifier;//标识符
    private String pValue;//属性值
    private String pUnit;//属性单位
    private Integer isDynamic;//是否为动态属性
}
```

图 8.16　CK6140 数控车床设备 JSON 数据及 Java 实体类核心代码清单

资源实例虚拟化核心代码清单如图 8.17 所示。

```
//资源实例JSON数据输入接口
public String updateInstanceForm(ResourceInstance resourceInstance) {
    resourceInstanceService.saveOrUpdate(resourceInstance);
    //获取实例所属类型所有属性
    List<CustomProperty> customProperties =
    customPropertyService.getPropertyList(resourceInstance.getEId(),
                                    resourceInstance.getResourceType());
    List<InstanceProperty> instanceProperties = new ArrayList<>();
    //赋予实例属性值
    instancePropertyService.addInstanceProperty(customProperties,
        instanceProperties,
        resourceInstance.getRiNumber());
    //存储该实例的属性值
    instancePropertyService.saveBatch(instanceProperties);
    ...
}
//资源实例数据输出接口
public List<ResourceInstance> getInstanceList(Integer eId) {
    //获取资源实例
    return resourceInstanceService.getResourceInstanceByEId(eId);
}
```

（a）资源实例数据输入和输出接口核心代码清单

```
//资源实例业务处理核心代码
public class ResourceInstanceServiceImpl extends
        ServiceImpl<ResourceInstanceMapper,ResourceInstance>
        implements
        IResourceInstanceService {
    ...
    private ResourceInstanceMapper resourceInstanceMapper;
    ...
}
```

（b）资源实例业务处理核心代码清单

```
//资源实例属性值处理核心代码
public class InstancePropertyServiceImpl extends
        ServiceImpl<InstancePropertyMapper,InstanceProperty> implements
        IInstancePropertyService {
    ...
    //存储资源实例静态属性值
    public void saveStaticPropertyValue(InstanceProperty instanceProperty) {
      instancePropertyMapper.updateStaticPropertyValue(instanceProperty);
    }
    //资源实例动态属性值传输接口
    public void batchUpLoadDynamicPropertyValue(List<InstanceProperty> instanceProperties)
    {
      instancePropertyMapper.batchUpdateDynamicPropertyValue(instanceProperties);
    }
    ...
}
```

（c）资源实例属性值处理核心代码清单

图 8.17　资源实例虚拟化核心代码清单

```
//资源实例Mapper类核心代码
public interface ResourceInstanceMapper extends BaseMapper<ResourceInstance> {
    ...
    //从数据库获取资源实例列表
    List<ResourceInstance> queryResourceInstanceByEId(@Param("eId") Integer eId);
    ...
}
```

（d）资源实例 Mapper 类核心代码清单

```
<!-- 资源实例Mapper映射器XML配置文件 -->
<?xml version="1.0" encoding="UTF-8"?>
<mapper namespace="org.linxian.mapper.ResourceInstanceMapper">
<resultMap id="resourceInstanceMap" type="ResourceInstance">
    <result property="riNumber" column="ri_number"/>
    <result property="riName" column="ri_name"/>
    <result property="resourceType" column="resource_type"/>
    <collection property="instanceProperties" ofType="InstanceProperty">
        ...
</resultMap>
...
</mapper>
```

（e）资源实例 Mapper 映射器 XML 配置文件

图 8.17　资源实例虚拟化核心代码清单（续）

3）封装为服务资源

企业用户通过 Web 浏览器端调用服务资源描述模板，完成模板内容描述，选择需要被封装为服务资源的资源实例集（这里为 CK6140 数控车床设备）。图 8.18 中上方的代码清单展示了企业用户完成的服务资源描述信息。JSON 数据传输到网络化协同制造平台服务端的数据输入接口，服务资源业务处理器根据该服务资源中包含的资源实例自动生成服务资源的服务能力信息。由于服务资源服务质量信息的值是服务资源每完成一项制造任务"累积"的值，不是企业用户自己赋值，因此对于初次接入网络化协同制造平台的服务资源，由平台方负责初始化服务质量信息的值。图 8.19 展示了服务资源业务处理器的核心代码清单。

```
//服务资源JSON数据格式
{
  ...
  "srNum":"WX_001",
  "srName":"普通车削加工",
  "srLocation":"XXX机械制造有限公司",
  "srGranul":"零件级",
  "sObjs":["轴套类","盘盖类"],
  "sPrice":60,
  "riList":["QY01",...],
  ...
}
```

```
//Java实体类核心代码清单
@TableName("service_resource")
public class ServiceResource {
    ...
    private String srNum;//服务资源序号
    private String srName;//服务资源名称
    private String srLocation;//服务资源位置
    private String sGranul;//服务粒度
    private String[] sObjs;//服务对象
    private Float sPrice;//服务价格
    private Float pCycle;//生产周期
    private List<Object> sPower;//服务能力
    private Byte Status;//状态
    private String[] riList;//资源实例集
    ...
}
```

图 8.18　服务资源 JSON 数据与 Java 实体类代码清单

```
//服务资源业务处理接口
public interface IServiceResource extends IService<ServiceResource> {
    ...
    //计算服务能力的方法
    void computeServicePower(ServiceResource serviceResource);
    //获取服务资源包含的所有资源实例
    List<ResourceInstance> getResourceInstances(String[] riList);
    ...
}
```

（a）服务资源业务处理接口代码清单

```
//服务资源业务处理核心代码
public class ServiceResourceImpl implements IServiceResource {
    @Override
    //根据服务资源的资源实例集自动计算服务能力
    public void computeServicePower (ServiceResource serviceResource ) {
        ...
        Integer [][] size = new Integer [][] {{0, 0, 0},{0, 0, 0}};
        List<Object> elements = new ArrayList <>();
        //遍历每个资源实例
        for (ResourceInstance ri : getResourceInstances (serviceResource .getRiList ())) {
            //计算生产周期
            pCycle = Math.max (pCycle ,
                ri.getPropertyByName ("machining _time").getPValue ());
            //计算加工精度
            machiningPrecision = Math.min (machiningPrecision ,
                ri.getPropertyByName ("max_machining _accur").getPValue ());
            //计算最大可加工尺寸
            maxMachiningSize = getSize (maxMachiningSize ,
                ri.getPropertyByName ("max_machining _size"), "max");
            //计算最小可加工尺寸
            minMachiningSize = getSize (minMachiningSize ,
                ri.getPropertyByName ("min_machining _size"),"min");
            surRoughness = Math.min (surRoughness , ri.getPropertyByName ("sur_roughness"));
        }
        //整理后赋值给服务资源
        size[0] = minMachiningSize ;
        size[1] = maxMachiningSize ;
        elements .add (size);
        elements .add (machiningPrecision );
        elements .add (surRoughness );
        serviceResource .setPCycle (pCycle );
        serviceResource .setSPower (elements );
    }
    ...
}
```

（b）服务资源服务能力计算核心代码清单

图 8.19　服务资源业务处理器的核心代码清单

8.4　本章小结

　　本章探讨了制造资源虚拟化过程中面临的两大问题：制造资源属性的多样性，以及不同制造资源类型属性的差异性。为了解决上述问题，首先引入了面向对象的思想，论述了面向对象思想中常用的概念和方法，并将其运用到解决制造资源虚拟化问题的方法中，进而提出了一种基于类、实例、继承与封装概念的制造资源虚拟化三层架构；其次，借助树状结构图、集合语言、数据模型等工具，分别介绍了制造资源类型模型、制造资源类型属性模型、制造资源实例模型及服务资源模型的构建方法；最后，通过实例论述了如何基于 Java Web 实现制造资源虚拟化。

第**9**章

面向制造任务与资源匹配的分布式优化调度方法

引言

分布式协同制造的目的是为用户提供可随时获取、按需使用、安全可靠、优质廉价的全生命周期制造服务。作为分布式协同制造的核心问题，面向制造任务与资源匹配的分布式优化调度方法的优劣将直接影响制造过程的开展和服务质量。为此，本章首先根据分布式协同制造的实际需求，对分布式制造资源优化配置问题进行描述与分析，并构建多目标优化数学模型；其次，研究面向分布式制造资源优化配置的预处理方法；最后，设计基于改进 MOPSO 算法的多目标资源调度方法，提出最优决策选择策略，并通过算例分析验证所提方法的可行性与有效性。

9.1 分布式制造资源概述

9.1.1 分布式制造资源的分类

在广义层面上，分布式制造资源是指分布式协同制造环境下产品全生命周期过程中所涉及的诸多制造资源。分布式制造资源是分布式协同制造系统管理与任务调度的基本单位。

对制造资源进行合理科学的分类是实现制造资源高效便捷管理的重要基础。科学地划分制造资源，能够明确制造资源的具体角色，便于建立制造资源检索体系，加快制造资源的匹配速度，提高制造资源管理与利用的效率。

根据制造资源的功能性差异，将分布式制造资源划分为六种，如图 9.1 所示。

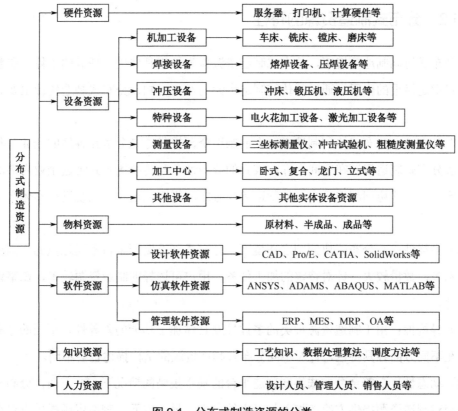

图 9.1　分布式制造资源的分类

（1）硬件资源：除设备资源以外的各种实体硬件，包括服务器、打印机及计算硬件等。

（2）设备资源：为分布式协同制造提供基础加工服务的设备，主要包括机加工设备、焊接设备、特种设备等。

（3）物料资源：生产加工的对象，即生产过程中所涉及的原材料、半成品与成品等。

（4）软件资源：软件资源可以通过网络进行共享，为各类用户同时提供设计、仿真、管理等服务。

（5）知识资源：包含制造企业多年生产制造过程中总结和积累的技术、经验等，作为无形资产可帮助企业提高生产效率，避免重复发生错误。

（6）人力资源：在分布式协同制造过程中，人是不可或缺的一环。人力资源作为服务，可为用户提供外部支持，共同完成产品的研发与制造任务。

9.1.2 分布式制造资源的特性

在分布式协同制造环境下，分布式制造资源作为承担具体生产任务的主体，在整个系统中具有举足轻重的作用。通过与传统制造资源的对比可知，分布式制造资源主要具有以下特性。

（1）分布性：分布式协同制造平台上的制造资源提供方是分散在各地的企业、科研院校等，故分布式制造资源在空间上存在较强的分布性。与传统集中式制造企业内部的产品流动相比，分布式协同制造平台上的制造参与方之间需要通过物流系统进行实体产品业务的交互。

（2）多样性：在分布式协同制造环境下，分布式制造资源来自不同地点的不同企业，其种类繁多，数量较大。针对特定的加工任务，用户可选择的制造资源较多，在整体上呈现多样性。

（3）异构性：由于制造资源种类的多样性及具体加工功能的差异性，不同的分布式制造资源在不同方面各具特色，针对不同分布式制造资源的结构描述也会不同。

（4）动态性：在符合分布式协同制造平台的基本规则的情况下，一方面，分布式协同制造平台对制造资源提供方给予加入与退出的自由；另一方面，制造资源提供方对自己共享至平台的制造资源可进行有选择性的共享操作。这就导致分布式协同制造平台上可用的制造资源处于不断变化的状态，进而会对产品加工的资源优化配置产生不小的影响。

（5）协作性：分布式协同制造平台的核心作用之一是实现网络化协同生产。分布式制造资源作为实际生产过程的重要组成部分，需要协调配置，构建产品的网络化虚拟生产线，完成最终的加工任务。

9.1.3　分布式制造资源优化调度过程分析

分布式制造资源是分布式协同制造平台的核心组成部分。对分布式制造资源进行优化调度是分布式协同制造平台正常运行的重要保证。分布式制造资源优化调度过程如图 9.2 所示，主要包括四个阶段：分布式制造资源建模描述阶段、资源模型虚拟化接入阶段、资源优化配置阶段、加工方案生成与分派生产阶段。

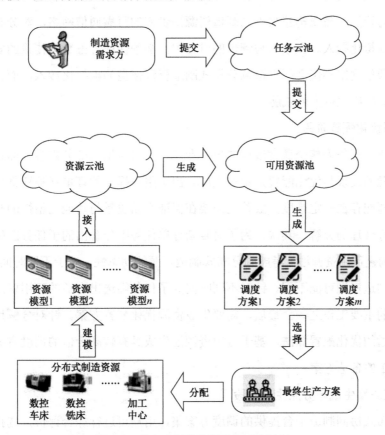

图9.2　分布式制造资源优化调度过程

1．分布式制造资源建模描述阶段

在实际加工过程中，分布式制造资源包括数控车床、数控铣床等实体设备。为了能够在分布式协同制造平台上对其进行有效的共享与利用，需要以一种合适的方式对其加工能力与生产特点进行准确的描述。在描述过程中应充分把握不同制造资源的加工特性，真实反映设备的完整信息。同时，由于分布式制造资源存在异构性与多样性，应尽量采用较为统一的方式对不同种类的制造资源进行描述，为之后的资源优化配置等奠定坚实的基础。

2. 资源模型虚拟化接入阶段

针对分布式制造资源在地理上存在分布性的特点，分布式协同制造平台为了有效地对其进行整合与管控，需要构建与不同制造资源提供方的可靠通信网络，对分布式制造资源的模型进行虚拟化接入。在接入与管理的过程中，必须保证各方数据传输的安全性。存在安全隐患的通信网络不仅会严重影响分布式制造资源模型的虚拟化接入，而且会对分布式制造资源的管控产生巨大的威胁。

3. 资源优化配置阶段

资源优化配置作为整个调度过程的核心业务，主要包括三部分内容，即订单任务的分解、可用资源的发现与优化配置方案的生成。由于用户提交的订单任务通常较为复杂，使后期的资源匹配存在一定难度，故首先需要在保证产品质量与功能完整性的基础上对复杂订单任务进行合理的分解。其次，为了对复杂订单任务中分解出的子任务匹配合适的制造资源，需要构建可用资源池。考虑到分布式制造资源的动态性，对于不同时间的订单任务，所能利用的制造资源可能不同。针对不同时间的子任务筛选出合适的可用资源，是实施资源优化配置的重要工作之一。最后，需要生成资源优化配置方案。针对分解后的子任务，需要采用合适的优化配置算法，基于可用资源池生成具有较高价值的调度方案集，为用户提供产品加工的备选方案。

4. 加工方案生成与分派生产阶段

对于分布式协同制造平台提供的调度方案集，用户可进行综合评价，选择最符合自己要求的资源优化配置方案作为最终的网络化协同生产方案。根据资源优化配置方案中分布式制造资源与具体生产任务的对应关系，分布式协同制造平台需要通过与制造资源提供方之间的通信网络将具体生产任务进行分派，并在实际加工过程中对产品的实时加工状态进行监控，以便及时向用户反馈生产信息。

通过上述四个阶段，分布式协同制造平台可对用户提交的复杂订单任务进行高效分解，在分布式制造资源准确描述与可靠虚拟化接入的基础上，利用资源优化配置算法生成合理有效的调度方案，完成产品加工任务。

9.2 分布式制造资源的预处理方法

9.2.1 制造任务的形式化描述

在进行制造任务分解之前，需要根据制造资源需求方提供的相关信息对制造任务的属性进行分析，以一种统一的方式对其进行描述，从而为之后的任务分解与资源匹配打下基础。分布式协同制造任务的属性视图如图 9.3 所示。

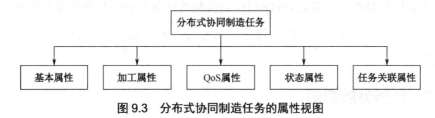

图 9.3　分布式协同制造任务的属性视图

基于上述分布式协同制造任务的相关属性，可构建出分布式协同制造任务的形式化描述模型：

$$MT = \{BasicAttr, ProcessAttr, QoSAttr, StateAttr, CorrelationAttr\}$$

式中，MT 代表分布式协同制造任务，BasicAttr 表示基本属性，ProcessAttr 表示加工属性，QoSAttr 表示 QoS 属性，StateAttr 表示状态属性，CorrelationAttr 表示任务关联属性。下面对各个属性进行详细介绍。

1．基本属性

基本属性用于对分布式协同制造任务的基本信息进行描述，包括任务 ID、任务名称、任务发布时间、任务发布者 ID 等。

2．加工属性

加工属性表示制造任务对加工过程的具体要求，如具体的加工类型、加工尺寸、零件所需的表面粗糙度、任务的尺寸公差要求等。利用这些加工属性可以对分布式制造资源进行初步筛选，构建与制造任务匹配的候选资源池。

3．QoS 属性

QoS 属性代表制造资源需求方对制造任务的质量要求，主要包括三个方面：一是对加工时间、成本、产品合格率等的要求，二是对服务质量的要求，三是对于特殊加工设备或工装的要求。

4．状态属性

状态属性是对制造任务当前状态的形式化描述，即制造任务自身所处的状态，包括任务未处理、正在处理、已匹配、正在加工、运输中、已完成等。

5．任务关联属性

任务关联属性是指在任务处理过程中，当前制造任务与其他制造任务之间的组合关系。例如，分解后的子制造任务与原制造任务之间的上下级关系、生产过程中制造任务间的上下游关系等。

9.2.2　任务分解原则

在分布式协同制造环境下，制造资源需求方发布的制造任务往往具有一定复杂性，无法直接在制造资源云池中匹配到合适的制造资源。因此，需要采用合理的方式对复杂的制造任务进行有效的分解，将制造任务转化成相关度较低、便于制造资源之间协同生产的子任务。合理的制造任务分解是实现制造资源优化配置的前提。只有对复杂制造任务进行合理、有效的分解，才能降低制造任务之间的耦合度，进而精确匹配到具有足够加工能力的制造资源。

为了保证分解后的子任务在实际生产过程中的可执行度，以及资源匹配过程中子任务与制造资源的适配程度，任务分解应当遵循以下原则。

（1）层次性原则：制造任务的分解应当具有层次性，即复杂任务可分多个层次进行分解，上层的每一个制造任务均可以细分为下层的多个子任务。经过多层分解，可以有效地将一个复杂任务分解为多个较为简单的、便于处理的子任务。

（2）粒度适中原则：粒度是指子任务的大小与复杂程度。子任务的粒度应适中。粒度过粗会导致子任务过于复杂，制造资源匹配结果不够理想；粒度过细则会产生分解层数过多、任务碎片化的问题，不仅不利于对于制造任务的整体管理，而且会显著降低制造资源之间协作生产的效率，增加多余的生产成本。

（3）独立性原则：在分布式协同制造环境下，经过分解得到的子任务需要分配至位于不同地点的制造资源进行加工，由于地理位置的隔离性，制造资源之间的生产交互往往比传统生产困难，因此，为了使得每个制造资源能够正常地完成生产任务，在任务分解时需要保证子任务之间的独立性，降低子任务之间的耦合度。

（4）可执行原则：任务分解的意义在于将原本复杂的、无法直接进行资源匹配和生产的制造任务划分为易于加工的、具有可执行性的子任务，若最终分解结果无法在生产过程中得到执行，那么任务分解就毫无意义，甚至会产生副作用。因此，在分解时需要将子任务实施的可行性作为一个重要的评判标准。

9.2.3　任务分解方法

在分布式协同制造环境下，制造资源需求方发布的制造任务具有显著的复杂性和层次性。复杂性体现在制造任务往往由多个子任务组成，并且子任务之间具有关联关系，这就为任务分解增加了困难；层次性体现在子任务之间存在较为明显的层级关系，如制造任务从上往下一般可分为产品级、部件级、零件级及工序级。

针对制造任务的特点及任务分解原则，本节提出任务分解的三大关键步骤，具体如下。

（1）构建任务分解历史库。为了提高任务分解效率，避免复杂任务分解带来的时间延误，一个十分有效且便于实施的方式是构建任务分解历史库，将以往的任务分解结果进行保存。当有新的分解任务时，在制造任务形式化描述的基础上，将其与任务分解历史库中的历史任务进行比较与匹配。若匹配到相似程度较高的历史任务，则可利用历史分解经验，对当前任务分解提供指导，从而以一种较为直接的方式获取任务分解结果，极大地提高任务分解效率。

（2）基于层次化分解策略进行分解。结合子任务之间的层级关系，在任务分解时可一层一层向下分解，直至达到用户规定或系统建议的任务层级。一般情况下，为了更好地搜索与匹配制造资源，制造任务需要被分解至工序级。基于这种自上而下的层次化分解策略，可以在不破坏子任务之间关联关系的基础上，保证其自身生产加工的高度独立性，为系统资源的优化调度奠定良好的基础。

（3）进行 QoS 约束检查。若子任务 QoS 约束较为严格，则会导致该子任务难以匹配到合适的制造资源。因此，需要对子任务的 QoS 约束进行检查，使其能够匹配到足够多的制造资源，为后续的制造资源调度与分配提供多种选择。在分解过程中，还需要将制造资源需求方提交的 QoS 约束纳入考虑范围，以保证由子任务组成的制造任务的 QoS 指标符合指定的约束条件，从而为用户提供良好的服务。

基于上述三大关键步骤，本节设计了如图 9.4 所示的分布式协同制造任务分解流程。

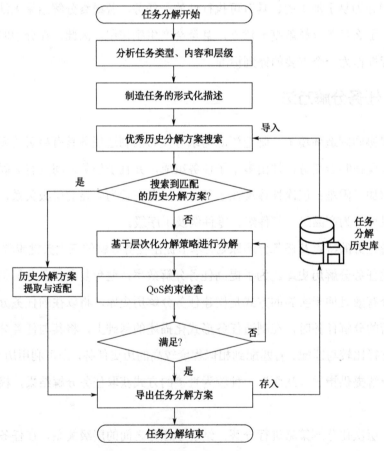

图 9.4　分布式协同制造任务分解流程

Step 1：对制造任务进行分析，确定其类型、内容与所在的层级。

Step 2：对制造任务进行形式化描述，以一种统一的方式对其进行描述。

Step 3：基于任务分解历史库，寻找与当前制造任务类似的历史制造任务。

Step 4：若搜索到匹配的历史制造任务及其分解方案，则可基于历史分解方案构建分解模板，与当前制造任务进行结合，从而直接获取当前制造任务的分解方案，提高分解效率；若未搜索到匹配的历史制造任务，则基于层次化分解策略对当前制造任务进行分解。

Step 5：判断制造任务及其子任务的 QoS 约束是否得到满足，若满足，则确认当前制造任务分解方案的可行性并将其导出，同时存入任务分解历史库。若不满足，则重新进行任务分解，找到满足 QoS 约束的分解方案。

通过上述流程，可以有效降低制造任务的粒度与难度，提升任务分解效率，提高子任务与制造资源的匹配程度。

9.2.4　分布式制造资源的初选

为了对众多的制造资源进行有效的筛选，选择合理的初选指标是十分必要的。

在资源匹配过程中，首先需要考虑类型约束。对于特定的制造任务，应当确认其加工类型，如车削、铣削等。制造任务的加工类型决定了对应的制造资源的类别。确定制造资源的类别可显著缩小制造资源的查找范围，提高匹配效率。

其次需要考虑时间约束。根据用户提供的交货日期信息确定计划加工的时间周期，以此缩小搜索范围，选择可用的制造资源。

再次，由于制造任务具有一定的加工难度，制造资源应能够满足相应的加工性能。

最后，制造资源的历史评价也是需要考虑的重要指标之一。良好的历史评价意味着制造资源能够提供优异的服务质量和较强的加工能力。通常情况下，制造资源需求方更倾向于添加评价约束，选择综合评价优秀的制造资源，以保障生产加工的服务质量。

本节通过类型约束、时间约束、性能约束、评价约束对制造资源进行初选，构建规模合理的候选资源集。具体初选步骤如图 9.5 所示。

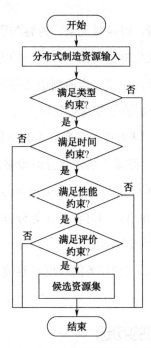

图 9.5　分布式制造资源初选步骤

9.3　分布式制造资源优化配置问题描述与模型建立

9.3.1　问题描述

分布式制造资源优化配置问题示意图如图 9.6 所示。分布式协同制造平台上的制造资源需求方发布的订单任务经分解后变成多个独立的工件级制造任务，每个工件级制造任务由多个工序级制造任务组成。针对具体的工序级制造任务，系统在构建可用制造资源池的基础上，需要根据制造资源在加工能力及加工成本等方面的差异，以制造资源需求方所提出的时间、成本、服务质量等要求为目标，对制造资源进行合理配置，制订合理的生产计划。需要注意的是，与传统生产调度问题不同，制造资源由不同地点的制造资源提供方经区块链上传至系统中，并生成虚拟资源。由于制造资源间存在地理位置上的物理隔离性，不同制造资源提供方之间的运输时间与运输成本也是影响资源优化配置结果的重要因素之一。由于制造资源需求方对资源优化配置方案往往有多个目标要求，故本问题属于多目标优化问题，需要综合考虑多个因素对于结果的影响。

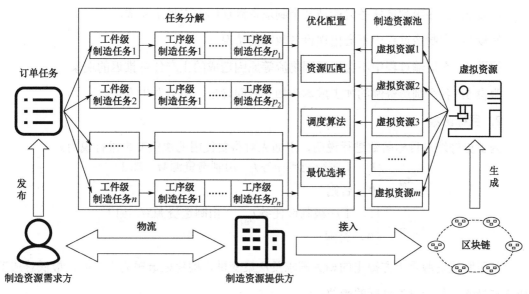

图 9.6　分布式制造资源优化配置问题示意图

分布式制造资源优化配置问题可描述为：制造资源需求方发布的制造任务可分解为 n 个工件级制造任务 $\{J_1, J_2, \cdots, J_n\}$，其中工件级制造任务 $J_i(i=1,2,\cdots,n)$ 根据工艺过程可细分为 p_i 个工序级制造任务 $\{J_{i,1}, J_{i,2}, \cdots, J_{i,p_i}\}$。制造资源池中存在来自不同制造资源提供方的制造资源集合 $\{M_1, M_2, \cdots, M_m\}$，$m$ 为制造资源的总个数，其中不同制造资源拥有不同的加工能力，任意两个制造资源 M_a 与 M_b 之间存在物理距离 D_{ab}。现在需要将制造任务分配给制造资源集合中合适的制造资源进行加工，加工完成后通过物流系统运输至下一个合适的制造资源处进行下一个制造任务的加工，进而一步一步完成整个产品的协同生产。

9.3.2　模型建立

根据上一节对分布式制造资源优化配置问题的描述，本节将构建分布式制造资源优化配置模型。下面从模型假设、目标函数与约束条件三个方面进行介绍。

1. 模型假设

本节中的模型基于以下假设。

假设 1：每个制造资源在某一时刻只能加工一个工序级制造任务。

假设 2：工序级制造任务只能被某个制造资源连续独立加工完成。

假设 3：在制造过程中不会出现设备故障的情况。

假设 4：在运输过程中不会出现因物流等原因造成的生产任务推迟的现象。

假设 5：各个制造资源的加工成本和加工时间确定，不会发生变化。

2．目标函数

为了更好地对目标函数进行说明，下面先对将要使用的决策变量进行说明。

$$x_{ijk} = \begin{cases} 1，工序级制造任务J_{i,j} \text{ 由制造资源} M_k \text{ 加工} \\ 0，否则 \end{cases}$$

$$x_{i(j+1)l} = \begin{cases} 1，工序级制造任务J_{i,(j+1)} \text{ 由制造资源} M_l \text{ 加工} \\ 0，否则 \end{cases}$$

基于制造资源需求方提出的相关需求及决策变量，构建以最短完工时间、最低总加工成本与最优服务质量为目标的函数：

$$F = (\min(T), \min(C), \max(Q)) \tag{9.1}$$

1）完工时间 T

完工时间表示从第一个制造任务开始到最后一个制造任务完成之间的时间差。为了提高生产效率，应尽可能缩短完工时间。完工时间的函数表达式如下：

$$T = \max_{i=1,2,\cdots,n} (T_i) \tag{9.2}$$

$$T_i = \sum_{j=1}^{p_i} \sum_{k=1}^{m} x_{ijk} T_i(jk) + \sum_{j=1}^{p_i} \sum_{k=1}^{m} \sum_{l=1}^{m} x_{ijk} x_{i(j+1)l} T_i(k,l) \tag{9.3}$$

式中，T_i 表示工件级制造任务 J_i 的完工时间，$T_i(jk)$ 表示工序级制造任务 $J_{i,j}$ 在制造资源 M_k 上的总加工时间，$T_i(k,l)$ 表示制造资源 M_k 与 M_l 之间的物流运输时间。

2）总加工成本 C

总加工成本主要包括两部分，一是每个制造资源的加工成本，二是相邻工序级制造任务所在制造资源之间的物流成本。在资源优化配置过程中，应尽量减少总加工成本。总加工成本的函数表达式如下：

$$C = \sum_{i=1}^{n} C_i \tag{9.4}$$

$$C_i = \sum_{j=1}^{p_i} \sum_{k=1}^{m} x_{ijk} C_i(jk) + \sum_{j=1}^{p_i} \sum_{k=1}^{m} \sum_{l=1}^{m} x_{ijk} x_{i(j+1)l} C_i(k,l) \tag{9.5}$$

式中，C_i 表示工件级制造任务 J_i 的总加工成本，$C_i(jk)$ 表示工序级制造任务 $J_{i,j}$ 在制造资源 M_k 上的总加工成本，$C_i(k,l)$ 表示制造资源 M_k 与 M_l 之间的物流运输成本。

3）平均服务质量评分 Q

为了综合反映制造服务质量，本节选择平均服务质量评分作为优化目标，其函数表达式如下：

$$Q = \frac{\sum_{i=1}^{n} \sum_{j=1}^{p_i} \sum_{k=1}^{m} x_{ijk} \times Q_{ijk}}{\sum_{i=1}^{n} p_i} \tag{9.6}$$

$$Q_{ijk} = \frac{\sum_{h=1}^{a_{ijk}} (q_{ijkh} + q'_{ijkh})}{a_{ijk}} \tag{9.7}$$

式中，Q_{ijk} 表示制造资源 M_k 加工工序级制造任务 $J_{i,j}$ 得到的平均服务质量评分，a_{ijk} 表示制造资源 M_k 加工工序级制造任务 $J_{i,j}$ 得到的综合评价总数，q_{ijkh} 表示 a_{ijk} 个综合评价中第 h 个评价的产品质量评分，q'_{ijkh} 表示 a_{ijk} 个综合评价中第 h 个评价的服务时间评分。

3. 约束条件

1）加工时间约束

制造任务的完工时间不能大于制造资源需求方要求的完工时间，如下式所示：

$$T = \max_{i=1,2,\cdots,n} (T_i) \leqslant T_{max} \tag{9.8}$$

式中，T_{max} 表示制造资源需求方对于产品加工所要求的最大加工时长。

2）生产成本约束

制造过程中的总加工成本应当在制造资源需求方所能接受的成本范围之内，如下式所示：

$$C = \sum_{i=1}^{n} C_i \leqslant C_{max} \tag{9.9}$$

式中，C_{max} 表示制造资源需求方所能接受的最大生产成本。

3）平均制造服务质量约束

平均制造服务质量不能低于制造资源需求方所要求的最低平均制造服务质量，如下式所示：

$$Q = \frac{\sum\limits_{i=1}^{n}\sum\limits_{j=1}^{p_i}\sum\limits_{k=1}^{m} x_{ijk} \times Q_{ijk}}{\sum\limits_{i=1}^{n} p_i} \geqslant Q_{\min} \tag{9.10}$$

式中，$Q_{\min}$ 表示制造资源需求方规定的最低平均制造服务质量评分。

4）制造资源约束

每一个工序级制造任务只能被分配给一个制造资源进行加工。

$$\sum_{k=1}^{m} x_{ijk} = 1 \tag{9.11}$$

$$\sum_{l=1}^{m} x_{i(j+1)l} = 1 \tag{9.12}$$

5）加工顺序约束

对于工件级制造任务 J_i，其分解后的工序级制造任务的加工顺序应符合工艺规程的要求，后置工序级制造任务开始加工时间与前置工序级制造任务完工时间之差不得小于二者所在制造资源之间的物流时间，如下式所示：

$$t'_{ijk} + T_i(k,l) \leqslant t_{i(j+1)l} \tag{9.13}$$

式中，t'_{ijk} 表示 $J_{i,j}$ 在 M_k 处的完工时间，$t_{i(j+1)l}$ 表示 $J_{i,(j+1)}$ 在 M_l 处的开始加工时间。

9.4 基于 MSMOPSO 算法的分布式制造资源优化配置问题求解

9.4.1 多目标粒子群优化算法

粒子群优化（Particle Swarm Optimization，PSO）算法是一种受鱼类或鸟类的社会行为启发而被设计出来的群体智能算法，常用于解决单目标非线性全局优化问题。在粒子群优化算法中，有种群和粒子两个概念。前者由所有粒子组成，代表当前搜索到的解空间；后者代表全局优化问题的一个解，具有速度与位置两个属性。粒子具有记忆功能。可以将找到的自身最佳位置与种群最佳位置记录下来，并进行学习调整，从而更新自身的速度与位置。随着更新次数的不断增加，搜索到的解也会越来越优异。PSO 算法结构简单，使用便捷，在很多领域得到应用。但 PSO 算法针对的仅仅是单目标优化问题，无法对多目标优化问题进行处理。2004 年，Coello 等对 PSO 算法在多目标优化问题上的可行性进行了分析与论证，提出了多目标粒子群优化（Multi-objective Particle Swarm Optimization，MOPSO）算法。

与 PSO 算法相同，在 MOPSO 算法中，多目标优化问题的潜在解被称为粒子，一般在初始化时随机生成其速度与位置。其速度与位置可以用以下公式表示：

$$v_i(t) = \left[v_{i1}(t), v_{i2}(t), \cdots, v_{iD}(t) \right] \tag{9.14}$$

$$x_i(t) = \left[x_{i1}(t), x_{i2}(t), \cdots, x_{iD}(t) \right] \tag{9.15}$$

式中，D 为搜索空间的维数，$i = 1, 2, \cdots, S$，S 是种群中粒子的总数。

在每一次迭代过程中，种群中的各个粒子都会对其速度与位置进行更新，具体更新公式如下：

$$v_{id}(t+1) = \omega v_{id}(t) + c_1 r_1 \left(p_{id}(t) - x_{id}(t) \right) + c_2 r_2 \left(p_{gd}(t) - x_{id}(t) \right) \tag{9.16}$$

$$x_{id}(t+1) = x_{id}(t) + v_{id}(t+1) \tag{9.17}$$

式中，t 表示速度与位置的更新是在第 t 次迭代过程中进行的；$d = 1, 2, \cdots, D$，表示搜索空间的维数；ω 为随机权重，表示粒子当前速度的惯性；c_1 与 c_2 为学习因子，前者表示对个体粒子搜索历史的总结能力，后者表示在整个搜索过程中对种群内其他优秀粒子的学习能力；r_1 和 r_2 为 0～1 的随机数；p_{id} 为粒子 i 局部最优解 p_i 的第 d 维；p_{gd} 为粒子群全局最优解 p_g 的第 d 维。

多目标优化问题与单目标优化问题的一大区别在于最终得到的解的个数。后者根据单目标函数值的大小会得到一个最优解，而前者由于多目标之间无法进行有效的比较，会得到一组由非支配解构成的 Pareto 解集。因此，如何对迭代过程中生成的非支配解进行合理的保存，以及如何在拥有多个非支配解的情况下选取合适的局部最优解与全局最优解对粒子更新进行引导，成为 MOPSO 算法亟待解决的两个问题。

针对多目标优化中非支配解的保存问题，MOPSO 算法引入了外部档案的概念。在每一次迭代过程中，由于各个粒子的位置与速度均会进行调整，种群内会产生新的解集与非支配解。为了对每一次迭代过程得到的非支配解进行维护，MOPSO 算法提出将非支配解保存至外部档案中，不断更新外部档案中的非支配解，进而选出全局最优解。MOPSO 算法迭代过程如图 9.7 所示。

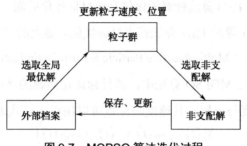

图 9.7　MOPSO 算法迭代过程

对于个体最优，MOPSO 算法首先根据 Pareto 支配关系对粒子更新前后的位置进行分析，若存在支配关系，则比较非支配解，选择其中更为优异的一个；若不存在必然的支配关系，则采取随机策略从二者中任意选择一个。对于全局最优，在 MOPSO 算法中一种有效的解决方式是采用自适应网格法对外部档案中的非支配解进行区域分割，计算各个区域的拥挤程度，从粒子密度小的网格中随机选择一个非支配解作为全局最优解。

9.4.2　基于 MSMOPSO 算法的问题求解过程

MOPSO 算法涉及的参数较少，算法流程简洁，收敛速度快，十分适合多目标情况下的分布式制造资源优化配置问题的求解。但 MOPSO 算法也存在一些缺点，如易于早熟收敛、陷入局部最优解等。为了能够更好地将 MOPSO 算法应用到实际中，本节对 MOPSO 算法进行了改进，提出了一种融合多策略的多目标粒子群优化（Multi-strategy and Multi-objective Particle Swarm Optimization，MSMOPSO）算法。下面从多个方面对该算法的设计进行详细阐述。

1．种群粒子编码

为了对分布式制造资源优化配置问题进行求解，本节采用排列编码的方式对粒子进行编码，即随机构建一个一维矩阵，矩阵中各列代表一个加工工序，列中的值表示该加工工序作为下一个算法处理对象的概率。排列编码的一个示例见表 9.1，其代表的矩阵为 [0.78,0.35,0.48,0.81,0.54]。根据表 9.1，$J_{2,1}$ 将作为下一个算法处理对象。

表9.1　排列编码示例

工序	$J_{1,1}$	$J_{1,2}$	$J_{1,3}$	$J_{2,1}$	$J_{2,2}$
概率	0.78	0.35	0.48	0.81	0.54

基于排列编码，可得出对各个工序级制造任务的处理队列，从而根据工艺规程得出相应的加工方案与目标函数值。

2. 惯性权重选取策略

在 MOPSO 算法粒子速度更新过程中，惯性权重 ω 的大小决定了过去粒子速度对当前粒子速度的影响程度，也极大地影响粒子自身的搜索能力。较大的惯性权重有利于提高全局范围内的搜索能力，增加种群的多样性。较小的惯性权重可以将速度局限在很小的变化范围内，提高粒子在局部范围内的搜索能力。因此，选取合适的惯性权重对于平衡粒子的全局与局部搜索能力至关重要。为了能够在前期提高全局搜索能力，在后期专注于局部搜索，本节采用非线性方式选取惯性权重，公式如下：

$$\omega = \omega_{max} - \left(\omega_{max} - \omega_{min}\right) \times e^{\left(1-\frac{t_{max}}{t}\right)} \tag{9.18}$$

式中，ω_{max} 为最大惯性权重，一般取 0.9；ω_{min} 为最小惯性权重，一般取 0.4；t_{max} 表示在算法运行过程中设定的最大迭代次数。

基于式（9.18），在整个种群迭代进化过程中，惯性权重以非线性方式减小。初期惯性权重较大，能够在全局范围内对解空间进行搜索，具有良好的全局搜索能力。在迭代中期，惯性权重慢慢减小，全局搜索能力渐渐减弱，局部搜索能力逐渐增强。而当算法进行到末期时，由于指数函数的结果随着迭代次数的变化而呈非线性变化，惯性权重会以比之前更快的速度大幅减小，局部搜索能力大大提高，从而在之前获得的全局最优解邻域进行进一步的搜索。

3. 粒子速度更新策略

除惯性权重之外，种群中粒子速度的更新还与两部分内容有关，一是粒子当前位置与局部最优解之间的差异，二是粒子当前位置与全局最优解之间的差异。前者体现的是粒子对自身历史数据的总结能力，即粒子在自身邻域的局部搜索能力；后者体现的是粒子对种群中其他优秀粒子的学习能力，即在整个解空间中的全局搜索能力。在粒子的更新搜索过程中，有效地对局部搜索能力与全局搜索能力进行平衡是获取优质解的重要环节。根据上述内容，本节提出了一种两策略的粒子速度更新方式，公式如下：

$$v_{id}\left(t+1\right)=\omega v_{id}\left(t\right)+c_2r_2\left(p_{gd}\left(t\right)-x_{id}\left(t\right)\right) \text{ if } t<t_{\max}/2 \tag{9.19}$$

$$v_{id}\left(t+1\right)=\omega v_{id}\left(t\right)+c_1r_1\left(p_{id}\left(t\right)-x_{id}\left(t\right)\right) \text{ else} \tag{9.20}$$

以 $t_{\max}/2$ 为界，将整个算法迭代过程分为前后两个部分。在前半部分中，根据式（9.19）对粒子速度进行更新，强调对全局搜索能力的提高；在后半部分中，根据式（9.20）对粒子速度进行更新，注重在个体最优解的邻域内提高局部搜索能力。采用这种更新策略，有利于平衡算法的全局搜索能力与局部搜索能力。

4．粒子位置更新变异策略

在标准的 MOPSO 算法中，一个十分常见的问题是种群粒子往往会过早陷入局部最优，无法在解空间中进行全局搜索，从而无法在现有解的基础上找到更为优异的解。这种现象被称为粒子"早熟"。为了提高算法的全局搜索能力，本节提出了一种基于动态扰动变异因子的粒子位置更新变异策略，即在每次种群迭代过程中选出 5% 的粒子，每个粒子获取一个随机数 p，与动态扰动变异因子 p_{m} 进行比较，若小于 p_{m}，则从该粒子的 D 个位置中选出 10% 进行变异操作。 p_{m} 与粒子位置变异操作的计算方法如下：

$$p_{\mathrm{m}}=1-\left(t/t_{\max}\right) \tag{9.21}$$

$$x_{id}\left(t\right)=x_{id}\left(t\right)\times\left(1+p\right) \tag{9.22}$$

由式（9.21）可知， p_{m} 的值与运行次数成反相关。在算法迭代前期， p_{m} 具有较大的值，种群内变异的粒子数量较多，粒子对于全局解空间的搜索能力较强。而在算法迭代后期，由于可能在之前的搜索中已经找到了潜在的最优解，盲目地对粒子进行变异操作可能会导致非支配解质量的下降，故将 p_{m} 的值减小，以加快整体收敛速度。

在粒子位置变异操作中可能会出现超出位置边界的问题。反射边界法是一个能够有效解决该问题的方法。其不仅能够及时地将粒子位置限制在设定的范围内，而且可以对粒子速度进行相应的调整，保证之后粒子位置能够在可行区域内进行变化。根据反射边界法，粒子位置与速度的调整方法如下：

$$x_{id}<x_{id\min}\begin{cases}x_{id}=x_{id\min}\\v_{id}=-v_{id}\end{cases};x_{id}>x_{id\max}\begin{cases}x_{id}=x_{id\max}\\v_{id}=-v_{id}\end{cases} \tag{9.23}$$

5．末尾淘汰策略

为了对算法进化过程中产生的非支配解进行维护和管理，MOPSO 算法引入了外部档案的概念。在每一次迭代过程中，都会生成新的非支配解集合，并将其加入外部档案中。通过将外部档案中的解进行比较，可将其中的可支配解选出并剔除，保证外部档案中存储的均为非支配解。随着迭代过程的不断进行，非支配解的数量越来越多。为了避免外部档案过大带来的计算效率问题，外部档案的容量往往会被限制。当外部档案中的非支配解个数达到容量极限时，一般会采用与 NSGA-Ⅱ算法相同的拥挤距离对非支配解进行降序排序。根据排序结果，一次性删除位置靠前的粒子，使非支配解的个数维持在外部档案容量以内。在这种情况下，处于拥挤区域的多个粒子可能会被同时删除，导致该部分粒子缺失，形成较大的空隙，如图 9.8 所示。黑色粒子所在区域拥挤程度较高，当黑色粒子被一次性删除时，该部分就会形成较大的空隙，不利于均匀前沿面的生成。

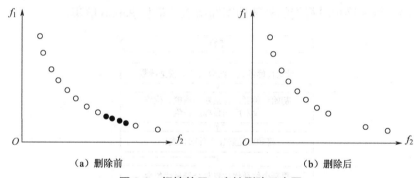

（a）删除前　　　　　　　　　　　（b）删除后

图 9.8　拥挤粒子一次性删除示意图

由上述分析可知，较大空隙的形成原因在于一次性删除了大量处于拥挤区域的粒子。本节对此进行了改进，采用了拥挤粒子逐个删除的策略，即通过拥挤距离进行多次排序，每次排序将拥挤程度最高的粒子从外部档案中删除，进而一步一步将非支配解的个数降至设定的容量之内。基于上述策略，在保证外部档案容量一定的情况下，可以有效地保持非支配解的多样性，避免前沿面上产生较大空隙。

MSMOPSO 算法流程图如图 9.9 所示。

Step 1：对分布式制造资源优化配置问题中的目标函数、约束条件等模型参数进行设定。

Step 2：种群初始化，采用随机方式对种群中各个粒子的速度与位置进行初始化，并对粒子的各个目标函数值进行求解。

Step 3：根据 Pareto 支配关系，选出初始化种群中的非支配解，并加入外部档案中进行保存。

Step 4：对当前种群的个体最优位置与全局最优位置进行选择。

Step 5：根据式（9.16）、式（9.17）、惯性权重选择策略及粒子速度更新策略对各个粒子的速度与位置进行更新操作。

Step 6：依据粒子位置更新变异策略对更新后的粒子位置进行扰动处理，选择性地变异种群中的粒子。

Step 7：对外部档案进行更新与维护，即通过比较得到当前种群中的非支配解，将其添加至外部档案中，并通过末尾淘汰策略进行外部档案容量的控制。

Step 8：判断是否满足终止条件，若满足则停止迭代过程并退出，否则迭代次数加 1 并转至 Step 3。算法终止时得到的外部档案即所求的最优 Pareto 解集。

图 9.9　MSMOPSO 算法流程图

9.4.3　最优决策选择

针对分布式制造资源优化配置问题，本节提出的 MSMOPSO 算法属于多目标优化算法。其通过种群不断迭代搜索，可得到多个具有非支配关系的解，即 Pareto 解集。为了向制造资源需求方提供更为准确且具体的分布式制造资源优化配置方案，需要对 Pareto 解集中的解进行进一步的综合评价，最终通过比较选出最优结果。针对分布式制造资源优化配置问题中涉及的完工时间、加工成本、平均服务质量这三个目标函数，本节提出以下综合评价函数：

$$V = w_1 \frac{T'_{\max} - T'_i}{T'_{\max} - T'_{\min}} + w_2 \frac{C'_{\max} - C'_i}{C'_{\max} - C'_{\min}} + w_3 \frac{Q'_{\max} - Q'_i}{Q'_{\max} - Q'_{\min}} \tag{9.24}$$

式中，V 代表综合评价值，w_1、w_2、w_3 分别表示制造资源需求方提供的对于完工时间、加工成本和平均服务质量的偏好权重，T'_i、C'_i、Q'_i 分别代表第 i 个方案的完工时间、加工成本和平均服务质量，$T'_{\min}$、$T'_{\max}$ 代表该 Pareto 解集中完工时间的最小值与最大值，$C'_{\min}$、$C'_{\max}$ 代表加工成本的最小值与最大值，$Q'_{\min}$、$Q'_{\max}$ 代表平均服务质量的最小值与最大值。

该综合评价函数综合考虑了各个目标函数值对于综合评价的影响，并基于制造资源需求方提供的偏好权重确定了影响程度的大小。同时，采用归一化处理方式将目标函数值的范围限定在 0～1，解决了各个目标函数值量纲不一致的问题。

当偏好权重确定之后，按照该综合评价函数，完工时间越短、加工成本越低、平均服务质量越高的优化配置方案具有更大的综合评价值，与现实情况一致。因此，基于该综合评价函数，可合理且有效地选出符合制造资源需求方要求的分布式制造资源优化配置方案。

9.5　实验仿真与结果分析

9.5.1　多目标优化算法评估

为了对上一节提出的 MSMOPSO 算法的有效性和优越性进行验证，本节将其与

分布式协同制造系统及关键技术

NSGA-Ⅱ、MOPSO 算法进行对比，通过相同的测试函数进行仿真分析，基于多目标评价指标得出综合评估结果。

1. 测试函数

ZDT 系列测试函数共有 6 个，分别为 ZDT1～ZDT6。不同的测试函数对于算法的测试侧重点有所不同。对于多目标优化算法，其较为关键的评价指标分为两种，一是算法处理复杂问题的能力，二是获得 Pareto 解集的均匀性与多样性。本节选择 ZDT3 与 ZDT6 作为算法的测试函数。

ZDT3 的真实前沿面是由多个非连续的解集组成的，属于较复杂的多目标优化问题。基于其解集的间断性，可对多目标优化算法的全局搜索能力进行测试。其函数表达式如下：

$$f_1(x) = x_1$$
$$f_2(x) = g(x)\left(1 - \sqrt{x_1/g(x)} - x_1\sin(10\pi x_1)/g(x)\right) \quad (9.25)$$
$$g(x) = 1 + 9\sum_{i=2}^{n} x_i/(n-1)$$

ZDT6 的解在真实前沿面上分布不均匀，适合对算法多样性进行测试，其函数表达式如下：

$$f_1(x) = 1 - \exp(-4x_1)\sin^6(6\pi x_1)$$
$$f_2(x) = g(x)\left(1 - (x_1/g(x))^2\right) \quad (9.26)$$
$$g(x) = 1 + 10(n-1) + \sum_{i=2}^{n}\left(x_i^2 - 10\cos(4\pi x_i)\right)$$

2. 多目标优化算法评价准则

衡量多目标优化算法优劣的方法主要有两种，一是分析算法得到的 Pareto 前沿面与真实的 Pareto 前沿面之间的接近程度，二是判断求得的 Pareto 解集是否具有多样性，即在真实的 Pareto 前沿面上的分布是否具有均匀性。对于前者，本节选择具有代表性的世代距离 GD 作为衡量指标；对于后者，选择分布式指标 SP。

世代距离 GD 的表达式如下：

$$\text{GD} = \frac{\sqrt{\left(\sum_{i=1}^{n} d_i^2\right)}}{n} \quad (9.27)$$

178

式中，n 代表解集个数，d_i 表示编号为 i 的解和前沿面之间距离的最小值。GD 的值越小，所得到的解与真实前沿面之间的距离就越小，对应算法的计算结果越精确，收敛性能越好。

分布式指标 SP 的表达式如下：

$$\mathrm{SP} = \sum_{i=1}^{m} d(E_i, \Omega) + \left. \sum_{x \in \Omega} \left| d(X, \Omega) - \overline{d} \right| \middle/ \sum_{i=1}^{m} d(E_i, \Omega) + (|\Omega| - m)\overline{d} \right.$$

$$d(X, \Omega) = \min_{Y \in \Omega, Y \neq X} \| F(X) - F(Y) \| \tag{9.28}$$

$$\overline{d} = \frac{1}{|\Omega|} \sum_{x \in \Omega} d(X, \Omega)$$

式中，Ω 表示通过算法计算得到的解集，$E_i(i = 1, 2, \cdots, m)$ 表示位于真实 Pareto 前沿面上的解，m 表示求解问题中目标函数的个数。SP 的值越大，表示该算法解集的分布性越差。

3．算法比较与结果分析

为了验证上一节提出的 MSMOPSO 算法的改进效果，本节将 NSGA-Ⅱ、MOPSO 算法作为对比算法，与 MSMOPSO 算法共同进行仿真分析。仿真实验利用 MATLAB 进行程序编写，运行环境为 Windows 10 系统、2.6GHz、8G 内存。每个算法的解集个数设定为 100个，目标函数设定为 2 维，迭代次数设定为 10000 次，重复运行 30 次。

对于 ZDT3 问题，各算法的求解结果见表 9.2。

表 9.2　各算法对 ZDT3 问题的求解结果

性能指标	NSGA-Ⅱ	MOPSO	MSMOPSO
GD 均值	7.5820e-4	1.1129e-1	6.6887e-5
GD 标准差	1.87e-4	6.37e-2	1.01e-5
SP 均值	7.3070e-3	9.7746e-3	8.1860e-3
SP 标准差	7.27e-4	8.57e-3	7.54e-5

由表 9.2 可知，MSMOPSO 算法所得到的 GD 均值较小，表现出优秀的收敛性能，能够有效地逼近真实 Pareto 前沿面。同时，在 SP 指标上，MSMOPSO 算法虽略差于 NSGA-Ⅱ算法，但相比于 MOPSO 算法有较大改进。各算法的测试 Pareto 前沿面如图 9.10 所示。

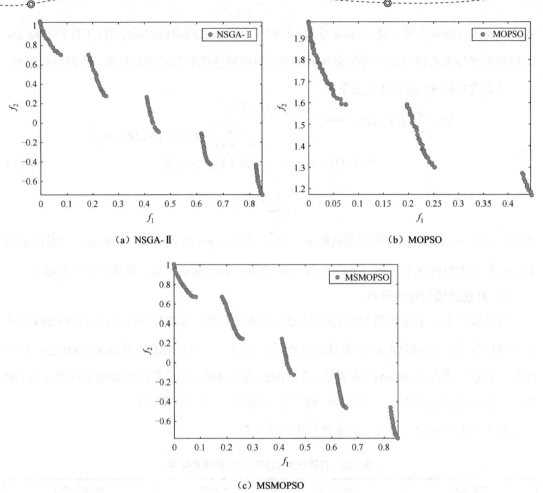

（a）NSGA-Ⅱ　　　　　　　　　　　　　　（b）MOPSO

（c）MSMOPSO

图 9.10　ZDT3 问题各算法测试 Pareto 前沿面

对于 ZDT6 问题，各算法的求解结果见表 9.3。

表 9.3　各算法对 ZDT6 问题的求解结果

性能指标	NSGA-Ⅱ	MOPSO	MSMOPSO
GD 均值	4.1332e-3	2.7712e-2	2.8043e-5
GD 标准差	1.94e-3	2.46e-2	4.23e-5
SP 均值	9.0637e-3	1.7506e-2	7.9863e-3
SP 标准差	2.58e-3	9.10e-3	6.32e-4

由表 9.3 中的结果可知，相比于 NSGA-Ⅱ 与 MOPSO 算法，MSMOPSO 算法在 GD 与

SP 指标上均具有良好的性能表现。这就表明改进算法在保证较好收敛性的同时，能够有效地解决 Pareto 前沿面解集不均匀的问题。三个算法的测试 Pareto 前沿面如图 9.11 所示。

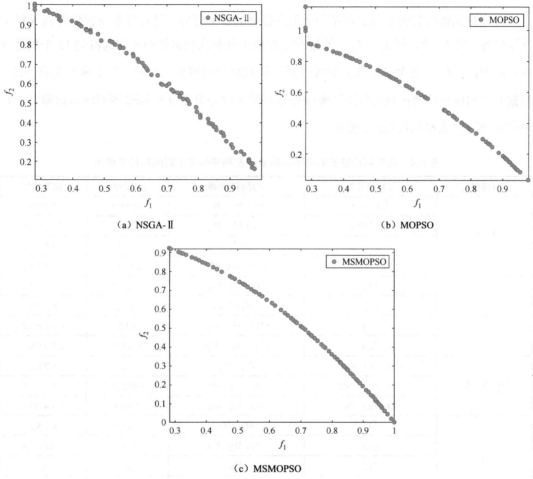

（a）NSGA-Ⅱ　　　　　　　　（b）MOPSO

（c）MSMOPSO

图 9.11　ZDT6 问题各算法测试 Pareto 前沿面

　　综合上述仿真实验结果可知，本章提出的 MSMOPSO 算法相比于 NSGA-Ⅱ、MOPSO 算法表现出良好的搜索性能，能够较快收敛于真实 Pareto 前沿面，得到具有较好均匀分布特性的解集，实现对复杂问题的准确求解，体现出算法的有效性和优越性。

9.5.2　仿真实验

为了对前文描述的资源优化配置求解算法进行验证，本节设计了具体的仿真实验。

在分布式协同制造平台上存在一个用户提交的订单任务。经过任务分解后得到 6 种工件级任务，共 10 个，即 $J_1 \sim J_{10}$。通过对资源池中分布式制造资源的初选得到 12 个制造资源，即 $M_1 \sim M_{12}$。各个制造任务的可用制造资源及相应的加工时间与加工成本见表 9.4。根据专家与用户反馈得到的制造资源综合服务质量评分见表 9.5。制造资源间的运输时间与单位时间运输成本见表 9.6 与表 9.7。

表 9.4　各个制造任务的可用制造资源及相应的加工时间与加工成本

工件级任务	工序级任务	可用制造资源	加工时间	加工成本
J_1 / J_7	$J_{1,1} / J_{7,1}$	$M_1 / M_2 / M_3$	9/10/9.5	7.2/4.4/5.3
	$J_{1,2} / J_{7,2}$	$M_4 / M_5 / M_6$	6/5.5/7	7.7/4.5/4.9
	$J_{1,3} / J_{7,3}$	$M_7 / M_8 / M_9$	5/6/7	6.3/8.2/7.6
	$J_{1,4} / J_{7,4}$	$M_{10} / M_{11} / M_{12}$	8/9/10	2.8/5.2/6.0
J_2	$J_{2,1}$	$M_4 / M_5 / M_6$	14/15/16	7.9/4.0/4.6
	$J_{2,2}$	M_1 / M_3	10/12	6.6/4.6
	$J_{2,3}$	$M_7 / M_8 / M_9$	4/3/2	6.5/8.0/7.7
	$J_{2,4}$	$M_{10} / M_{11} / M_{12}$	8/8.5/7	2.7/5.0/6.3
$J_3 / J_8 / J_9$	$J_{3,1} / J_{8,1} / J_{9,1}$	M_7 / M_8	3/2	6.2/8.1
	$J_{3,2} / J_{8,2} / J_{9,2}$	$M_1 / M_2 / M_3$	20/19/18	6.2/4.6/5.1
	$J_{3,3} / J_{8,3} / J_{9,3}$	$M_4 / M_5 / M_6$	8/7/9.5	7.3/4.2/5.1
J_4	$J_{4,1}$	M_2 / M_3	14/12	4.2/5.2
	$J_{4,2}$	$M_7 / M_8 / M_9$	4/5/7	6.6/8.4/7.8
	$J_{4,3}$	M_6	10	5.3
	$J_{4,4}$	$M_{10} / M_{11} / M_{12}$	10/8/9	2.9/4.9/6.1
J_5	$J_{5,1}$	M_2 / M_3	15/17	4.0/5.8
	$J_{5,2}$	$M_4 / M_5 / M_6$	4/5/7	8.0/4.1/4.8
	$J_{5,3}$	$M_7 / M_8 / M_9$	8/5.5	5.9/7.9/7.1
J_6 / J_{10}	$J_{6,1} / J_{10,1}$	$M_7 / M_8 / M_9$	7/6/8	6.7/8.5/7.9
	$J_{6,2} / J_{10,2}$	M_1 / M_3	11/13	7.0/5.9
	$J_{6,3} / J_{10,3}$	M_5	7	3.9
	$J_{6,4} / J_{10,4}$	M_{11} / M_{12}	9/10	5.6/6.5

表 9.5　制造资源综合服务质量评分

资源	M_1	M_2	M_3	M_4	M_5	M_6	M_7	M_8	M_9	M_{10}	M_{11}	M_{12}
评分	9.3	8.8	8.7	8.6	9.1	9.3	9.4	8.9	9.2	8.7	8.9	9.1

表 9.6　制造资源间的运输时间

时间	M_1	M_2	M_3	M_4	M_5	M_6	M_7	M_8	M_9	M_{10}	M_{11}	M_{12}
M_1	0	6.8	3.0	1.9	7.4	6.8	1.6	5.0	1.0	4.7	4.1	2.9
M_2	6.8	0	10.2	8.5	14.6	1.2	8.7	6.8	6.8	10.9	11.1	11.1
M_3	3.0	10.2	0	2.5	5.3	10.2	2.1	3.0	3.5	3.1	2.1	1.3
M_4	1.9	8.5	2.5	0	6.2	8.1	1.0	1.9	1.3	4.0	3.0	3.1
M_5	7.4	14.6	5.3	6.2	0	14.6	6.3	7.6	7.6	4.1	4.1	5.0
M_6	6.8	1.2	10.2	8.1	14.6	0	8.7	6.8	6.8	10.9	11.1	11.1
M_7	1.6	8.7	2.1	1.0	6.3	8.7	0	1.3	1.3	2.9	3.1	1.5
M_8	5.0	6.8	3.0	1.9	7.6	6.8	1.3	0	1.0	4.7	4.1	2.9
M_9	1.0	6.8	3.5	1.3	7.6	6.8	1.3	1.0	0	5.0	3.4	3.4
M_{10}	4.7	10.9	3.1	4.0	4.1	10.9	2.9	4.7	5.0	0	1.5	2.1
M_{11}	4.1	11.1	2.1	3.0	4.1	11.1	3.1	4.1	3.4	1.5	0	1.9
M_{12}	2.9	11.1	1.3	3.1	5.0	11.1	1.5	2.9	3.4	2.1	1.9	0

表 9.7　制造资源单位时间运输成本

成本	M_1	M_2	M_3	M_4	M_5	M_6	M_7	M_8	M_9	M_{10}	M_{11}	M_{12}
M_1	0	2.30	0.90	2.18	2.16	2.30	3.12	1.50	0.82	1.32	1.05	0.96
M_2	2.30	0	3.06	2.49	1.46	2.78	2.70	2.30	2.30	3.45	3.09	3.09
M_3	0.90	3.06	0	3.18	1.59	3.06	2.26	0.90	0.99	3.07	2.26	2.56
M_4	2.18	2.49	3.18	0	1.86	2.43	0.82	2.18	2.56	1.20	0.90	3.07
M_5	2.16	1.46	1.59	1.86	0	1.46	1.89	2.22	2.22	1.05	1.23	1.5
M_6	2.30	2.78	3.06	2.43	1.46	0	2.70	2.30	2.30	3.45	3.09	3.09
M_7	3.12	2.70	2.26	0.82	1.89	2.70	0	2.56	3.82	0.96	3.07	3.65
M_8	1.50	2.30	0.90	2.18	2.22	2.30	2.56	0	0.82	1.32	1.05	0.96
M_9	0.82	2.30	0.99	2.56	2.22	2.30	3.82	0.82	0	1.5	1.02	1.02
M_{10}	1.32	3.45	3.07	1.20	1.05	3.45	0.96	1.32	1.5	0	3.65	2.22
M_{11}	1.05	3.09	2.26	0.90	1.23	3.09	3.07	1.05	1.02	3.65	0	2.18
M_{12}	0.96	3.09	2.56	3.07	1.50	3.09	3.65	0.96	1.02	2.26	2.18	0

　　针对上述问题，本节采用 NSGA-Ⅱ、MOPSO 与 MSMOPSO 算法分别进行求解。各个算法种群大小设为 100，迭代次数为 10000 次。通过算法计算，可得到由非支配解组成的

Pareto 解集，即多个分布式制造资源优化配置方案。利用最优决策选择方法，可在制造资源需求方给出多目标偏好信息的基础上从中选出最符合要求的优化配置方案。

在本次仿真实验中，根据制造资源需求方偏好及实际情况，设定完工时间、加工成本与平均服务质量的权重分别为 0.4、0.2 和 0.4。根据式（9.24）求出 Pareto 解集中各个非支配解的综合评价值，进而比较得出各个算法中综合评价值最大的最优优化配置方案。每个算法各运行 10 次，得到的最优优化配置方案对应的目标函数平均结果见表 9.8。

表9.8　仿真测试结果

目标函数	NSGA-Ⅱ	MOPSO	MSMOPSO
完工时间	65.70	67.40	64.90
加工成本	432.77	403.90	422.07
平均服务质量	9.07	9.02	9.08

由表 9.8 可知，相比于其他算法，MSMOPSO 算法在保证平均服务质量的基础上，能够求出完工时间更短、加工成本更低、总体评价更高的结果，表现出良好的搜索性能，更适合解决本节中的分布式制造资源优化配置问题，体现出算法的可行性与优越性。基于 MSMOPSO 算法的优化配置结果甘特图如图 9.12 所示。

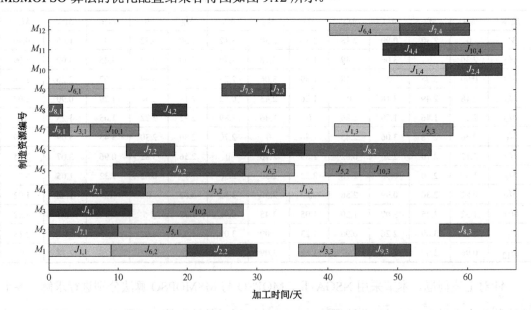

图9.12　基于 MSMOPSO 算法的优化配置结果甘特图

9.6　本章小结

　　本章根据分布式协同制造的实际需求，对分布式协同制造环境下制造资源优化配置问题的典型特征和复杂性进行了论述，分析了分布式制造资源优化配置过程，研究了分布式协同制造环境下制造资源的选择与优化配置方法。通过建立分布式制造资源优化配置的数学模型，对制造任务进行了形式化描述和分解，提出了面向多目标优化的 MSMOPSO 算法，利用最优决策选择方法对算法得到的 Pareto 解集进行了优选，并通过仿真实验验证了算法的可行性和有效性。

第10章

分布式产线自组织自适应协同方法

引言

以刚性生产线为主的单一企业生产模式已经无法适应当前日益激烈的市场竞争环境及多变的产品制造需求，如何将来自不同企业、不同地理位置的制造资源进行柔性重构，成为当前备受业界关注的热点问题。随着工业互联网的出现与发展，跨企业、跨区域制造资源之间实现了有效且灵活的网络连接与通信，为实现分布式产线的柔性重构提供了可能性。然而，考虑到分布式产线在物理空间上的分散布置，不同制造资源间如何开展协同生产，并对不确定性生产异常事件进行自适应处理，仍然有待解决。

本章提出一种面向定制化柔性作业的分布式产线动态调度系统，并对其运行机制与关键技术进行阐述。首先，面向功能各异的工业设备建立装备智能体模型，基于此模型对分布式产线进行建模。其次，研究基于合同网协议的装备智能体间的自组织协作策略，提出感知系数、可信度、活跃度、友好度等概念对经典合同网协议进行改进，实现多个智能体为完成统一制造任务而自主分工协作，为多目标动态调度模型提供信息支撑。再次，研究多类型异常事件的自适应处理策略，提升调度系统的扰动处理能力。最后，以最小化完工时间、降低机床总负载、平衡设备负载为优化目标，建立多目标动态调度模型，提出基于状态-价值网络和复合奖励模型的 CNP-DQN 算法，并设计仿真实验对该算法的学习性能和调度性能，以及基于智能体和深度强化学习的多智能体产线动态调度方法的适用性进行验证。

10.1 装备智能体建模

10.1.1 装备智能体构建问题描述

装备智能体（Agent）是具有感知、交互、分析、执行功能的制造装备，它可以感知自身状态信息，与车间内其他制造装备交换任务信息，并根据环境信息与自身状态信息及时对加工过程进行适应性调整。装备智能体包括软件部分与硬件部分。

软件部分是实现制造装备智能控制的关键部分，分为适配层、交互层与分析层。其中，适配层是基础软件，主要实现对制造装备的控制与监测；交互层负责制造装备间的信息交互；分析层则用于对交互信息与状态信息进行分析，并做出合理决策。软件运行需要与相应的控制器进行绑定，而制造装备自身的控制器往往在出厂时已经设定好，而且控制器系统不满足一般开发需求，不同厂商的控制器种类不同，很难实现统一的开发方式。因此，为了解决软件运行需要的硬件环境问题，在制造装备实体基础上加装嵌入式工控机，制造装备通过网络接口连接至嵌入式工控机，软件运行控制与监测信号通过嵌入式工控机发送，从而实现对制造装备的控制。嵌入式工控机内部运行逻辑如图10.1所示。

硬件部分除制造装备本体与运行软件部分的嵌入式工控机之外，还包括相应的工件缓冲区，用于存放等待加工的工件。此外，工件信息的读取需要RFID读写器，制造装备状态监测需要传感器。为了方便集成，硬件都与嵌入式工控机连接，并且通过相应的通信协议实现数据传输。工件缓冲区通过网线与嵌入式工控机连接，通过TCP/IP协议进行通信。RFID芯片中存有工件信息，通过RFID读写器可以读取其中存储的信息，RFID读写器通过串口连接至嵌入式工控机。嵌入式工控机与制造装备连接大多采用统一的网口，控制与监测信息传递一般跟数控系统开发的协议有关，通信则通过TCP/IP协议实现。

在物联制造车间中，以数控机床为代表的制造装备具有复杂多变的特点，而且会产生大量的制造信息。在构建装备智能体时应注意以下两点。

（1）车间中制造装备种类繁多，不同类型数控系统之间存在异构性与封闭性。构建装备智能体需要采集制造装备自身信息，由于系统间相互独立，导致以实际应用为导向的各种采集方案缺乏通用性和兼容性，增加了实际开发过程的复杂性。因此，需要构建制造装备适配层，并且实现统一接口，通过对统一接口方法的调用，就可以实现对多种类型设备的控制。

（2）在物联制造车间中，制造过程是由制造装备共同协作完成的。因此，需要构建装备智能体交互模型，通过交互模型，定义制造装备在正常运行及故障状态下的处理方式。同时，在加工过程中会产生大量的加工信息，通过制造装备间的信息交互可以实现信息的有效传递，对加工信息与环境信息进行分析，可以更加合理地选择加工参数与加工任务。

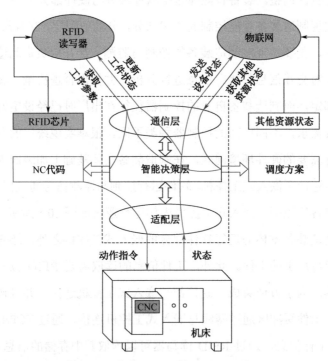

图 10.1　嵌入式工控机内部运行逻辑

10.1.2　装备智能体体系结构

根据上述对装备智能体构建问题的分析结果，本节提出装备智能体构建总体方案。装备智能体体系结构如图 10.2 所示，主要包括信息采集模块、分析决策模块和执行机构。

信息采集模块是装备智能体的感知部分，它接收工件信息、设备状态信息、环境信息，将这些信息进行归类统计并打包发送至分析决策模块；该模块还承担与其他装备交流的任务，将自身的状态信息传给制造车间中的其他装备，根据其他装备的状态信息，对自身的加工做出合理的调整与规划。信息采集模块的硬件基础是装备智能体配备的 RFID 读写器与相应的传感器，它们连接至嵌入式工控机，将采集的信息按照通信格式传递给嵌入式工控机。

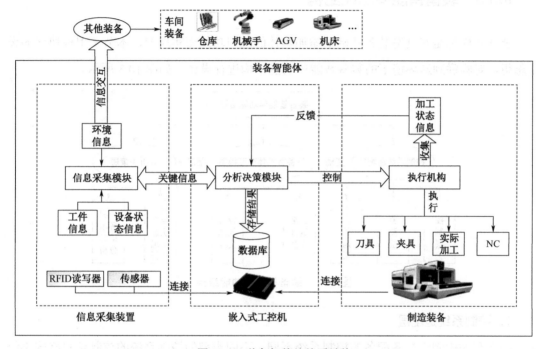

图 10.2　装备智能体体系结构

分析决策模块是装备智能体的核心部分，也是装备智能体的"大脑"。它根据信息采集模块传递过来的信息，结合装备自身反馈的加工状态信息进行分析决策，实现不同类型加工的调整；它还将分析结果反馈至信息采集模块，用于与制造车间中的其他装备交互，并将相关的处理、控制信息存储到数据库中，方便实现信息化管理；同时，它将分析结果转换成控制信号，实现加工设备的基本功能。分析决策模块的硬件基础是嵌入式工控机，它是装备智能体的核心硬件，所有的分析决策算法、应用程序都在嵌入式工控机内运行，实现装备智能体的分析决策、控制监测等功能。

执行机构是装备智能体的基础部分，主要作用是根据控制信号，控制制造装备执行动作，如刀具、夹具等。执行机构在加工过程中会产生相关信息，包括刀具序号、刀具转速、夹具开合状态、加工是否完成、NC 执行情况等。执行机构会收集这些加工状态信息，并反馈给分析决策模块。执行机构的硬件基础就是制造装备本体，制造装备连接至嵌入式工控机，通过接收嵌入式工控机发出的运动控制、状态监测等信号，实现基本的加工动作。

10.1.3 装备智能体功能结构

装备智能体是在制造装备基础上添加具体的应用功能而实现的，本节采用模块化的设计思想，对物联制造环境下的装备智能体功能结构进行设计，如图 10.3 所示。

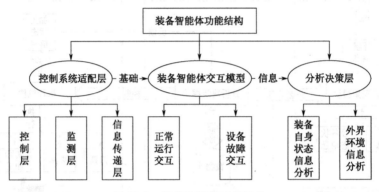

图 10.3 装备智能体功能结构

1. 控制系统适配层

制造车间中制造装备配备的控制系统不同，不同类型的控制系统的控制信息格式不统一，数据结构不兼容，因此针对不同制造装备开发链接库工作量大，且不便于后期扩展。对此，设计控制系统适配层，用于解决不同控制系统信息采集接口在控制方式与信息格式不同情况下相互不兼容的问题。控制系统适配层功能示意图如图 10.4 所示。

工控机与控制系统建立连接，适配层运行在工控机中。对制造装备进行控制时，会调用适配层统一接口的具体方法，控制信号通过适配层传递至控制系统，实现对控制系统梯形图中控制寄存器的写操作。对制造装备进行状态监测时，读取控制系统梯形图中寄存器状态值，将监测方法返回至适配层，通过适配层将监测数据进行可视化转换，提供给调用方。文件传输则是调用适配层文件传输方法，将 NC 文件等上传至控制系统中的文件系统进行统一管理。

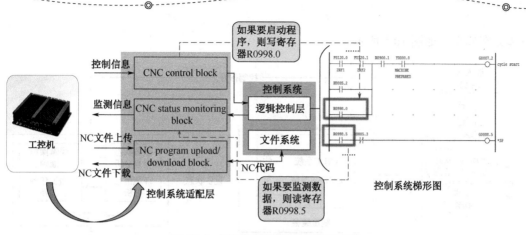

图 10.4　控制系统适配层功能示意图

2．装备智能体交互模型

物联制造车间中的加工过程是由多种制造装备相互配合完成的，因此装备间的信息交互是非常重要的。根据物联制造车间加工过程的特点，装备智能体交互信息主要包括两类：一是装备智能体在正常运行情况下交互的信息；二是装备智能体发生故障时交互的信息。装备智能体在正常运行情况下主要执行加工任务，与其他装备智能体交互的主要内容是当前设备加工信息。在装备智能体发生故障的情况下，根据具体的故障类型，信息传递方式有所不同。当设备发生非通信故障时，有故障的设备会主动传递故障信息，同时会传递加工任务信息；当设备发生通信故障时，故障信息是由其他装备智能体主动感知的。

3．分析决策层

分析决策层通过对传递过来的信息进行分析决策，实现对加工参数与加工任务的调整。传递过来的信息主要有两类：一是装备自身状态信息，即通过适配层中的监测模块获得的信息，包括加工状态、程序执行状态等；二是通过交互获得的其他制造装备的信息，统称环境信息。对于装备自身状态信息，主要考虑在明确加工任务的情况下，保证制造装备及相关辅助装备的操作准确性。对于环境信息，主要考虑是否可以接受正在加工工件的下一工艺步骤，保证加工任务选择的合理性。

10.1.4　装备智能体总体方案模型

根据物联制造环境下的装备智能体体系结构，结合具体的功能模块，设计装备智能体总体方案模型，如图 10.5 所示。

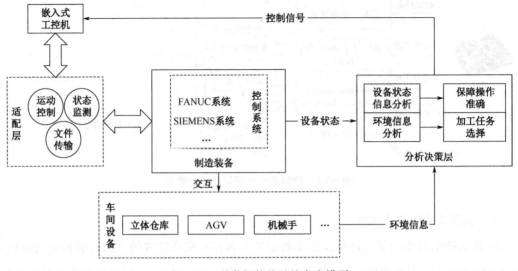

图 10.5 装备智能体总体方案模型

装备智能体构建主要围绕两方面展开：一是构建用于屏蔽不同控制系统差异的适配层；二是针对具体的制造装备构建交互层，用于加工过程中与其他制造装备交互，同时根据交互信息与装备自身信息进行分析，对加工参数与加工任务的选择做出合理决策。

每个制造装备都会安装嵌入式工控机，适配层开发链接库与基于适配层开发的软件安装在嵌入式工控机中，用于实现相应的功能模块。通过适配层，可以实现对装备智能体基本的运动控制、状态监测及相关控制文件的传输。通过建立装备智能体之间的交互模型，实现装备间在不同情况下的信息交互，对装备智能体自身状态信息与环境信息进行分析，保障制造装备运动、加工等操作的准确性，以及对加工任务选择的合理性，最终将决策信息以控制信号的形式反馈给控制端，对制造装备加工过程做出适当调整。

10.2 多智能体产线动态调度系统建模

10.2.1 多智能体产线动态调度系统物理架构

动态调度系统需要连接智能产线中的所有异构生产单元，并在云平台和产线之间传输订单数据。本节提出的多智能体产线动态调度系统物理架构如图 10.6 所示。

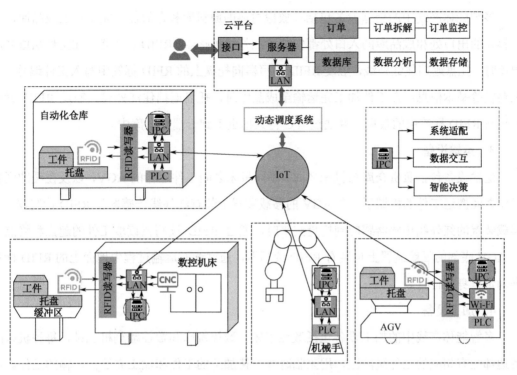

图 10.6　多智能体产线动态调度系统物理架构

多智能体产线中的物理资源主要包括工件、托盘、仓库、机械手、数控机床、缓冲区和 AGV。其中，除工件和托盘之外，每一个生产设备都嵌入了工业控制计算机（Industrial Personal Computer，IPC）。IPC 由用于适配不同机床操作系统的硬件适配层、多智能体之间进行信息交互的通信层、用于动态调度的分析决策层组成。多智能体产线中各物理资源对工件状态的感知是通过 RFID 标签完成的。

1．工件

由于工件需要在不同的加工设备中加工，因此工件本身并不安装 RFID 标签，工件的相关信息是通过其对应托盘上的 RFID 标签进行读取、更新的。在工件从原料库出库时，将托盘上的 RFID 标签与工件绑定，其中存有工件编号、工艺路径、加工尺寸、开始加工时间、交货期等基本信息。RFID 标签中存储的信息有限，工件的详细信息可以通过工件编号从云端数据库中查询。

2．仓储设备

多智能体产线中的仓储设备包括存放原材料的原料库和存放加工完工件的成品库，在原料库的出口处和成品库的入口处都安装了红外线传感器、RFID 读写器。在工件从原料库出库时，托盘遮挡住红外线，触发 RFID 读写器向托盘上的 RFID 标签中写入工件编号、工艺路径等基本信息；在工件加工完运输至成品库时，托盘遮挡住红外线，触发 RFID 读写器更新 RFID 标签中的数据，并通过 IPC 将数据更新到云端数据库中。

3．运输设备

运输设备包括负责仓库与机床之间、不同机床之间工件运输的 AGV，以及在缓冲区和机床之间搬运工件的机械手。在 AGV 的移载装置上装有红外线传感器和 RFID 读写器，当移载装置的红外线传感器感应到托盘到来时，通过 RFID 读写器读取工件的起点和终点。在 AGV 底部的导航装置上也装有 RFID 读写器，通过读取运输过程中地面上的 RFID 标签来确定自身的位置。

4．加工设备

多智能体产线中的加工设备包括数控车床、数控铣床和数控雕刻机三种，每种机床的旁边都配有相应的工件缓冲区，用来临时存放待加工的工件和加工完等待运输的工件。在工件缓冲区的传送带上装有压力传感器和 RFID 读写器，负责感知工件的到来和读取 RFID 标签中的信息。IPC 通过硬件适配层来实现对异构加工设备的资源感知与控制。

云平台对外开放接口，用户可以通过手机应用或者网页下单，云平台收到订单之后，会对订单进行拆解，还可以通过动态调度系统获取订单的实时完成进度。从底层车间传递过来的生产数据经过分析之后会被存储在相应的数据库中。

10.2.2　多智能体产线动态调度系统运行机制

多智能体产线动态调度系统将加工设备、运输设备、物料等物理资源与信息系统集成在一起，实现了柔性生产，其运行机制如图 10.7 所示。整个动态调度系统可以分为智能设备层、自主协作层和智能决策层。其中，智能设备层所采集的车间数据是整个动态调度系统运行的基础，智能体之间的交互、协作为智能决策层提供调度信息，智能决策层所做出的决策又会改变产线环境，这种改变会被智能设备层所感知。

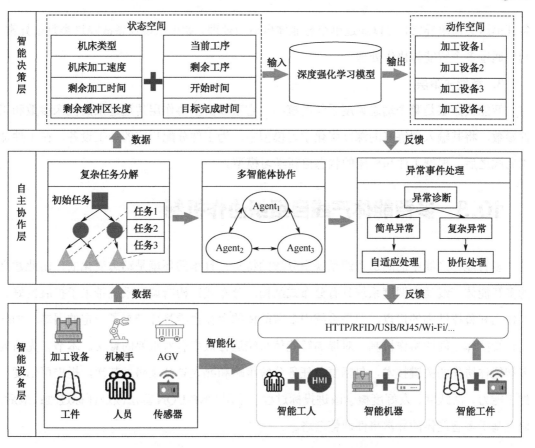

图 10.7　多智能体产线动态调度系统运行机制

1．智能设备层

智能设备层包括车间里的各种制造资源，如加工设备、机械手、AGV、工作人员等，通过物联网技术、传感器技术等对这些资源进行智能化改造，使其具备互联互通的能力，能够主动感知自身状态的变化，并对扰动事件进行主动响应。该层为自主协作层和智能决策层提供底层数据支持。

2．自主协作层

在自主协作层，为了完成复杂的生产任务，首先要对复杂任务进行分解，优化任务分配。其次，由于单个智能体所感知的信息是有限的，智能体之间要通过协作来完成任务。最后，当动态调度系统检测到内外部异常时，要对异常进行判断。如果出现订单取消、紧急订单这类简单异常，可以通过单个智能体自适应处理。如果出现设备故障这类复杂异常，则要通过多个智能体协作处理。

3. 智能决策层

智能决策层是整个动态调度系统的核心，它获取自主协作层传递过来的机床参数和工件参数，将其输入训练好的深度强化学习模型中，为工件分配相应的加工设备，在工件加工完成之后，根据工件和机床的状态更新学习模型。

10.3 多智能体产线自组织协作机制

多智能体产线中的制造资源呈现出分散的特点，且车间环境是动态变化的，由此建立的多智能体产线动态调度系统具有分布式结构。分布式结构给调度系统带来了扩展性好、柔性高和鲁棒性强的优点，但是系统中多智能体的存在也给管理带来了一定的困难，如何设计智能体之间的协作机制，对提高智能体系统运行效率有着重要的意义。本节首先研究多智能体协作的关键技术，包括复杂任务分解策略和熟人划分策略；其次，提出可信度、加工能力、活跃度、友好度概念改进投标过程，采用 CNP-DQN 算法改进评标过程；最后，研究基于多智能体的异常事件调整策略。

10.3.1 多智能体协作关键技术研究

在复杂的多智能体产线环境中，单个智能体并不能负责工件从出库、运输、加工到入库的全部流程，因此本节将一个完整的加工任务分解为若干个独立的子任务，根据具体的任务情况来决定是在熟人库中寻求其他智能体协作完成任务，还是重新进行招投标。

对于复杂的加工任务，将其分解为细粒度的子任务是多智能体协作的前提条件。对于复杂加工任务的分解有如下几个要求。

（1）分解粒度要求。对复杂加工任务的分解并不是越细越好，而是分解到一个合理的粒度即可。例如，对于机床加工任务，可以按照加工类型分解为车削加工、铣削加工、雕刻，还可以将车削加工进一步分解为机床回原点、对刀、加工、换刀等具体的过程。一方面，粒度过细会增加车间中任务的总量，智能体之间会进行大量的招投标过程，浪费车间的通信资源；另一方面，智能体作为一个整体，可以完成某一类别的任务，如工件到达车床后，车床智能体可以单独完成该工件的车削任务，对该任务再进行更细粒度的划分，会大大增加车间中智能体的总量，给系统管理带来极大的挑战。

（2）并行度要求。此处的并行度要求是指属于不同工件的不同加工任务可以并行。以法兰类零件为例，其出库、运输、搬运、加工的子任务是串行的，但是法兰类零件的加工和板类零件的出库、运输是并行的。

如图 10.8 所示，通过从上至下构造树形结构来对复杂任务进行分解。其中，T 表示某个复杂任务，$T_1, T_2, \cdots, T_n$ 表示拆解出来的子任务，T_{11}, T_{12} 表示第 1 个子任务拆解出来的更细粒度的子任务。单个或多个智能体可以完成拆解出来的子任务。

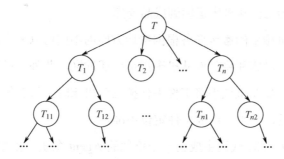

图 10.8　复杂任务分解树形结构

在本节研究的车间环境中，共有三类零件：法兰类零件、轴类零件、板类零件。整体加工流程可以概述为：工件出库、AGV 运输、机械手搬运、机床加工、入库。法兰类零件的加工工艺为车削—铣削—雕刻，板类零件的加工工艺为铣削—雕刻，轴类零件的加工工艺为车削—铣削—雕刻。本节以加工工艺最复杂的法兰类零件为例描述任务分解过程。图 10.9 展示了法兰类零件任务分解结果，其二级任务包括出入库任务、运输任务、搬运任务、NC 代码生成、加工任务，详细说明如下。

（1）出入库任务。出入库任务包括原料出库和成品入库两个子任务。其中，原料出库任务需要仓库 Agent 和 AGV Agent 协作完成，原料库中的机械手将工件搬运到输出传送带上后，AGV 启动自身的输入传送带，接收原料；同理，成品入库任务也需要仓库 Agent 和 AGV Agent 协作完成。

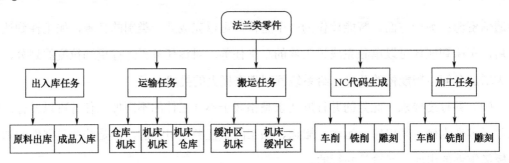

图 10.9　法兰类零件任务分解结果

（2）运输任务。运输任务可以根据运输方向的不同分为三个子任务，分别为将原料从仓库运输到机床、将未完成所有加工工序的工件从当前机床运输到加工下一道工序的机床、将完成所有加工工序的工件从机床运输到成品仓库。

（3）搬运任务。机械手的搬运任务根据搬运方向的不同可以分为两个子任务，分别为将工件从缓冲区搬运到机床和将工件从机床搬运到缓冲区。此外，机械手搬运任务的结束需要收到机床的指示，如在机械手将工件夹住搬运到机床时，只有等机床夹具夹紧之后，机械手才可以松开夹具，否则会造成工件定位不准。

（4）NC 代码生成。NC 代码生成由一个单独的 Agent 负责，根据工艺种类，NC 代码可以分为车削代码、铣削代码和雕刻代码。

（5）加工任务。加工任务由车间中的加工设备负责，具体包括 SIEMENS 数控车床、FANUC 数控铣床和 LNC 数控雕刻机，每台加工设备都与一个 Agent 相映射，各个 Agent 负责其对应的加工任务。

上面将多智能体产线中复杂的生产任务细分为一个个子任务，有利于子任务招投标过程的高效进行。在完成子任务的过程中，任务 Agent 会优先从熟人库中寻求其他 Agent 的协作，因此下面将设计多智能体系统的熟人划分策略。随着生产过程的进行，车间中的多个 Agent 通过协作完成复杂的任务，多个 Agent 之间会形成各种各样的关系，利用好它们之间的关系可以提高 Agent 的协作效率。Agent 之间熟人关系的划分策略如下。

1. 状态熟人关系

如果 Agent C 在 Agent A 所能直接作用和影响的区域范围内，则 Agent A 和 Agent C 形成状态熟人关系。在本节研究的车间环境中，车间上下两侧各分布着三台不同类型的机床，每台机床配备四个缓冲区，两侧各有一台机械手负责本侧三台机床的工件搬运任务。此时，上侧的机械手 Agent 与上侧的机床和它们所对应的缓冲区就形成了状态熟人关系。在没有其他约束的情况下，上侧的机械手 Agent 在选择设备进行合作的时候，会与其状态熟人进行通信，以减少车间的冗余通信。状态熟人关系可以用下式表示：

$$\text{StatusAcq}(A,C) = \exists c \in C(\text{env}(A) \cap \text{env}(C) = \varnothing \wedge \text{eff}(A) \cap \text{eff}(C) = \varnothing) \qquad (10.1)$$

式中，$\text{env}(A)$ 表示 Agent A 所感知的环境，$\text{env}(A) \cap \text{env}(C) = \varnothing$ 表示 Agent A 和 Agent C 所感知的环境有共同部分。$\text{eff}(A)$ 表示 Agent A 所能直接影响的范围，$\text{eff}(A) \cap \text{eff}(C) = \varnothing$ 表示 Agent A 的作用范围包括 Agent C。只有同时满足这两个条件，Agent A 和 Agent C 才形成状态熟人关系。

2. 任务熟人关系

如果 Agent C 和 Agent A 在车间的生产过程中进行过多次协商，且它们之间成功签订合同的概率大于一个定值 β，则 Agent C 和 Agent A 构成任务熟人关系。任务熟人关系可以用下式表示：

$$\text{TaskAcq}(A,C) = (\text{History}(A,C) = 1) \wedge (\text{SuccessRatio}(A,C,t) > \beta) \qquad (10.2)$$

式中，$\text{History}(A,C) = 1$ 表示 Agent A 和 Agent C 之间有过成功的合作历史，$\text{History}(A,C) = 0$ 则表示它们之间没有合作过；$\text{SuccessRatio}(A,C,t) > \beta$ 表示在时刻 t，这两个 Agent 合作的成功率超过 β。只有同时满足这两个条件，Agent A 和 Agent C 才形成任务熟人关系。

3. 系统熟人关系

在本节研究的基于 Agent 的动态调度模型中，系统熟人特指对整个车间环境和整体调度目标都有所了解的 Agent。在任务的调度时间点，调度 Agent 可以根据自身设立的奖励函数，做出可以获得最大奖励值的决策。

在调度系统刚开始工作的时候，Agent 之间还没有进行过协作，这时候主要是状态熟人和系统熟人在起作用。Agent 会从自己所在的环境中寻找具备加工能力的其他 Agent 来完成加工任务。同时，系统熟人及调度 Agent 会从全局的角度对 Agent 之间的合作提出指导意见。随着生产过程的进行，Agent 之间已经进行过大量合作，各个 Agent 也有了固定的合作对象。当通信开销成为调度系统的瓶颈时，Agent 会优先从以上三种熟人中选择协作伙伴完成任务，以减少系统的通信开销。

10.3.2　基于改进合同网协议的装备智能体协作机制

经典的合同网协作机制流程如下：当任务 Agent（Task Agent，TA）收到生产任务时，其会作为发起者发起一次合同网招投标流程，相应的机器 Agent（Machine Agent，MA）会作为参与者对招标过程进行响应，TA 根据深度强化学习算法选择合适的 MA 签订合同。基于经典合同网协议的协作机制存在一些不足，具体如下。

（1）招标阶段的盲目招标。

在经典合同网协议中，TA 发起招标时并不会辨别 MA 的身份，而是将招标书发送给车间中所有 MA，即使部分 MA 并不具备当前任务的加工能力。例如，TA 在进行板类零件雕刻工序的招标时，会给车床和铣床也发送招标书，车床和铣床收到 TA 的招标书之后，也会对该招标过程进行回应，进行一次完整的合同网协商过程。但是，盲目的招标过程不仅会浪费 Agent 的计算资源，而且会占据网络带宽，阻塞其他 Agent 的通信。

（2）投标阶段的劣质竞标。

多智能体产线并不是一个串行的生产环境，而是多个生产任务并行开展，多个 TA 会同时向多个 MA 进行招标。生产任务的并行开展极大地提高了车间的生产效率，但由于 Agent 固有的贪婪属性，加上合同网协议没有限制 MA 的投标，所以投标阶段存在 MA 劣质竞标的问题。由于 Agent 贪婪属性的存在，TA 为了尽快完成加工任务，会从多个 MA 中选择标书值最大的 MA，而 MA 为了最大化自己的加工能力，也会响应多个 TA 的招标，这就会导致同一个 MA 在同一时间与多个 TA 签订合同。MA 的缓冲区是有限的，因此分配至该 MA 的加工任务并不能如期完工。

（3）标书评估阶段的局限性。

传统的标书评估往往采用一些静态规则对 MA 发过来的投标书进行评估，且评价指标比较单一，无法用来对调度系统进行多目标优化。TA 做出的选择其实是当前情况下的局部最优解，并不能借鉴以往的调度历史，也不能考虑到该行为对后续车间环境的影响，全局性能并不高。

改进后的合同网协作机制主要包括以下内容。

1. 招标对象的筛选

TA 进行招标时，首先会查看自身的熟人库，如果有熟人满足任务要求，则会优先给熟人发送协作请求；如果没有，则向所有具备处理能力的设备发送招标书。

2. 招标策略

MA 收到 TA 的招标书后，会根据招标书内容和自身能力决定是否对该标书进行回应。简洁明了的标书内容有利于合同网协作机制的高效运行，TA 的招标书格式为 Contract = {ContractID, InitiatorID, Service, Priority, TaskRestriction, ExpireTime}。其中各个参数的说明如下。

ContractID：表示合同网标书的编号，用来标识这次协作过程。

InitiatorID：表示任务的发起者编号。

Service：表示需要 MA 提供的服务类型。

Priority：表示任务的优先级。

ExpireTime：表示 MA 回应标书的最后时间。

TaskRestriction：表示 TA 在招标时对 MA 的一些约束，可以表示为 TaskRestriction = {Time, Reliance, Quality, Perception}。Time 表示该任务需要的加工时间；Reliance 表示 TA 对 MA 的可信度评价；Quality 表示该任务的质量要求；Perception 表示 TA 对 MA 的感知系数要求，可以表示为 Perception = {Idle, ReBuffer}，Idle 表示 MA 的繁忙程度，ReBuffer 表示 MA 剩余的缓冲区数量。

3. 投标策略

MA 收到 TA 的招标书之后，会对招标书中的 Service、TaskRestriction 项进行解析，然后根据自身的加工能力、缓冲区等信息决定是否对该标书进行回应。MA 的投标策略可用下式表示：

$$\text{Bid}(i,t) = \lambda_1 \cdot \text{Per}(i,t) + \lambda_2 \cdot \text{Cap}(i,t) + \lambda_3 \cdot \text{Rel}(i,t) + \lambda_4 \cdot \text{Act}(i,t) + \lambda_5 \cdot \text{Fri}(i,t) \qquad (10.3)$$

其中各个参数的说明如下。

$\text{Bid}(i,t)$：表示 MA_i 对 t 类任务的投标值。

$\text{Per}(i,t)$：表示 MA_i 对 t 类任务的感知系数，可以用 MA_i 的繁忙程度和资源拥有量描述，如下式所示，C_1、C_2 分别为 MA_i 对任务 t 的繁忙系数和资源系数，$\text{Idle}(i,t)$ 表示 MA_i 此时的工作状态，$\text{ReB}(i,t)$ 表示 MA_i 此时剩余的缓冲区数量。

$$\text{Per}(i,t) = C_1 \cdot \text{Idle}(i,t) + C_2 \cdot \text{ReB}(i,t) \qquad (10.4)$$

$\text{Cap}(i,t)$：表示 MA_i 对 t 类任务的加工能力。

$\text{Rel}(i,t)$：表示 MA_i 完成 t 类任务的可信度，可信度越高，MA_i 中标的可能性越大。

Act(i,t)：表示 MA$_i$ 对 t 类任务发起招标的活跃度，活跃度越高，响应 TA 招标的可能性就越高。它可以用下式表示，N_i^t 表示 MA$_i$ 对 t 类任务的总投标次数。

$$\text{Act}(i,t) = N_i^t / (N_1^t + N_2^t + \cdots + N_n^t) \tag{10.5}$$

Fri(i,t)：表示 MA$_i$ 对 t 类任务的友好度，可以用下式表示，$\widehat{N}_i^t$ 表示 MA$_i$ 成功完成 t 类任务的次数。

$$\text{Fri}(i,t) = \widehat{N}_i^t / (\widehat{N}_1^t + \widehat{N}_2^t + \cdots + \widehat{N}_n^t) \tag{10.6}$$

λ_1、λ_2、λ_3、λ_4、λ_5 为各个指标的权重系数，且 $\lambda_1+\lambda_2+\lambda_3+\lambda_4+\lambda_5=1$。

MA$_i$ 的繁忙程度可以分为繁忙、普通、空闲三个级别，其取值分别为 1、2 和 3，MA$_i$ 越空闲，缓冲区数量越多，其对 t 类任务的感知系数越大，越容易中标。当按照式（10.3）算出的投标值大于给定的阈值时，MA$_i$ 会对招标书进行回应，投标书的格式为 Contract = {ContractID,MachineID,ReBuffer,Speed,WaitTime}。其中，MachineID 为设备编号，Speed 为机床的加工速度，WaitTime 为该机床剩余的总加工时间。

4. 评标策略

本节设计的评标策略为后面将要介绍的基于 CNP-DQN 的多目标动态调度算法，综合考虑了最小化完工时间、降低设备总负载和平衡各设备负载这三个调度目标。训练好的模型在收到 MA 的投标书之后，经过状态-价值网络的计算，输出机床选择的动作空间。该评标策略由于基于 DQN 算法，且使用了复合奖励模型，因此避免了 CNP 在评标阶段的短视性和局限性。

5. 合同签订

在确定由 MA$_i$ 执行任务之后，如果 MA$_i$ 能够顺利地完成此子任务，则按照式（10.7）更新 MA$_i$ 可信度指标，否则按照式（10.8）更新可信度指标。

$$\text{Rel}(i,t) = \text{Rel}(i,t) + \zeta_{\text{award}} \tag{10.7}$$
$$\text{Rel}(i,t) = \text{Rel}(i,t) - \zeta_{\text{penalty}} \tag{10.8}$$

式中，ζ_{award} 的值远小于 ζ_{penalty}，对于没有按时完成任务的 MA$_i$，其可信度会被大幅降低，作为对它的惩罚。在招标的时候，TA 会优先考虑可信度高的 MA，这就在一定程度上避免了 Agent 的劣质竞标问题。

改进后的合同网协商流程如图 10.10 所示。其中，用带网格线填充的部分表示招标阶段的改进，TA 经过熟人库筛选后，对招标对象根据 MA 的可用度从高到低进行排序，优先给排名靠前的 MA 发送招标书；用深灰色填充的部分表示 MA 投标阶段的改进，MA 首先会判断是否有相应的加工能力，即工艺是否匹配，其次会判断剩余缓冲区数量是否大于 0，这两个条件都符合后根据式（10.3）计算投标值，如果 $Bid(i,t)$ 大于给定的阈值，则投标；用浅灰色填充的部分表示标书评估阶段的改进，该部分采用了后面将要介绍的基于 CNP-DQN 的多目标动态调度算法。

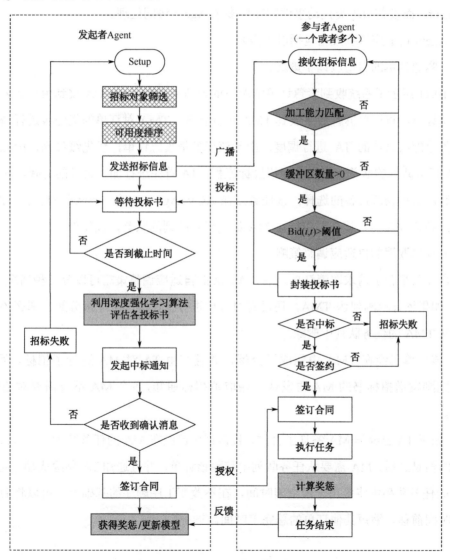

图 10.10　改进后的合同网协商流程

10.3.3 基于多智能体的异常事件调整策略

多智能体产线是一个复杂多变的生产环境，存在诸如紧急订单、订单取消、设备故障等意外扰动事件，及时响应并处理这些扰动事件可以提高制造系统运行的稳定性。对于紧急订单和订单取消类扰动事件，单个 Agent 自适应调整就可以处理，不需要将任务转移给其他 Agent，而设备故障类扰动事件则需要多个 Agent 协同处理。

单 Agent 自适应调整策略包括以下内容。

（1）紧急订单的自适应调整策略。

图 10.11 展示了系统收到紧急订单情况下的自适应调整策略。CA 收到用户在云平台上下的紧急订单，将订单拆解后下放到 TMA 进行管理；TMA 对订单的优先级进行调整，然后将任务分配给具体的 TA 进行调度；由于该任务是紧急订单，优先级最高，因此该任务排在 TA 任务队列的队首，优先进行招投标流程；TA 首先进行加工设备的选择，同 MA 签订合同后，进行物流设备的选择；该任务排在 AGV Agent 运输任务队列的队首，AGV 优先运输；到达 MA 后，该任务也排在 MA 加工任务队列的队首，优先加工。

（2）订单取消的自适应调整策略。

用户在云平台上请求取消订单之后，Agent 的自适应调整策略可以分三种情况讨论。

① 如果该订单刚到达 TMA，还没有对订单进行工件级、工序级分解，那么该订单可以直接从 TMA 的任务队列中删除。

② 该订单已经在 TMA 中完成了分解，并且交由 TA 对 MA 进行了招标，那么 TA 需要向刚刚发送招标书的 MA 再发送一遍取消招标通知，各个 MA 不再需要对招标书进行应标。

③ 如果 TA 已经与 MA 签订了合同，且该订单已经在 MA 的任务队列中，那么收到订单取消的消息之后，MA 需要从任务队列中移除该订单，并且通知 TA 移除成功。此时，相应 MA 的任务队列中将多出一段空闲时间，在不改变工序顺序的基础上，可以将后续任务的加工时间前移，缩短其他订单的总完工时间。

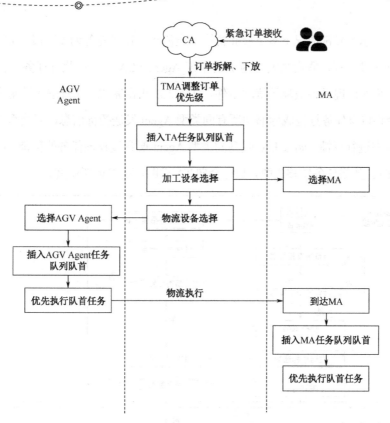

图 10.11　紧急订单的自适应调整策略

多 Agent 协同调整策略包括以下内容。

当扰动事件比较简单时，基于多 Agent 系统的柔性车间动态调度算法可以通过调整单个 Agent 的行为来处理扰动事件，但当发生的扰动事件复杂度较高时，如车间常见的加工设备故障，单个 Agent 并不能解决，必须和其他 Agent 协作解决。在设备发生故障的时候，目前常用的解决方式有两种。

（1）不重新招标的方式。当前 Agent 因为机器故障或网络通信等问题不能继续完成任务时，可以将该任务转交给与当前 Agent 拥有相同加工能力的 Agent 去完成，此种方式不需要 TA 重新招标。

（2）重新招投标的方式。当前 Agent 与 TA 解除合同，TA 重新将该任务加入任务队列，在重新发起招投标的时候，将原 Agent 排除在外，避免故障设备重新参与招投标。重新招投标的方式虽然简单易行，但会消耗系统的资源。

图 10.12 展示了异常情况下多 Agent 协同调度流程。在多任务调度阶段，TA 和 MA 进行正常的合同网协商流程，假设由编号为 1 的车床 Agent（LA$_1$）最终执行任务。在 LA$_1$ 执行任务的过程中，突然出现设备故障等扰动事件，任务无法正常完成，此时进入异常事件协同调整阶段。LA$_1$ 会将自身任务打包成标书向所有同类型 Agent 发送招标信息，同类型 Agent 评估自身状态并对标书进行反馈。如果 LA$_1$ 收到同类型 Agent 愿意接收该任务的反馈，则将该任务转交，并通知 TA。如果任务转移失败，LA$_1$ 会向 TA 求助，请求重新调度。

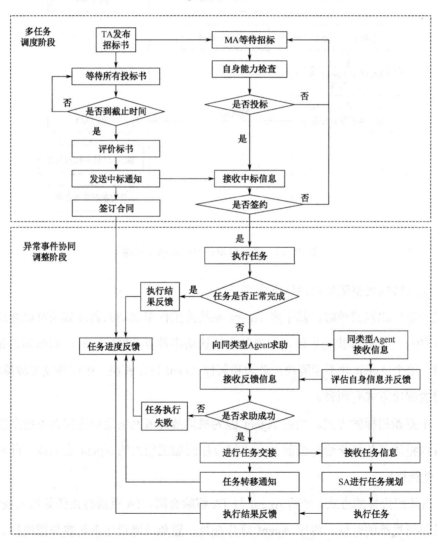

图 10.12 异常情况下多 Agent 协同调整流程

在实际的生产车间中，负责运输工件的 AGV 和负责加工工件的机床是最容易发生故障的两类设备，这两类设备能否正常工作决定了整个调度系统能否正常运行。因此，本节将多 Agent 协同调整策略应用于 AGV 故障和机床故障这两种情况。

（1）AGV 故障。

AGV 在车间中扮演着运输者的角色，当 AGV 因为电量耗尽或者相互碰撞而不能正常运转时，其所负责搬运的工件也将处于停滞状态，如果不及时处理，该订单的完工时间将超出交货期。此时应用上面设计的多 Agent 协同调整策略，发生故障的 AGV Agent 从任务的执行者转变为任务的发起者。其将还没有执行完毕的运输任务按照前面设计的标书格式 Contract = {ContractID, InitiatorID, Service, Priority, TaskRestriction, ExpireTime} 封装，并发送给同类型 AGV Agent。同类型 AGV Agent 收到故障 AGV Agent 的标书后，根据剩余电量、当前任务位置、目标任务位置等信息，决定是否对该招标信息进行回应。

对其他 AGV Agent 来说，新加入的任务会造成原有运输路径的改变，如果对运输路径重新进行规划，那么会浪费大量计算资源且耗时。因此，为了使新加入的运输任务对原有任务的影响最小，即总任务增量最小，AGV Agent 在投标时，会以当前任务队列中的搬运任务与新增搬运任务的距离作为标书值，并选择其中距离最近的。其数学表达式如下：

$$Q_{AGV_i} = \min d_{cur\_target} \tag{10.9}$$

式中，Q_{AGV_i} 为 AGV Agent 投标书的标书值，d_{cur_target} 表示当前任务与目标任务的距离。

（2）机床故障（以车床为例）。

在实际的生产车间中，车床旁边会配有加工缓冲区，用来存放待加工的工件和加工完等待后续加工步骤的工件，车床发生故障后的调整策略会根据缓冲区是否有待加工工件而有所不同。

● 发生故障的车床加工缓冲区没有工件，正在加工中的工件直接报废，车床 Agent 同任务 Agent 解约，不影响其他 Agent 的调度流程。

● 发生故障的车床加工缓冲区有待加工工件，故障车床 Agent 向其他车床 Agent 发起招标，其他车床 Agent 根据自身的加工能力和剩余缓冲区数量对招标过程进行回应。

10.4 多智能体产线调度策略自适应优化

上一节提出的改进后的合同网协作机制和基于多 Agent 的异常事件调整策略已经可以对简单的车间调度问题进行求解，但是该方法无法充分利用 Agent 之间的协商历史与调度系统中的各类数据，不具备自我学习能力。本节在前面建立的基于多 Agent 系统的动态调度模型和设计的改进合同网协作机制的基础上，提出面向多目标优化的 CNP-DQN 动态调度算法，以 TA 招标书中的工件信息与 MA 投标书中的设备信息作为算法输入，输出为加工设备选择，并通过 CNP 通知被选中的 MA 接收新任务。在运行过程中，基于调度经验对调度模型的网络参数进行优化与更新。

10.4.1 深度强化学习驱动的动态调度机制分析

强化学习指的是在一个陌生的环境中，Agent 通过与环境交互获取奖励或惩罚，并根据奖惩调整自身行为，使获得的奖励值最大的过程。该过程可通过马尔可夫决策过程（Markov Decision Process，MDP）来形式化描述，数学表达形式为元组 $\{S, A, P_{ss'}^a, R_s^a, \gamma\}$，其中：

S 表示系统中有限状态的集合，s_t 表示 Agent 在时刻 t 观察到的系统状态，且 $s_t \in S$。

A 表示系统中有限动作的集合，a_t 表示 Agent 在时刻 t 采取的动作，且 $a_t \in A$。

$P_{ss'}^a$ 表示系统的状态转移矩阵，该矩阵中的每个元素表示的是在时刻 t，Agent 从初始状态 s 执行动作 a 转变到状态 s' 的概率，用公式 $P_{ss'}^a = p(s_{t+1} = s' \mid s_t = s, a_t = a)$ 表示。每一行的所有概率之和为 1。

R_s^a 表示系统中即时奖励值的集合，在时刻 t，Agent 从初始状态 s 执行动作 a 之后能够立即获得奖励值，用公式 $R_s^a = E(R_{t+1} \mid s_t = s, a_t = a)$ 表示。

γ 表示折扣因子，它是实值且处于 $[0,1]$ 区间，表示 Agent 对过去、现在和将来奖励值的考虑。当 $\gamma = 0$ 时，说明 Agent 只考虑当前的奖励值；当 $\gamma = 1$ 时，说明 Agent 考虑当前和以后的所有奖励值。

1．基于 MDP 模型的 Agent 与制造车间的交互过程

图 10.13 展示了基于 MDP 模型的 Agent 与制造车间的交互过程。Agent 与制造车间进行交互时，根据底层传感器采集到的车间数据和机器工作状态的转变获得的奖励值学习和决定下一步该怎么办。在 Agent 执行完动作之后，底层传感器将感知制造车间的变化，并将改变的数据反馈给 Agent 来估计新的状态，该状态会对 Agent 产生一个新的奖励值。

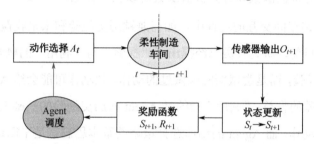

图 10.13　基于 MDP 模型的 Agent 与制造车间的交互过程

2．MDP 模型中的关键参数

除了上面提及的一些基本参数，MDP 模型中还有一些关键参数需要说明，具体如下。

$\pi(a|s)$：策略函数，表示 Agent 在时刻 t 执行动作 a 的概率，数学表达式为 $\pi(a|s)=p(A_t=a|S_t=s)$。

G_t：未来回报，表示 Agent 从时刻 t 到整个调度流程结束所能获得的奖励值总和，由于越往后的奖励值对现在的影响越小，所以需要乘以折扣因子 γ 使 Agent 更注重当下的奖励值。G_t 的数学表达式为 $G_t=\sum_{k=0}^{\infty}\gamma^k\cdot R_{t+k+1}$。

$v_\pi(s)$：状态价值函数，表示在时刻 t，Agent 在当前状态 s 下所能得到的 G_t，数学表达式为 $v_\pi(s)=E_\pi[G_t|S_t=s]$。

$q_\pi(s,a)$：动作价值函数，表示在时刻 t，Agent 在当前状态 s 下执行动作 a 的价值，数学表达式为 $q_\pi(s,a)=E_\pi[G_t|S_t=s,A_t=a]$。

$v_\pi(s)$ 和 $q_\pi(s,a)$ 并不是孤立的，而是存在一定的联系，下面两个公式展示了 $v_\pi(s)$ 和 $q_\pi(s,a)$ 之间的联系。

$$v_\pi(s)=\sum_{a\in A}\pi(a|s)q_\pi(s,a) \tag{10.10}$$

$$q_\pi(s,a) = R_s^a + \gamma \sum_{s' \in S} P_{ss'}^s v_\pi(s') \tag{10.11}$$

式（10.10）说明，所有的动作价值与该动作出现的概率相乘之后求和就是 Agent 在状态 s 下对应的状态价值；式（10.11）说明，Agent 的动作价值分为两部分，一部分是可以立即获得的奖励值，另一部分是将所有 s' 出现的概率和 s' 的状态价值相乘之后求和，并乘以折扣因子 γ。状态价值函数和行为价值函数可以相互转化。

在 Agent 与制造车间交互的过程中，如何兼顾历史经验和未来收益选择合适的动作是有待研究的问题。目前，研究人员已经提出了"探索"与"利用"的概念，"探索"指的是 Agent 不借鉴历史经验，而是尝试新的未做过的动作，该动作可能会给 Agent 带来更好的收益，也可能带来更差的收益；"利用"指的是 Agent 在历史经验的基础上，做出它认为可能会获得最大收益的动作。而 Agent 的动作选择策略的基本思想就是平衡这两者之间的关系，使 Agent 整体获得最佳收益。本节采用的动作选择策略是 ε 贪婪策略。机器学习的多个领域已经应用了 ε 贪婪策略，但其最常见的应用场景还是多臂赌博机问题（Multi-armed Bandit Problem，MBP）。从"贪婪"两个字可以看出，使用该策略后，Agent 倾向于选择当前收益最大的 a，不过单纯的"贪婪"可能会使 Agent 陷入局部最优的困境，Agent 只会做出认知范围内最优的选择，而失去了探索其他更优结果的可能性。因此，本节引入一个新的变量 ε 来使 Agent 选择动作时兼顾以上两方面。ε 的取值范围为[0,1]，一般设置为 0.1，代表 Agent 以 10%的概率选择探索一个全新的动作，该动作可能会带来更好的收益或更差的收益，Agent 以 90%的概率选择当前认知范围内最佳的动作。该策略的数学表达式如下：

$$\pi(a|s) = \begin{cases} a = \arg\max_a q(s|a), & p = 1-\varepsilon \\ \text{随机选择一个动作}, & p = \varepsilon \end{cases} \tag{10.12}$$

使用 ε 贪婪策略作为 Agent 动作选择策略时，也存在一定的优点和缺点。

（1）优点。

① 响应及时。在 a 的奖励值发生改变的时候，Agent 可以根据策略及时调整自己的 a，避免局部最优情况的出现。

② 能够有效地平衡"探索"和"利用"之间的关系。设置的 ε 越大，Agent 的动作选择就越随机，不确定性也越大；设置的 ε 越小，Agent 的动作选择就越倾向于曾经获得高收益的动作，稳定性也越高。

（2）缺点。

① 难以设置一个合理的 ε。ε 过大，模型难以收敛。ε 过小，模型最终可能只会获得一个次优的结果。

② 对自身知识的利用度不高。开始的时候，Agent 知识储备不足，以固定概率去探索新的动作可以给 Agent 带来更多的收益，但是随着 Agent 的不断学习与进步，知识库不断丰富，再以同样的概率去探索新的动作就没有利用到 Agent 学习到的知识。

上述缺点是由于 ε 的值不能随着 Agent 学习程度的改变而改变造成的，因此可以将 ε 的值设置为可变的，以弥补传统 ε 贪婪策略的不足。

（1）在 Agent 刚开始学习时，由于 Agent 自身知识库中还没有知识，因此可以采取"探索"的策略进行动作选择，并评估每个动作的奖励值，更新 Agent 自身知识库，便于后续利用。

（2）在 Agent 学习一段时间之后，可以采取 ε 衰减策略，即在刚开始的时候，ε 的值较大，Agent 更倾向于探索新行为，但是当 Agent 知识库丰富之后，Agent 更偏向于利用已有的知识来获得最大奖励值，探索新行为的概率减小。

强化学习方法可以分为有模型和无模型两种，两者的区别在于前者的 Agent 已经了解了环境的所有信息，即"有模型"，并不需要进行"探索和利用"的动作选择，而后者的 Agent 并不了解环境的全貌，因此需要对模型的环境进行探索，根据环境反馈的奖励值决定 Agent 接下来的动作，即"无模型"。无模型方法的代表是 Watkins 等人提出的 Q 学习（Q-Learning，QL）。QL 的特点在于，只要该过程满足 MDP，就可以训练后推导出其最优策略。QL 维护着一个 Q 表（Q-table），其每个单元格对应一个 $s\text{-}a$ 对的价值，在进行动作选择的时候，如果 Agent "贪婪"一点，那么 Agent 就会选择该 s 下奖励值最大的 a；如果是在调度开始阶段，Agent 则会从该 s 下所有的 a 中随机选择一个。Q 表可以根据下式更新。

$$Q'(s,a) = Q(s,a) + \alpha[R_{t+1} + \gamma \max_{a'} Q(s',a') - Q(s,a)] \tag{10.13}$$

式中，α 表示 Agent 的学习率，α 越大，Agent 越可能采用新的 Q 值。$Q(S_t, A_t)$ 在 Agent 训练期间按照顺序更新。Agent 的调度知识可以用 (s,a,r,s') 表示，所有的调度知识都被存储起来，用于训练 Agent。这种调度知识不仅可以来自 Agent 自身的学习，也可以来自其他 Agent。

当输入的状态空间 S 和输出的动作空间 A 的维数不高时，可以用 Q 表存储每个 s-a 对的价值，但是当输入、输出空间是高维且连续的时候，继续使用 Q 表会遇到维度灾难问题。针对 QL 存在的问题，2015 年，Mnih 等人提出了将 QL 和深度学习（Deep Learning，DL）相结合的 DQN 算法，该算法的流程如下：

```
算法：DQN
初始化经验回放区
使用随机权重θ初始化动作价值函数Q
使用随机权重θ初始化动作价值函数Q'
For episode=1, M do
观察初始状态s
    For =1, T do
        选取动作a
        以概率ε选择一个随机动作
        否则选择at = argmaxaQ(st,a;θ)
        执行动作at
        观察奖励值rt和新状态st+1
        在经验回放区中保存经验记录(st,a,rt,st+1)
        在经验回放区中随机取样变化记录
```

$$y_i = \begin{cases} r_j, & s_{j+1}\text{为终止状态} \\ r_j + \gamma \max_{a_{j+1}} Q(s_{j+1}, a_{j+1}; \theta'), & \text{否则} \end{cases}$$

```
        使用(yi-Q(sj,aj;θ))²作为损失函数训练神经网络参数
        每隔C步更新θ'
        s←s'
```

为了解决传统 Q 学习中存在的维度爆炸和 Q 值不稳定的问题，DQN 算法做出了如下改进。

（1）经验回放。在每个时刻 t，将 Agent 与环境交互得到的 (s_t, a_t, r_t, s_{t+1}) 信息存储到经验池中，经验池中经验的形式为 $[(s_t, a_t, r_t, s_{t+1}), \cdots]$。DQN 算法更新时，从 $[(s_t, a_t, r_t, s_{t+1}), \cdots]$ 中随机抽样出一部分 (s_t, a_t, r_t, s_{t+1})，然后利用随机梯度下降（Stochastic Gradient Descent，SGD）更新算法相关参数。Agent 与环境交互得到的调度知识不一定是相互独立的，但是利用将调度知识存放在经验池中，然后随机抽取其中一部分样本的方式，有效地避免了样本相关性问题。

（2）双网络结构。与 Q 表不同，DQN 通过建立深度神经网络（Deep Neural Network，DNN）来拟合 Q 值。DQN 算法结构如图 10.14 所示。其中包含两个网络，一个为当前值网络（eval_net），另一个为目标值网络（target_net）。当前值网络的 θ 随着每次训练即时更新，

而对于目标值网络的 θ' ，则在 Agent 训练 C 次之后使 $\theta'=\theta$ 。两个网络输出的 Q 值存在误差，误差函数可以用下式表示：

$$L(\theta) = E[(r + \gamma \max_{a'} Q(s',a',\theta') - Q(s,a,\theta))^2] \tag{10.14}$$

将式（10.14）对 θ 求偏导后可以得到以下梯度函数：

$$\frac{\partial L(\theta)}{\partial \theta} = E[r + \gamma \max_{a'} Q(s',a',\theta') - Q(s,a,\theta) \frac{\partial Q(s,a,\theta)}{\partial \theta}] \tag{10.15}$$

由于目标值网络的 $r + \gamma \max_{a'} Q(s',a',\theta')$ 部分暂时固定，因此改变 θ 所要接近的目标也是固定的，避免了单网络结构存在的过拟合问题。

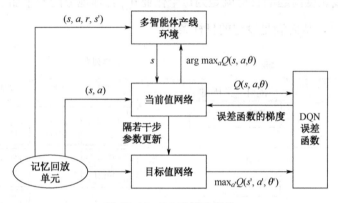

图 10.14　DQN 算法结构

10.4.2　多智能体产线多目标动态调度问题模型

目前研究人员在制订车间的生产计划时，侧重于从生产效率（如完工时间、交货时间）、生产成本（如能源消耗）等多个角度进行考虑，传统的单目标调度如最小化完工时间已经不能满足实际生产需求。本节首先介绍多智能体产线的流程规划，然后对产线调度问题涉及的多目标因素进行分类和解释，接着提出采用权重和的方法解决多目标调度优化问题，然后确定三个调度目标并对其冲突性进行验证，最后建立基于多目标的多智能体产线动态调度模型。

在多智能体产线内，工作订单可以用 o_i 表示，其中 $i=1,\cdots,I$ ， I 表示工作订单的总数。工作订单 o_i 的第 j 个作业可以用 $b_{i,j}$ 表示，其中 $j=1,\cdots,J_i$ ， J_i 表示工作订单 o_i 的作业总数。当工作订单总数为 I 时，制造系统内加工作业的总数为 $J = J_1 + \cdots + J_I$ 。在多智能体产线内

有 M 个机床，J 个作业等待被加工，每个作业 $b_{i,j}$ 可以由具备加工能力的机床集 $M_{i,j}$ 中的任意一台机床加工。

多智能体产线工作流程规划如图 10.15 所示。系统的调度时间节点是每个 $b_{i,j}$ 的开始时刻 $T_{i,j}^{(S)}$ 和结束时刻 $T_{i,j}^{(C)}$。在订单 o_i 的第 j 个作业 $b_{i,j}$ 完成后，其下一个作业 $b_{i,j+1}$ 将会被初始化并加入作业列表。如果 $b_{i,j+1}$ 不存在，那么该作业将被标记为已完成。如果车间内已经没有可用的机器 $M_{i,j}$，那么作业 $b_{i,j+1}$ 会等待下一个调度的时间节点。当有多个作业同时被初始化时，系统将会考虑每个作业的综合奖励值，排序后选择具有最大奖励值的作业优先加工。多智能体产线调度问题的目标就是为每个作业 $b_{i,j}$ 合理地分配一个加工设备，并且合理地安排 $T_{i,j}^{(S)}$ 和 $T_{i,j}^{(C)}$，从而满足设定的目标条件。

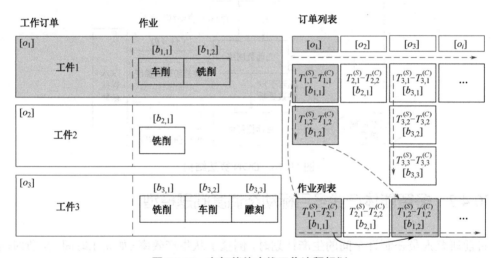

图 10.15 多智能体产线工作流程规划

目前，关于多智能体产线调度问题目标函数的研究主要分为四种：第一，以最小化订单的完工时间为目标；第二，以提高车间生产利润为目标；第三，以平衡车间内各个设备的加工负载为目标；第四，以多种目标函数的综合指标为目标。

在实际的制造车间中，不同部门制定的生产目标也不一样。例如，生产部门的目标在于缩短订单的完工时间，提前下班；销售部门的目标在于按时向客户提供一定质量的产品；维修部门的目标在于平衡各个机器工作时的负载，避免机器由于过载运行而发生故障，降低机器的维修率。不同部门对车间调度的要求不同，在制订调度计划的时候，不应该忽略任何一方的利益，而要综合考虑多目标因素。这样不仅可以提高客户满意度，节省能源，获得更大的利润，降低成本，还可以平衡机器的工作量，以降低机器故障率。

制造企业制订生产计划的时候，侧重于从以下方面挑选调度目标。

（1）订单生产量：如订单完工时间、订单平均加工时间（Mean Processing Time）、订单最大加工时间（Maximum Processing Time）、订单加工时间方差（Processing Time Variance）等。

（2）订单交货日期：如订单平均延期时间（Mean Tardiness Time）、订单最大延期时间（Maximum Tardiness Time）、订单延期时间方差（Tardiness Time Variance）等。

（3）机床利用率：如机床总负载（Total Machine Workload）、关键机床负载（Critical Machine Workload）等。

（4）其他：如客户满意度、生产利润等。

这些调度目标的分类和对应的函数表达式见表 10.1。其中，C_i 代表订单 o_i 完成所有作业加工的时间，F_i 代表订单 o_i 的加工时间，T_i 代表订单延期时间，L_m 代表机床 m 的加工时间，P_i 代表订单 o_i 的利润，E_i 代表订单 o_i 的成本，$K_i^{(P)}$ 代表订单 o_i 的价格因子，$\hat{P}_i = K_i^{(P)} L_i$ 代表订单价格。

表 10.1　调度目标的分类和函数表达式

目标类别	目标说明	目标函数
订单生产量	订单完工时间	$C_{\max} = \max\{C_i\}$
	订单平均加工时间	$\bar{F} = \frac{1}{I}\sum_{i=1}^{I} F_i$
	订单最大加工时间	$F_{\max} = \max\{F_i \mid 1 \leqslant i \leqslant I\}$
	订单加工时间方差	$\sigma_F^2 = \frac{1}{I}\sum_{i=1}^{I}(F_i - \bar{F})^2$
订单交货日期	订单平均延期时间	$\bar{T} = \frac{1}{I}\sum_{i=1}^{I} T_i$
	订单最大延期时间	$T_{\max} = \max\{T_i \mid 1 \leqslant i \leqslant I\}$
	订单延期时间方差	$\sigma_T^2 = \frac{1}{I}\sum_{i=1}^{I}(T_i - \bar{T})^2$
机床利用率	机床总负载	$L = \sum_{m=1}^{M} L_m$
	关键机床负载	$L_{\max} = \max\{L_m \mid 1 \leqslant m \leqslant M\}$
其他	生产利润	$P_i = \hat{P}_i - E_i = K_i^{(P)} L_i - E_i$

虽然考虑多目标的车间调度过程能够满足生产者制定的多个性能指标，但是盲目考虑

所有目标也会给车间调度过程带来两方面的问题：第一，随着待考虑目标数量的增加，整个调度算法的复杂性也会增加，算法求解困难；第二，实际情况并不会要求面面俱到，而是只关心最核心的几个目标。

对多目标调度问题进行优化的关键在于，找到一组满足调度模型的约束条件且能够获得整体最优调度结果的变量。所要优化的整体目标由多个子目标组成，子目标之间是相互冲突的，相互冲突意味着不可能找到一组变量使这些子目标同时获得最优解。

本节使用下式描述多目标优化问题：

$$\text{minimize}\{f_1(x), f_2(x), \cdots, f_k(x)\} \quad \text{s.t.} \ x \in S \qquad (10.16)$$

$(f_1(x), f_2(x), \cdots, f_k(x))$ 代表待优化的 k 个目标函数，变量 $x = \{x_1, x_2, \cdots, x_n\}^T$ 代表 n 维变量空间 R^n 中的一个点，$f(x)$ 所在的空间是 R^m。从输入的变量 x 到输出的目标函数 $f(x)$，经历了一个 n 维到 m 维的映射。

在研究多智能体产线多目标动态调度问题的时候，还需要考虑以下四个概念。

（1）偏好信息（Preference Information）：表示调度者对每个调度目标的喜爱程度。

（2）多目标效用函数（Multi-objective Utility Function）：它是每个目标自身效用函数的融合，可以综合体现调度者对目标的偏好信息。

（3）帕累托优化（Pareto Optimization）：对于变量空间 R^n 中的一个点 x^*，如果找不到其他任何一个点 x，使目标函数 $f_i(x) \leqslant f_i(x^*), i = 1, 2, \cdots, k$，且至少存在一个点使 $f_j(x) \leqslant f_j(x^*)$，那么 x^* 就是变量空间 R^n 中存在的 Pareto 最优解。

（4）弱帕累托优化（Weak Pareto Optimization）：对于变量空间 R^n 中的一个点 x^*，如果找不到其他任何一个点 x，使目标函数 $f_i(x) \leqslant f_i(x^*), i = 1, 2, \cdots, k$，那么 x^* 就是变量空间 R^n 中存在的弱 Pareto 最优解。

目前对多目标调度问题进行优化的方法根据获得偏好信息的时机不同，可以分为先验型、后验型、逐步获得型三种。Marler 等人的研究表明，这三种方法并没有绝对的优劣，而是适用于不同的问题。其中，先验型方法可以在对多目标调度问题进行求解之前，就获得调度者对其中每个子目标函数的偏好信息。本节采取的优化方法是先验型方法中的权重和方法，其数学表达式如下：

$$F = \sum_{i=1}^{k} w_i [f_i(x)] \text{ or } F = \sum_{i=1}^{k} [w_i f_i(x)], \ \forall i \ \ f_i(x) > 0 \qquad (10.17)$$

式中，w_i 代表权重系数，对 w_i 进行归一化处理之后，$\sum_{i=1}^{k} w_i = 1$。基于式（10.16）的多目标优化问题就可以用下式表示：

$$\text{minimize } F = \sum_{i=1}^{k} w_i f_i(x), \text{ s.t. } x \in S, \ \sum_{i=1}^{k} w_i = 1, \ w_i \geqslant 0 \qquad (10.18)$$

通过式（10.17）求出的解只是弱 Pareto 最优解，但当其解集 $x^{\#}$ 满足以下两个条件之一时，$x^{\#}$ 也是 Pareto 最优解。

（1）$w_i > 0, i = 1, 2, \cdots, k$。

（2）$x^{\#}$ 是式（10.17）的唯一解。

根据子目标的不同和调度者对不同子目标喜爱程度的不同，可以提前确定不同大小的权重系数 w_i。对权重系数 w_i 的分析可以从两方面考虑：① 客观方面，w_i 的不同反映了子目标在总目标中相对重要性的不同，w_i 越大，对应的子目标在总目标中的占比就越大；② 主观方面，w_i 反映了调度者对该子目标的喜爱程度。w_i 的确定方法也可以分为两种：① 非交互式，即在调度算法启动前，调度者评估各个子目标的相对重要性，提前给出 w_i；② 交互式，即调度者不会提前给出 w_i，而是在系统的运行过程中，根据环境的反馈，确定最优调度方案，然后根据这个最优调度方案确定 w_i。

本节采取的方法是在调度前就确定好 w_i，在对其进行归一化处理后，将复杂的多目标优化问题转化成简单的单目标优化问题。下面介绍多目标选择及多目标冲突性验证。

（1）多目标选择。

针对多智能体产线多目标调度问题，本节主要考虑以下因素。

① F_1：完工时间，$C_{\max} = \max\{C_i\}$ 表示机床加工完所有订单所花费的时间。

② F_2：关键机床负载，$L_{\max} = \max\{L_m \mid 1 \leqslant m \leqslant M\}$ 表示所有机床中加工时间最长的机床负载。

③ F_3：机床总负载，$L = \sum_{m=1}^{M} L_m$ 表示所有机床负载之和。

选择以上因素的原因在于：

① Ying 等人的研究表明，在实际制造车间中，最小化完工时间是最常见的调度目标，

缩短完工时间可以确保企业在规定的日期之前完成订单交付，满足客户的使用需求。Chang等人也指出，完工时间在智能产线调度问题中获得了最广泛的应用。

② 多智能体产线动态调度问题的特点在于，车间内存在多台同类型机器，工件并不是串行加工，而是在多台机器上并行加工。机床 m 被分配的加工任务不同，负载 L_m 也就不同。当机床 m 一直处于高负荷运行状态时，其他机床就处于相对空闲的状态，机床利用率不高，且高负荷运行的机床 m 容易出现设备故障等问题。

（2）多目标冲突性验证。

上述对多目标调度优化问题的研究表明，所采用的多个调度目标之间应该是相互冲突的。为了证明本节所选择的三个调度目标之间存在冲突，引入理想点（Ideal Point）的定义和多目标冲突的两个定理。

理想点的定义：理想点是存在于目标函数空间 R^m 中的一个点，该点可以使设定的目标函数最优，$z^* = \min \text{ or } \max\{f_i(x) \mid x \in S\}$。$z^*$ 指的是理想点，S 指的是变量 x 的集合，$f_i(x)$ 指的是设定的第 i 个目标函数的取值，$i = 1, 2, \cdots, k$，k 是目标函数的数量。

定理 1：冲突的传递性，如果目标函数 f_1 和 f_2 冲突，f_2 和 f_3 冲突，那么 f_1 和 f_3 冲突。

定理 2：目标函数 f_1 和 f_2 存在各自的最优解 z_1 和 z_2，z_1 和 z_2 代表目标函数空间 R^m 中的两个点，如果这两个点和理想点 z^* 的欧氏距离大于 0，那么 f_1 和 f_2 冲突。

论题：利用理想点的定义和多目标冲突的定理来证明本节所选择的完工时间、机床总负载、关键机床负载这三个调度目标是相互冲突的。

本节采用反证法来证明这三个调度目标相互冲突。假设在本节研究的多智能体产线多目标动态调度问题中，存在变量空间 R^n 中的一个点 x，使得求出的目标函数空间 R^m 中的点 z 与理想点的欧氏距离大于 0。

本节设计了表 10.2 中的测试用例来验证假设情况不存在。在多智能体产线中存在 2 台加工设备 M_1、M_2，需要处理 2 个工作订单 o_1、o_2，每个工作订单包含 2 个作业，每个作业可以任选 2 台机床之一加工，表 10.2 中的数字表示每个作业在每台机床上的加工时间。

表 10.3 展示了该测试用例所有可能的调度结果。在作业-机床匹配那一列，$b_{1,1}M_1$ 代表机床 M_1 执行作业 $b_{1,1}$ 的加工任务。此外，对于同一批作业，在满足作业先后顺序的约束条件下，也可能存在不同的加工组合。例如，对于 $(b_{1,1}M_2, b_{1,2}M_1, b_{2,1}M_1, b_{2,2}M_1)$ 的作业-机床

匹配，可以形成 $b_{1,1}M_2|b_{1,2}M_1|b_{2,1}M_1|b_{2,2}M_1$、$b_{1,1}M_2|b_{2,1}M_1|b_{2,2}M_1|b_{1,2}M_1$、$b_{1,1}M_2|b_{2,1}M_1|b_{1,2}M_1|b_{2,2}M_1$ 这三种加工组合，对应的目标函数值分别为{14,14,12}、{12,14,12}、{12,14,12}，在表 10.3 中只列出了最优结果{12,14,12}。

表 10.2　用于多目标冲突性验证的测试用例

订单	作业	M_1	M_2
o_1	$b_{1,1}$	4	2
	$b_{1,2}$	3	5
o_2	$b_{2,1}$	5	3.5
	$b_{2,2}$	4	3.5

从表 10.3 中还可以看出，将作业按照 $(b_{1,1}M_2,b_{1,2}M_1,b_{2,1}M_2,b_{2,2}M_1)$ 与机器匹配所得到的完工时间最小，将作业按照 $(b_{1,1}M_2,b_{1,2}M_1,b_{2,1}M_2,b_{2,2}M_2)$ 与机器匹配所得到的机床总负载最小，将作业按照 $(b_{1,1}M_1,b_{1,2}M_1,b_{2,1}M_2,b_{2,2}M_2)$ 和 $(b_{1,1}M_2,b_{1,2}M_1,b_{2,1}M_2,b_{2,2}M_1)$ 与机器匹配所得到的关键机床负载最小。因此，本节设计的测试用例的理想点 $z^*=\{6.5,12,7\}$，表 10.3 中所有解和理想点的欧氏距离都大于 0。所以本节选择的完工时间、机床总负载、关键机床负载满足冲突性约束。

表 10.3　测试用例的所有调度结果

作业-机床匹配	完工时间	机床总负载	关键机床负载
$b_{1,1}M_1,b_{1,2}M_1,b_{2,1}M_1,b_{2,2}M_1$	16	16	16
$b_{1,1}M_1,b_{1,2}M_1,b_{2,1}M_1,b_{2,2}M_2$	12	15.5	12
$b_{1,1}M_1,b_{1,2}M_1,b_{2,1}M_2,b_{2,2}M_1$	11	14.5	11
$b_{1,1}M_1,b_{1,2}M_1,b_{2,1}M_2,b_{2,2}M_2$	7	14	**7**
$b_{1,1}M_1,b_{1,2}M_2,b_{2,1}M_1,b_{2,2}M_1$	13	18	13
$b_{1,1}M_1,b_{1,2}M_2,b_{2,1}M_1,b_{2,2}M_2$	12.5	17.5	9
$b_{1,1}M_2,b_{1,2}M_1,b_{2,1}M_1,b_{2,2}M_1$	12	14	12
$b_{1,1}M_2,b_{1,2}M_1,b_{2,1}M_1,b_{2,2}M_2$	10	13.5	8
$b_{1,1}M_2,b_{1,2}M_1,b_{2,1}M_2,b_{2,2}M_1$	**6.5**	12.5	7
$b_{1,1}M_2,b_{1,2}M_1,b_{2,1}M_2,b_{2,2}M_2$	9	**12**	9
$b_{1,1}M_2,b_{1,2}M_2,b_{2,1}M_1,b_{2,2}M_1$	9	16	9
$b_{1,1}M_2,b_{1,2}M_2,b_{2,1}M_1,b_{2,2}M_2$	10.5	15.5	10.5

多智能体产线多目标动态调度问题的数学模型主要包含以下内容。

1. 条件假设

为了简化多智能体产线调度问题的求解，在描述其对应的数学模型之前，做出下列假设。

（1）机器之间是没有直接联系的，一台机器的故障不会直接影响另一台机器。

（2）同一个工作订单 o_i 的作业 $b_{i,j}$ 是存在先后顺序约束的，只有当前作业完成了，才可以进行下一个作业 $b_{i,j+1}$。

（3）订单列表中包含一个或者多个作业，每个作业可以在一台机器上完成，并且所选的机器有完成该作业的能力。

（4）在同一时刻 t，机器 m 只能处理一个作业 $b_{i,j}$。

（5）作业 $b_{i,j}$ 在进行过程中，不会被其他作业中断。

（6）由于本节主要考虑的是加工设备如车床、铣床的调度，因此在模型中忽略运输过程中消耗的时间。

2. 参数说明

为了方便建立对应的数学模型，对用到的参数进行说明，见表 10.4。

表 10.4　参数说明表

参数	参数说明
I	工作订单的总数
o_i	第 i 个工作订单，$i=1,\cdots,I$
J_i	工作订单 o_i 的作业总数
$b_{i,j}$	工作订单 o_i 的第 j 个作业
M	车间内机器总数
m	机器编号（$m=1,\cdots,M$）
w_1	目标函数 F_1 的权重
w_2	目标函数 F_2 的权重
w_3	目标函数 F_3 的权重
C_i	订单 o_i 完成所有作业加工的时间
L_m	机床 m 的加工时间
$T_{i,j}^{(S)}$	作业 $b_{i,j}$ 开始加工时间
$T_{i,j}^{(C)}$	作业 $b_{i,j}$ 结束加工时间
$\hat{T}_{i,j}^{(C)}$	作业 $b_{i,j}$ 预期完工时间
$T_{i,j}$	作业 $b_{i,j}$ 的加工时间，$T_{i,j}=T_{i,j}^{(C)}-T_{i,j}^{(S)}$

参数	参数说明
$S_{i,j,m}$	作业 $b_{i,j}$ 在机器 m 上开始加工的时间
$T_{i,j,m}$	作业 $b_{i,j}$ 在机器 m 上加工的时间
$X_{i,j,m}$	$X_{i,j,m} = \begin{cases} 1, & b_{i,j} \text{在机器} m \text{上加工} \\ 0, & \text{否则} \end{cases}$

3. 问题约束

在以上假设条件和参数说明的基础上，可以得到如下数学表达式：

$$\sum_{m=1}^{M} X_{i,j,m} = 1 \tag{10.19}$$

$$S_{i,j+1,m} \geqslant S_{i,j,m} + T_{i,j,m} \tag{10.20}$$

$$T_{i,j}^{(C)} - T_{i,j}^{(S)} = T_{i,j} \tag{10.21}$$

式（10.19）说明在同一时刻 t，作业 $b_{i,j}$ 只能在一台机器上加工；式（10.20）说明作业 $b_{i,j+1}$ 的开始时间一定在作业 $b_{i,j}$ 的结束时间之后，即同一个工件的不同作业要满足先后顺序约束；式（10.21）说明作业 $b_{i,j}$ 结束时间减去开始时间等于其加工时间，也就是说，作业 $b_{i,j}$ 的加工过程不会被其他作业所中断。

4. 优化目标

多目标调度优化问题的数学模型可以用下式表示：

$$\min(w_1 F_1 + w_2 F_2 + w_3 F_3) \tag{10.22}$$

其中，

$$F_1 = \max\{C_i\}, i = 1, \cdots, I \tag{10.23}$$

$$F_2 = \max\{L_m \mid 1 \leqslant m \leqslant M\} \tag{10.24}$$

$$F_3 = \sum_{m=1}^{M} L_m \tag{10.25}$$

$$w_1 + w_2 + w_3 = 1 \tag{10.26}$$

10.4.3　基于复合奖励模型的 CNP-DQN 算法

本节在上一节提出的多智能体产线多目标动态调度模型的基础上，研究基于改进后合同网协议的标书评估算法，即 CNP-DQN 算法。

多智能体产线中的作业和机器都拥有多种状态属性，在使用传统的 QL 模型进行求解时会出现维度爆炸等问题。因此，为了解决作业和机器的多状态、高维度所带来的问题，本节设计了一个基于 CNP 的状态-价值网络，该网络以工件和设备状态为输入，以状态-动作价值为输出，通过 ε 贪婪策略选择最优的加工动作。其中，工件信息可以从 TA 招标书中获取，设备信息可以从 MA 投标书中获取，调度结果通过 CNP 通知相应的 MA。

（1）网络输入。

如图 10.16 所示，该状态-价值网络的输入为多智能体产线内可调度作业和可加工设备的状态，这两者的状态通过 Agent 之间的协作过程获取。在车间收到一个新订单的时候，生产调度系统可以根据历史经验和车间内设备的状态评估该订单的完工时间，并将预期完工时间通过下单系统反馈给客户。作业 $b_{i,j}$ 的状态可以通过 $(s_1,\cdots,s_{d1})_{i,j}$ 来描述，其中 d_1 代表作业状态的维度。机床 m 的状态可以通过 $(s_1,\cdots,s_{d2})_m$ 来描述，其中 d_2 代表机床状态的维度。表 10.5 展示了该状态-价值网络输入的作业状态和机床状态。其中，作业状态包括订单号、当前作业编号、剩余作业数、作业初始化时间和目标完工时间，所以作业状态的维度 $d_1 = 5$；机床状态包括机床类型、机床加工速率、剩余加工时间和剩余缓冲区数量，所以机床状态的维度 $d_2 = 4$。当多智能体产线内共有 J 个作业时，该状态-价值网络的输入状态空间可以用下式表示：

$$S_t =[(s_1,\cdots,s_{d1})_{i,j},\cdots,(s_1,\cdots,s_{d2})_m,\cdots]_{(d_1 \cdot J+d_2 \cdot M)} \qquad (10.27)$$

不过，在实际的多智能体产线中，作业 $b_{i,j}$ 并不会在同一时间初始化，为了降低输入状态空间的维度，简化网络架构，可以认为同一时间只有一个作业被初始化，因此式（10.27）可以简化成如下形式：

$$S_t =[(s_1,\cdots,s_{d1})_{i,j},\cdots,(s_1,\cdots,s_{d2})_m,\cdots]_{(d_1+d_2 \cdot M)} \qquad (10.28)$$

（2）网络架构。

该状态-价值网络由输入层、输出层和中间的隐藏层组成。输入层包括 $D = d_1 + d_2 \cdot M$ 个神经元，输出层包括 $1+M$ 个神经元，代表 $1+M$ 个动作选择。调度 Agent 通过合同网协作机制从机器 Agent 处获取机床的剩余加工时间、剩余缓冲区长度等数据，从工件 Agent 处获取作业类别、加工时间等数据，将这些数据进行归一化处理之后，输入神经网络。神经网络隐藏层由多个互相连接的神经元组成，输入数据经过其处理后，可以获得 $(Q(S_t,a_0),Q(S_t,a_1),\cdots,Q(S_t,a_M))$ 形式的输出数据。其中，a_0 代表不选择任何一个机床，a_m 代表将作业 $b_{i,j}$ 分配给机床 m。调度 Agent 会根据 10.4.1 节设计的 ε 贪婪策略选择动作，以

概率 ε 从所有可能动作中随机选择一个执行，以概率 $1-\varepsilon$ 选择 Q 值最大的动作执行。SA 通过 CNP 将选择结果通知给相应的 MA，在 MA 执行完加工操作后，多智能体产线环境会进入下一个调度状态并反馈给调度 Agent 该操作的复合奖励值。

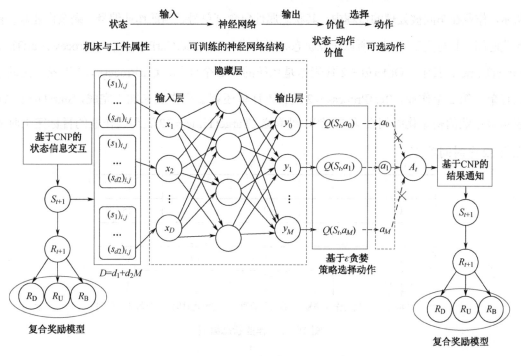

图 10.16　基于 CNP 的状态-价值网络

表 10.5　作业状态和机床状态

类别	符号描述	符号说明
作业状态	$(s_1)_{i,j}$	订单号
	$(s_2)_{i,j}$	当前作业编号
	$(s_3)_{i,j}$	剩余作业数
	$(s_4)_{i,j}$	作业初始化时间
	$(s_5)_{i,j}$	目标完工时间
机床状态	$(s_1)_m$	机床类型
	$(s_2)_m$	机床加工速率
	$(s_3)_m$	剩余加工时间
	$(s_4)_m$	剩余缓冲区数量

下面介绍状态编码与动作编码。

1．状态编码

（1）作业状态编码。

在基于 CNP 的多 Agent 协商过程中，作业状态属性可以从 TA 招标书中获取。如图 10.17 所示，作业在车间被处理的过程中，其状态属性包含订单号、当前作业编号、剩余作业数、初始化时间、目标完工时间，所以作业状态编码格式为(OrderId,CurProcess,RestProcess,StartTime,TargetT ime)。其中，OrderId = 2 代表这是系统的第 2 个订单，CurProcess = 2 代表正在进行该订单的第 2 个作业，RestProcess = 2 代表该订单还剩 2 个作业未加工完成，StartTime = 10 表示该作业的初始化时间在第 10 个时间单位，TargetTime = 32 表示该作业的目标完工时间在第 32 个时间单位。

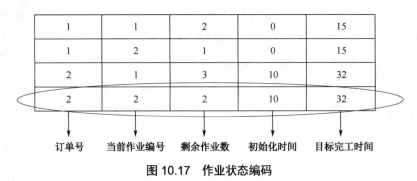

图 10.17　作业状态编码

（2）机床状态编码。

在基于 CNP 的多 Agent 协商过程中，机床状态属性可以从 MA 投标书中获取。由上述分析可知，在多智能体产线多目标动态调度问题中，本节考虑了完工时间、机床总负载和关键机床负载这三个调度目标，因此将机床加工速率和剩余缓冲区数量输入状态-价值网络。机床状态编码格式为 (MacID,MacType,BufferNum,Speed)，如图 10.18 所示。其中，MacID = $1,\cdots,m$，表示机床编号；MacType = $1,2,3$，1 表示车床，2 表示铣床，3 表示雕刻机；BufferNum = 4，表示该机床还有 4 个缓冲区空位；Speed = 0.5，表示该机床的加工速率是标准机床的 0.5 倍。

2．动作编码

调度 Agent 的行为是从离散的机床中选出一个最优的机床去完成作业 $b_{i,j}$ 的加工任务，因此调度 Agent 的动作编码可以用机床编号表示，具体形式为 $(0,1,2,\cdots,m)$。其中，动作状态 0 表示作业 $b_{i,j}$ 没有选择任何机床加工，作业进入缓冲区等待下一次调度；动作状态 m 表示作业 $b_{i,j}$ 选择了编号为 m 的机床来完成加工任务。此外，当作业 $b_{i,j}$ 被分配给机床 m 加工之后，除非出现机床故障这种特殊情况，否则作业 $b_{i,j}$ 的加工过程不可被打断，直到完整地完成该作业。也就是说，在作业 $b_{i,j}$ 的加工过程中，不需要再对机床进行选择。

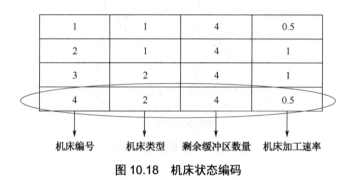

图 10.18   机床状态编码

Agent 每做出一个动作选择之后，车间环境会以奖励值的形式给出每个动作的反馈。强化学习本身是无监督学习，没有一组有标签的数据可以借鉴参考，但是车间反馈的奖励值可以决定 Agent 的行为偏好，引导 Agent 做出使累积奖励值最大的行为。基于所要优化的完工时间、机床总负载、关键机床负载，本节设置了以下复合奖励函数。

（1）最小化订单完工时间。

图 10.19 展示了订单 o_i 的加工时间线，其中 $T_{i,j}^{(S)}$、$T_{i,j}^{(C)}$、$\hat{T}_{i,j}^{(C)}$ 分别表示作业 $b_{i,j}$ 的开始加工时间、结束加工时间、目标完工时间。在 $T_{i,1}^{(S)}$ 时刻，订单 o_i 的第一个作业 $b_{i,1}$ 开始加工并在 $T_{i,1}^{(C)}$ 时刻完成加工，第一个作业的目标完工时间在 $\hat{T}_{i,1}^{(C)}$，可以看出作业 $b_{i,1}$ 提前完工；在 $b_{i,1}$ 结束加工后，订单 o_i 的第 2 个作业 $b_{i,2}$ 在 $T_{i,2}^{(S)}$ 时刻开始加工，并且作业 $b_{i,2}$ 的实际完工时间 $T_{i,2}^{(C)}$ 要晚于目标完工时间 $\hat{T}_{i,2}^{(C)}$，作业 $b_{i,2}$ 延期了；只有前一个作业完成了，该订单的下一个作业才可以进行加工；当该订单的最后一个作业 b_{i,J_i} 完成加工时，可以认为订单 o_i 完成加工，即 o_i 的实际完工时间为 $T_{i,J_i}^{(C)}$。图 10.19 中圆圈标记的时刻即算法的 $\hat{T}_{i,j}^{(C)}$ 调度时刻。

订单 o_i 的目标完工时间可以由订单开始加工时间加上订单名义加工时间 $\tilde{T}_{i,j}$ 与订单紧急系数 K_i 的乘积得到，公式如下：

$$\hat{T}_{i,j}^{(C)} = T_{i,j}^{(S)} + K_i \cdot \tilde{T}_{i,j}, 0.5 \leqslant K_i \leqslant 1.5 \qquad (10.29)$$

这里设置 $\tilde{T}_{i,j}=2T_{i,j}$，即订单名义加工时间是 2 倍的订单加工时间。车间调度人员可以根据订单的紧急程度设置订单紧急系数 K_i，订单越紧急，订单紧急系数越小，如果订单对完工时间没有要求，则可以增大该订单的紧急系数，把优先加工的机会让给其他订单。

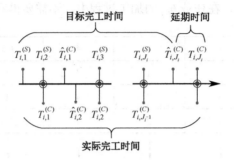

图 10.19　订单加工时间线

当订单的实际完工时间早于订单的目标完工时间时，多智能体产线会反馈给 Agent 一个正向的奖励值；否则，Agent 会得到一个负向的奖励值。根据订单是否延期，可以定义本节的第一个奖励函数 R_D，公式如下：

$$R_D = \frac{1}{e^{1+T_i^{(\text{tard})}}} \tag{10.30}$$

式中，$T_i^{(\text{tard})}$ 代表订单的延迟时间，当订单 o_i 提前结束时，$T_i^{(\text{tard})}$ 的值是正数，否则是负数。其数学表达式如下：

$$T_i^{(\text{tard})} = \frac{T_{i,J_i}^{(C)} - \widehat{T}_{i,J_i}^{(C)}}{\widehat{T}_{i,J_i}^{(C)} - T_{i,1}^{(S)}} \tag{10.31}$$

所以，订单 o_i 的目标完工时间等于该订单中第一个工件开始加工的时间加上该订单中所有工件的名义加工时间。其数学表达式如下：

$$\widehat{T}_{i,j}^{(C)} = T_{i,1}^{(S)} + K_i \sum_{j=1}^{J_i} \tilde{T}_{i,j}, 0.5 \leqslant K_i \leqslant 1.5 \tag{10.32}$$

（2）平衡工作负载。

多智能体产线调度问题是一个多工件、多设备并行调度的问题，机床的种类和加工能力各不相同，每个机床被分配到加工任务的可能性也不相同。当某个机床的负载明显高于其他机床的时候，一方面，该机床的缓冲区没有接收这么多作业的能力；另一方面，该机床的故障率也会急剧提高。因此，需要设置相应的奖励函数来提高机床的利用率和平衡机床的工作负载。公式如下：

$$R_U = \frac{1}{M_c} \sum_{i=1}^{n} u_m, \text{machine } m \in \text{type } c \tag{10.33}$$

$$R_B = e^{-U_c} \tag{10.34}$$

式中，R_U 代表机床利用率的奖励函数，M_c 表示所有 c 类型机床的数量，u_m 代表类型为 c、编号为 m 的机床利用率。u_m 越大，则 R_U 越大；反之，u_m 越小，则 R_U 越小。u_m 可以由下式计算得到：

$$u_m = \frac{1}{T} \sum_{i,j} K_m^{(T)} T_{i,j}, \text{ job } b_{i,j} \in \text{machine } m \tag{10.35}$$

式中，T 代表总加工时间，$K_m^{(T)} T_{i,j}$ 代表作业 $b_{i,j}$ 在机床 m 上的总加工时间，$K_m^{(T)}$ 表示机床 m 的加工速率。

R_B 代表机床工作负载的奖励函数，U_c 代表机床利用率的方差。如果负载均衡的话，U_c 偏小，R_B 会偏大；反之，U_c 偏大，R_B 会偏小。U_c 可以用下式表示：

$$U_c = \sqrt{\frac{1}{M_c} \sum_{m} (u_m - \bar{u})^2}, \text{machine } m \in \text{type } c \tag{10.36}$$

式中，$\bar{u}$ 代表 c 类型机床的平均利用率。$\bar{u}$ 可以用下式表示：

$$\bar{u} = \frac{1}{M_c} \sum_{m} u_m \tag{10.37}$$

（3）复合奖励函数。

单一奖励函数只能满足调度系统的部分性能要求，而集成多个优化目标的复合奖励函数可以提高调度系统的综合性能。Agent 在时刻 t 做出了一个动作选择，环境反馈给 Agent 一个奖励值，其复合奖励函数可以用下式表示：

$$R_{t+1} = \sum_{i=1}^{N} w_i R_{t+1}^{(i)}, \sum_{i=1}^{N} w_i = 1 \tag{10.38}$$

式中，$R_{t+1}^{(1)}, R_{t+1}^{(2)}, \cdots, R_{t+1}^{(N)}$ 代表每个目标函数的奖励值，$w_1, w_2, \cdots, w_N$ 代表每个目标函数的权重系数。本节设计的复合奖励函数如下：

$$R = w_1 R_D + w_2 R_U + w_3 R_B \tag{10.39}$$

w_1, w_2, w_3 的取值并不是固定的，而是可以根据管理者的要求而改变。例如，管理者希望尽快完成订单的加工过程，则可以增大权重 w_1；如果管理者更注重降低机器的故障率，则可以增大权重 w_2 和 w_3 以平衡机床的工作负载。

本节设计了如图 10.20 所示的基于 CNP-DQN 算法的调度流程，该流程主要包括以下四部分。

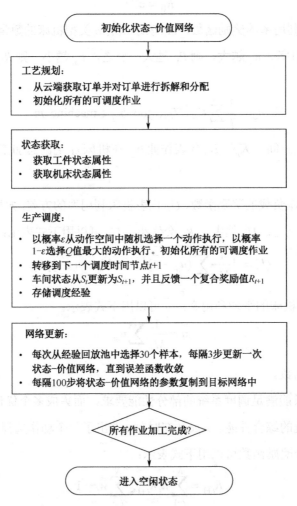

图 10.20　基于 CNP-DQN 算法的调度流程

（1）工艺规划。

用户在云平台上下达订单之后，CA 从云端获取订单 o_i，首先将工件级订单拆解成工序级作业，并按照工艺顺序进行作业排序。在作业排序完成之后，开始第一个作业的加工。

作业的状态属性存储在工件对应的托盘上贴着的 RFID 标签中。在订单 o_i 的第 j 个作业完成之后，其第 $j+1$ 个作业将从任务队列中出列，准备加工。详细流程如图 10.15 所示，具体订单加工时间线如图 10.19 所示。

（2）状态获取。

TA 的任务列表中包括所有排完序等待加工的作业，订单 o_i 的第一个作业和机床缓冲区中尚未加工的作业都在其中。在系统的每个调度时间节点，SA 通过与设备 Agent 协商交流，获取其对应机床的状态属性；与工件 Agent 进行协商交流，获取工件的状态属性。状态-价值网络的输入由工件状态属性和机床状态属性决定，其维度为 $d_1 + d_2 M$。

（3）生产调度。

在系统的调度时间节点，SA 根据已经获得的工件与机床状态属性进行生产调度。SA 为作业 $b_{i,j}$ 选择一个机床 m 进行加工，由 AGV 将该作业运输到对应机床。在机床 m 完成该作业的加工后，环境状态由 S_t 转变成 S_{t+1}，并反馈给 SA 复合奖励值 R_{t+1}，与此相关的调度经验可以用 $(S_t, A_t, R_{t+1}, S_{t+1})$ 表示，将其存储在奖励回放池中，用来定期训练状态-价值网络。在非调度时间节点，SA 处于空闲状态，等待作业完成加工进行下一步调度。

（4）网络更新。

状态-价值网络以小步骤、高频率的节奏更新。例如，每次从经验回放池中挑选 30 个样本，每隔 3 步就更新一次状态-价值网络，直到误差函数收敛。与此同时，每隔 100 步，将状态-价值网络的参数复制到目标网络中。如果所有作业的调度都已完成，则 SA 不执行任何动作。如果加工设备的缓冲区没有空余位置，作业需要等待缓冲区空闲才能被运输到对应加工设备的缓冲区。

10.5 仿真实验

10.5.1 实验设计

本节在如图 10.21 所示的模拟环境内进行实验。在该模拟环境内，加工设备共有 6 台，分别为两台车床（$m=1,2$）、两台铣床（$m=3,4$）、两台雕刻机（$m=5,6$），还有两台 AGV

负责工件的运输，仓库负责原料和成品的储存。用户在云平台上下订单，车间收到订单后进行调度加工。

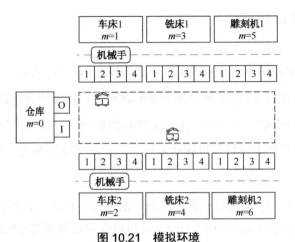

图 10.21　模拟环境

为了验证上一节提出的调度算法的有效性和性能，本节设计了以下内容。

（1）奖励函数：包括复合奖励函数 R，以及单一奖励函数 R_D、R_U、R_B。

（2）调度算法：将上一节提出的调度算法与其他调度算法进行对比。

① 遗传算法（Genetic Algorithm，GA）。在已经知道所有加工作业和机床状态的情况下，可以利用静态遗传算法来获得近似最优的调度。

② 单目标 QL 算法。传统的 QL 算法在调度的时候只考虑一个调度目标，如完工时间或者工作负载。

③ 基于 CNP 的规则调度算法。基于 CNP 的规则调度算法往往采用固定的调度规则，如先到先服务（First Come First Service，FCFS）、加工时间最短（Shortest Processing Time，SPT）等。

状态-价值网络的输入是工件和机床的状态属性编码，输出是包括 1 个仓库和 6 台机床的设备选择，DQN 算法的参数设置见表 10.6。用户从云平台下的订单包括三类零件：轴类零件、板类零件、法兰类零件。其中，轴类零件的作业工序为车—铣，标称加工时间为 40～120s；板类零件的作业工序为"铣—雕刻"，标称加工时间为 20～130s；法兰类零件的作业工序为"车—铣—雕刻"，标称加工时间为 70～240s。

表 10.6　DQN 算法的参数设置

名称	数值
学习率 α	0.01
折扣因子 γ	0.9
贪婪因子 ε	0.1
经验回放区样本数	500
抽样样本数	32
目标网络迭代频次	300

10.5.2　实验结果分析

1. 不同奖励函数下 DQN 算法的学习性能

上一节设计的复合奖励函数为 $R = w_1 R_D + w_2 R_U + w_3 R_B$，本节通过设置不同的权重系数，评估不同奖励函数下 DQN 算法的学习性能。为了满足不同的调度目标，权重系数可以设为（1，0，0）、（0，1，0）、（0，0，1）、（0.33，0.33，0.33）。为了提高算法的通用性，同时满足最小化完工时间、提高机床利用率和降低工作负载的要求，这里将权重系数设置为（0.33，0.33，0.33）。用来测试的订单数目为 900 个，包括 300 个轴类零件、300 个板类零件、300 个法兰类零件。

图 10.22 展示了四种不同奖励函数下算法学习性能的对比。X 轴表示的是订单编号，Y 轴表示的是订单累积奖励值。在训练前期，Agent 对环境还不熟悉，在不断探索的过程中可以获得较大的奖励值。随着学习次数的增加，基于 R_D、R、R_U、R_B 这四种奖励函数的 DQN 算法分别在订单编号为 300、400、425、430 时收敛，也就是说，在使用这些数量的订单训练之后，Agent 总能选出较优的结果，所以奖励值的波动小。此外，虽然在这四种奖励函数下，奖励值以不同的速度收敛，但基于复合奖励函数的调度算法的学习速度排在第二位，并没有比基于单一奖励函数的调度算法学习慢。

2. 与不同调度算法的调度性能对比

下面将上一节设计的算法与遗传算法、单目标 QL 算法、基于 CNP 的规则调度算法进行对比。

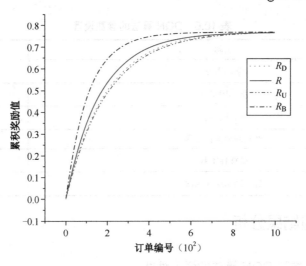

图 10.22　不同奖励函数下算法学习性能对比

1）同类型机床利用率的优化

表 10.7 展示了在车间收到 100 个新订单的情况下，不同调度算法下同类型机床利用率的方差。在四种算法中 GA 的调度性能最好，这是因为 GA 需要在调度前了解所有订单和机床的属性，进行静态调度。在动态调度的三种算法中，由于 DQN 算法使用了复合奖励函数，因此同类型机床利用率的方差最小，即有效地平衡了同类型设备之间的工作负载。QL 算法、CNP 算法都侧重于订单的完工时间而不是工作负载，因此使用这两种调度算法时，同类型机床利用率的方差较大。

表 10.7　不同调度算法下同类型机床利用率的方差

设备类型	GA	DQN	QL	CNP
车床	0.195	0.246	0.363	0.473
铣床	0.213	0.284	0.325	0.496
雕刻机	0.197	0.218	0.379	0.528

2）完工时间的优化

在实际的生产车间中，机床故障时常发生，且会造成生产流程的停滞。因此，在验证 DQN 算法是否优化了订单的完工时间时，本节不仅考虑了正常情况下订单的完工时间，也考虑了在设备发生故障的情况下订单的完成时间。

在图 10.21 展示的六台机床中，铣床 2（$m=4$）在 $t=400s$ 时发生了故障，维修时间需要 200s。四种调度算法都需要在铣床出现故障的情况下处理 100 个新的工作订单，本节要评估的指标是使用该调度算法的实际完工时间相对于预期完工时间的提前量，可以用 $\sum_{i=1}^{i'}(\hat{T}_{i,J_i}^{(C)} - T_{i,J_i}^{(C)}), i=1,\cdots,i'$ 表示，其中 i' 表示已经完成的工作订单数。也就是说，该指标统计了在时刻 t 已经完成的订单，然后计算每个订单预期完工时间和实际完工时间的差值并求和。

如图 10.23 所示，多智能体产线不断接收新的加工订单，交由调度算法处理。车间内的铣床 2 在 $t=400s$ 时发生了设备故障，这就要求调度算法调整调度行为以适应该扰动事件。由于车间只有两台铣床，因此在铣床 2 出现故障时，其加工作业会由铣床 1 负责。GA 在故障发生时需要 50s 时间对加工计划进行重调度，因此在这段时间内，调度系统不会安排新的任务，订单累积提前时间不变。在 $t=600s$ 时，设备故障修复完成，GA 还需要 50s 时间重新安排最优的调度方案。上一节设计的 DQN 算法与 QL 算法、CNP 算法都能够及时响应设备故障，并做出调整。静态的遗传算法可以在静态调度的时候获得近似最优的调度方案，但它无法实时应对扰动事件，在扰动事件发生时，需要消耗一定的时间重新安排所有订单的调度序列。由于 QL 算法无法对多个目标进行优化，CNP 算法无法利用历史经验，因此它们的性能表现都没有 DQN 算法好。

图 10.24 展示了在设备正常和设备故障情况下，四种调度算法完工时间的对比。整个生产过程中加工设备都正常运转时，完工时间分别是 480s、489s、496s、543s。当设备发生故障时，完工时间分别增加了 35.4%、38.2%、45.9%、53.6%。在设备正常和设备故障这两种情况下，GA 与 DQN 算法都有较短的完工时间，分别提前了 1.9% 和 2.5%。在本节设置的环境中，同类型加工设备较少且只有一台出现故障，所以 GA 重调度的时间只有 50s。在实际的多智能体产线中，存在数量更多的同类型设备、更加频发的设备故障问题，GA 重调度所花费的时间会大幅增加。

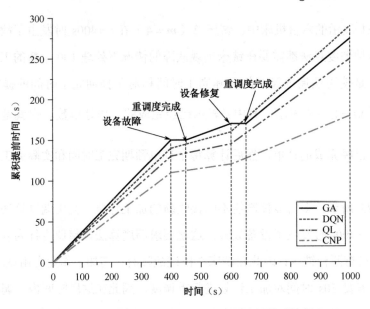

图 10.23　不同调度算法完成订单的累积提前时间对比

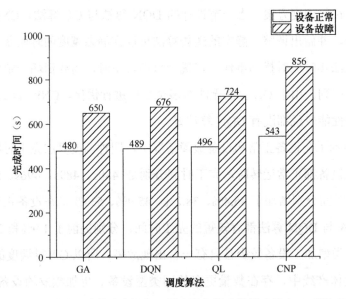

图 10.24　不同调度算法在设备正常和设备故障情况下的完工时间对比

10.6　本章小结

在本章中，首先，将产线中各类制造资源构建成具有环境感知、信息通信、分析决策等自治能力的装备智能体模型，基于此模型，构建了多智能体产线动态调度系统的物理框架并阐述了其运行机制。其次，研究了多 Agent 协作的关键技术，将复杂的任务分解为便于 Agent 协作的子任务，并在熟人关系划分的基础上，研究了 Agent 寻求协作的顺序。再次，研究了经典 CNP 的流程和存在的不足，对其进行改进之后，设计了新的合同网协商流程。最后，针对动态生产环境中的异常事件，设计了简单扰动事件的单 Agent 自适应调整策略和复杂扰动事件的多 Agent 协作调整策略。

为了解决多目标动态调度问题，首先，介绍了深度强化学习的基本概念，包括马尔可夫决策过程、Agent 动作选择、Q 学习与深度 Q 网络；其次，分析了动态调度问题的多目标因素、解决方法，对选择的三个目标（完工时间、机床总负载、关键机床负载）进行了解释和冲突性验证；最后，设计了一种基于复合奖励模型的 DQN 算法，并验证了该算法的学习性能和调度性能。

第 **11** 章

基于数字孪生的分布式
制造过程可视化管控方法

引言

分布式协同制造系统应用数字孪生技术的目的是，使整个分布式制造过程更加透明，数据流清晰可见，便于系统对生产过程进行管控。数字孪生技术可以在虚拟环境中展现跨地域、跨时空、跨产线的分布式制造过程，从而使本来难以实时监控的实际场景得到远程的可视化展现，管理者能够实时地获得运行数据，从而能实时对地生产过程进行调整，用户也可以获得相关的产品状态数据，从而全方位了解产品的质量状态。为了能够对分布式制造过程进行全方位监控，本章将基于数字孪生技术构建孪生车间进行可视化管控。首先，针对车间设备、环境等进行数字孪生建模，搭建高保真的孪生场景。其次，对车间数据进行采集和处理，便于后续进行可视化展示。再次，在数据实现实时交互后，验证模型的动态映射是否一致，保证数字孪生模型的真实性。最后，采用多种可视化方式对车间的实时制造情况进行监控，实现基于数字孪生的分布式制造过程可视化管控。

11.1 基于 Unity 3D 的智能工厂数字孪生模型构建技术

想要在分布式协同制造过程中应用数字孪生技术，首要的工作是，为分布式智能工厂构建数字孪生模型。可以说，数字孪生模型构建技术是数字孪生的重中之重，只有建立能够映射现实分布式智能工厂的数字孪生模型，才能实现后续的可视化管控。首先，基于 Unity 3D 为分布式智能工厂的制造资源建立虚拟化模型，映射现实工厂中的生产动作。然后，基于 3DS MAX 构建工厂内部车间的三维模型，将现实车间内的生产属性映射到虚拟三维模型中。最后，通过整合数据流，在 Unity 3D 场景下驱动三维模型，从而构建整个智能工厂的数字孪生模型。

11.1.1　构建车间孪生模型的基本要求

（1）车间孪生模型应具有一定的组织性和层次性。分布式车间中生产资源类型多样，车间环境复杂，所以车间模型的构建应有组织、有层次地进行。在虚拟车间中有多种不同生产资源的三维模型，模型与模型之间的组织关系，以及模型自身各部位间的从属和层次关系，都需要根据车间中实体对象的实际状态来构建。由于模型数量和类型较多，在 Unity 3D 虚拟平台中利用建好的模型来搭建虚拟车间场景时，需要确定各组成部分之间的关系。通过组织明确、层次分明的建模和编排，可以减少模型驱动过程中的调试工作，并提高整个车间模型的真实度。此外，车间模型拥有较高的组织性和层次性，有利于掌握模型的关键信息，从而提高后续的开发和利用效率。

（2）车间孪生模型的构建应面向对象。虚拟空间中的车间模型应是面向对象的独立个体。面向对象的车间模型更便于管理。将模型的渲染、几何状态、驱动脚本等属性，以对象组件的形式加载在模型上，通过对应组件参数的调整来设置模型的相关属性。面向对象的车间建模方式有利于车间的信息交互管理，以及未来虚拟车间的模型和功能拓展，能提高模型构建的灵活性和建模效率。

（3）车间孪生模型应具备一定的物理和行为特征。在虚拟空间中，模型有多种运动状态，这些运动状态应遵循一定的物理规律和相应的运动特性。在车间模型构建过程中，可以为模型添加必要的物理属性组件，使模型拥有与车间实体对象相同的物理和行为特征，增强虚拟车间运行的真实性，为后续车间生产过程的动态仿真打好基础。

11.1.2 车间孪生模型构建流程

分布式车间中的生产资源种类多样，分布式生产过程具有一定的复杂性。因此，在构建车间孪生模型前，需要先了解建模过程，明确建模步骤，为建立虚拟车间构建良好的基础。

车间建模流程包括 3 个步骤：车间系统分析、车间要素三维模型构建和模型融合，如图 11.1 所示。

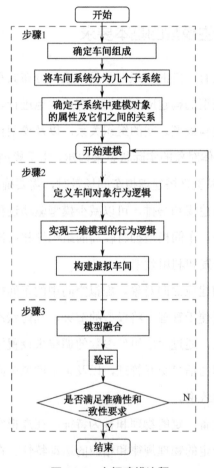

图 11.1 车间建模流程

（1）车间系统分析。对分布式物理车间进行多维度的要素分析，将车间系统拆分为车间布局、生产资源和生产环境等子系统。在此基础上，确定建模对象的属性，以及它们之间的关系。

（2）车间要素三维模型构建。在分布式车间系统中，定义车间生产过程中引起车间生产状态变化的实体要素、活动和事件的行为逻辑，对各要素从外观、尺寸、结构关系等方面进行三维模型的构建。在此基础上，以车间生产过程为主线，结合实体要素对象运行的物理特征和规律，建立三维模型行为逻辑。最终，通过要素模型的构建和布局，建立三维虚拟车间。

（3）模型融合。为了确保分布式车间多层次模型之间的正确关系，需要将高精度的车间要素三维模型和信息数据相结合，用以检查最终模型的准确性和一致性。对于检测后不符合准确性和一致性要求的模型，需要重新建模。

11.1.3　基于 3DS MAX 的三维建模技术

虚拟车间是物理层分布式车间在虚拟空间的孪生映射，构建真实度高、沉浸感强的虚拟车间，对分布式车间生产过程的数字孪生技术研究和应用十分重要。分布式车间要素对象的三维模型是构建虚拟车间的基础，因此，需要对车间各生产要素对象建立逼真且运行流畅的三维模型。本节主要研究基于 3DS MAX 的三维建模技术和相关的优化技术，利用 3DS MAX 建模软件进行车间要素对象的三维建模，并对模型进行优化处理，从而降低其在 Unity 3D 虚拟平台中运行时所需要的硬件条件。

3DS MAX 建模软件向用户提供了简单高效的三维建模方法，主要有旋转建模、Loft 放样建模、ProBoolean 建模、复制堆积建模和依附建模等。旋转建模主要用来对以中心轴为对称中心的旋转体进行三维建模，这类物体主体形状相对简单，能够用 Line 绘制工具画出中心轴的二维截面图，再通过旋转拉伸或旋转剪切得到相应的三维实体模型。Loft 放样建模主要用于在某一固定放样轨迹上截面形状相同的物体的三维建模，建模时先确定并绘制出放样轨迹，根据放样轨迹画出截面图形，然后通过 Loft 放样成形得到需要的实体三维模型。ProBoolean 建模一般用于创建精确度和细节处理要求高的三维模型，能将多个物体模型进行布尔运算式融合。这种建模方法能使用不同布尔运算快速组合多个对象，并能自动将布尔结果细分为四边形面，再利用 MeshSmooth 修改器使模型边缘形成光滑的圆角边。复制堆积建模主要用于模型阵列或外形结构不规则的堆积模型，需要先对单个物体进行详细建模，然后通过复制、位移或旋转等规则或不规则的排列方式得到需要的模型阵列或堆积模型。依附建模主要用于不能独立存在，需要依附其他物体形态的物体的三维建模，这类物体模型大多形态复杂或扭曲变形。

在分布式车间中，需要进行建模的要素对象种类多样，形状和结构复杂，所以在使用 3ds Max 建模软件构建三维模型时，需要综合运用多种建模方法。不同要素对象模型的结构特点及材质、贴图要求不同，所要用到的建模方法也不同。用 3DS MAX 构建三维模型需要按照一定的步骤进行。首先，对模型的车间实体对象进行结构研究和特征分析，确定最终所需要的三维模型效果。然后，根据实体对象研究分析的结果和所需要的模型效果，选择相应的建模方法。针对某一车间要素对象，可以采用一种建模方法，也可以综合运用多种建模方法。最后，利用选定的建模方法构建具体的模型。

在虚拟车间运行过程中，大量数据的传输处理和渲染模型的驱动对计算机的 CPU 和 GPU 会造成较大的运行压力。为了提高虚拟车间运行的流畅度和实时性，需要对构建的三维模型进行一定的优化。针对 3DS MAX 建模软件构建的分布式车间模型，可以采用以下几种模型优化技术。

1．LOD 技术

LOD 的全称是 Levels of Detail（细节层次）。LOD 技术是一种通过设置模型的不同复杂度来表示同一实体对象的技术。在实际三维建模和场景构建中，在模型复杂度相近的情况下，复杂度低的模型多边形数目是复杂度高的模型多边形数目的 75%。所以，采用 LOD 技术不但可以提高场景的逼真度，也可以减少场景绘制的多边形数量，既提高了可视性，又节约了系统资源。在本章中，以距离、尺寸和运行速度作为参考标准，对距离观察人员或观察视点远的模型可以进行适当简化，绘制较为粗糙的几何细节，从而降低模型复杂度。对整体几何尺寸较小或速度较快的模型也可进行简化。

2．实例化技术

在构建分布式车间要素模型或建立虚拟车间场景的过程中，当出现三维模型几何尺寸和形状一样，但位置不同的情况时，可以利用实例化技术进行模型优化。应用实例化技术时，可以对重复的对象构建一个几何模型并存储，其他相同实体的对象模型通过对该模型进行实例化得到。同样，在场景构建中，对于相同的车间要素对象，也只需要建立并存储一个对象模型。在通过实例化技术重复应用模型时，只需要更改模型位置和旋转、缩放等参数。在三维建模和场景构建中运用实例化技术构建同类物体模型时，模型构建的多边形数目和所需要的运行与存储资源较少。在本章中，对离散车间进行三维建模时，在相同型号的机床、机械手、AGV、立体仓库等车间生产资源对象的建模和车间厂房及场景的构建中都运用了实例化技术。

3. 纹理映射技术

为了使建立的车间三维模型更加接近离散车间实体对象，需要在三维建模过程中运用纹理映射技术。纹理映射又称纹理贴图，是将二维纹理平面的纹理元素映射到三维物体模型表面的过程，通俗地说就是，将二维图像贴合到三维模型表面，从而增强模型的真实感。纹理映射需要将三维模型表面以参数的形式转变到二维纹理坐标系中。为了能够处理不同尺度的纹理，需要对纹理坐标做规范化处理，将其限定在区间[0,1]内，如图 11.2 所示。

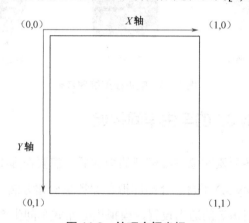

图 11.2　纹理空间坐标

假设三维模型表面指向三维空间中的正交坐标系 (x, y, z)，通过求解其映射到二维纹理坐标系 (u, v) 的参数值，得到模型表面各点的纹理像素值，形成纹理图形并完成三维模型的纹理贴图。设空间参数为 (δ, ψ)，则三维空间中各坐标轴的空间参数描述为 $x(\delta, \psi)$、$y(\delta, \psi)$、$z(\delta, \psi)$，纹理空间坐标向空间参数的映射函数为

$$\delta = f(u, v) \tag{11.1}$$

$$\psi = g(u, v) \tag{11.2}$$

进而得到纹理空间坐标轴的空间参数描述函数为

$$u = r(\delta, \psi) \tag{11.3}$$

$$v = s(\delta, \psi) \tag{11.4}$$

分布式车间中各要素对象拥有不同的外观和几何形状，为了使各要素模型的外观能够与其对应的车间实体对象相同，但又不过多消耗计算机硬件资源，在对车间进行三维建模时可应用纹理映射的 UV 贴图技术。

UV 贴图中的 UV 就是纹理空间坐标 (u, v)，贴图中的所有纹理像素点和三维模型表面对应，通过空间参数的转换确定三维模型表面与贴图的对应位置，将 UV 贴图中的所有纹理像素点准确对应到三维模型表面上。以车间内电机的建模为例，如图 11.3 所示，通过纹理映射的 UV 贴图技术极大地提升了电机模型的细节描绘精度和真实度。

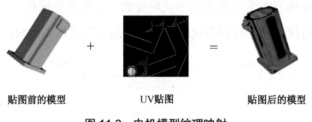

贴图前的模型　　　　　　UV贴图　　　　　　贴图后的模型

图 11.3　电机模型纹理映射

11.1.4　基于 Unity 3D 的孪生车间构建

完成分布式车间中各要素对象三维模型的构建后，需要在虚拟空间中构建完整的虚拟车间场景。本章利用 Unity 3D 平台，介绍虚拟车间场景构建方法，通过其强大的虚拟驱动引擎和环境光照、车间视角等的适当设置，模拟出分布式车间生产加工场景。

对车间要素对象进行三维建模并完成模型优化后，得到 FBX 格式的车间模型库。需要将模型库中的模型导入在 Unity 3D 平台创建的项目中，并按照实际离散车间的布局，构建虚拟车间场景，具体的场景构建流程如图 11.4 所示，主要包括以下 4 个步骤。

Step1：在 Unity 3D 平台中新建一个项目文件，创建一个空的新场景。将车间模型库中 FBX 格式的车间要素三维模型导入项目中，建立项目模型资源库。根据具体需要，添加图片、字体、材质等资源。

Step2：从项目模型资源库中将需要的车间对象模型添加到虚拟车间场景中。在虚拟车间中设置坐标系，参照实际离散车间布局，对模型的大小、位置等进行调整，使虚拟车间布局与实际离散车间相同。

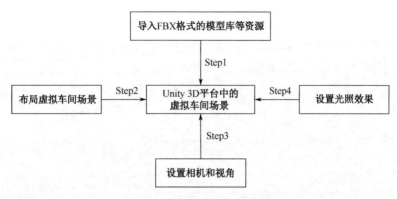

图 11.4　虚拟车间场景构建流程

Step3：为虚拟车间添加相机组件，根据需要调整相关参数。相机参数设置界面如图 11.5 所示。可以在"Transform"栏中调整相机的大小、位置和角度，使相机拥有合适的视角。

Step4：为虚拟车间场景添加光照效果，提高可视性和逼真度。Unity 3D 平台中提供了方向光源、点光源、聚光灯、区域光等多种常见的光照组件。以照亮整个车间场景的方向光源为例，其参数设置界面如图 11.6 所示。方向光源模拟的是太阳光，可以从各个方向照亮整个虚拟车间。

图 11.5　相机参数设置界面

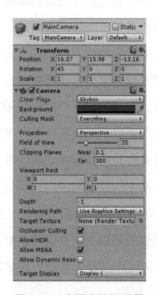

图 11.6　光源参数设置界面

完成以上场景构建流程，经过相应的渲染工作后，能够得到如图 11.7 所示的虚拟车间场景。

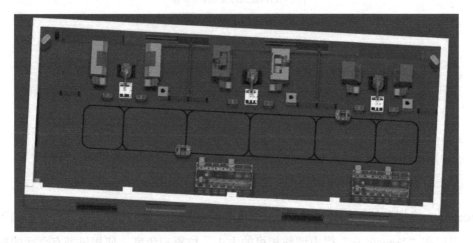

图 11.7　虚拟车间场景

11.2　信息集成与处理

分布式车间信息数据管理的具体需求如下。

（1）高效地采集车间生产数据。

分布式车间复杂的生产环境和数据来源，增加了对车间生产过程中信息数据的采集难度。传统的车间数据采集方式存在采集效率低、出错率高、识别距离短、感知慢等问题。本章针对分布式车间的特征，综合使用射频识别技术、传感器技术及车间设备系统读取技术等，设计生产过程中的数据采集方案。

（2）实现多源异构数据集成和信息物理融合。

分布式车间中的数据来源广、类型多。要想实现车间内不同类型对象之间信息的实时传输，就需要对多源异构数据进行统一集成管理，设定统一的数据格式和通信标准。同时，在车间数据集成的基础上，要设计良好的离散车间与虚拟车间之间的信息数据交互模型，实现分布式车间生产过程中实时、高效的信息物理融合。

（3）对车间生产数据进行分析处理。

分布式车间生产过程中存在各类信息数据。这些数据在实时传输过程中经常出现冗余、缺失、偏离等问题，所以需要对车间数据进行优化处理，减轻信息数据的传输和存储压力，提高信息传递的准确率。同时，需要按照来源对象、数据用途、信息类别等对数据进行分类，从而方便数据的存储与读取，提高数据利用率。

11.2.1　分布式车间 RFID 数据采集的实现

分布式车间生产具有分布式加工的特点，为了增强车间生产的柔性，适应多品种、小批量的制造业发展趋势，车间设备会结合功能属性和生产工艺流程来安排布局。所以，车间生产过程中运用 RFID 技术进行多点位的数据采集。具体的数据采集实现过程如图 11.8 所示。

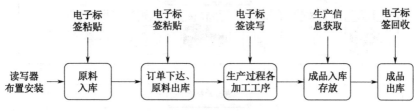

图 11.8　RFID 数据采集实现过程

原料入库前会在其对应的工件托盘上粘贴电子标签。同时，根据车间布局情况，在仓库出入口处和各加工设备的缓冲区安装读写器。

在订单下达后，车间系统会根据订单的基本信息，在原料出库时对电子标签进行初始化，将订单号和工件号通过原料仓库出口处的读写器写入电子标签。在工件加工过程中，可以利用读写器读取电子标签中的订单号和工件号，查看相应的加工信息。

在整个车间加工过程中，先将工件连同贴有电子标签的工件托盘一起运到第一个工序加工设备的缓冲区，缓冲区的读写器自动读取电子标签中的信息，并记录当前时间作为该工序的开始加工时间。当该工序完成加工后，工件在离开缓冲区时通过读写器在电子标签内写入新的加工信息，记录加工完成时间，从而可以得到工序加工时长。按照上述过程，对后续的加工工序进行相应的操作，直到完成所有加工工序。

在工件完成加工并检测合格后，将其运送至成品仓库进行存放。在进入成品仓库时，读写器可以获取工件的所有加工信息和最后的存放位置。成品出库时对工件托盘上粘贴的电子标签进行回收。

11.2.2　多源异构信息数据集成

分布式车间场景复杂，不同企业的设备使用的是不同的接口和通信方式，不同领域的数据采用不同的语义格式，这样就使车间生产过程中各设备系统及各层级对象间信息数据的互通共享变得异常复杂，从而限制了车间生产过程数字孪生技术的发展与应用。

为了对车间生产过程中多源异构的信息数据进行有效的集成，本节设计了如图11.9所示的模型，主要包括车间数据源层、数据打包层、车间通信网络及信息数据集合层。

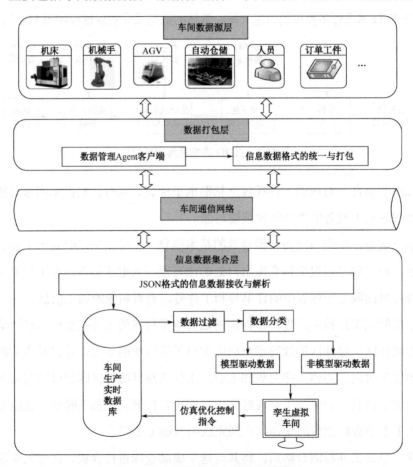

图 11.9　多源异构信息数据集成模型

11.2.3　数据管理 Agent 客户端构建

从多源异构信息数据集成模型中可以看出，从车间数据源层采集的信息数据会进入数据打包层。信息数据格式的统一与打包由各数据源配备的数据管理 Agent 客户端完成。

这里将针对分布式车间数据管理开发的 Agent 统一命名为数据管理 Agent，它是一种由具有特定功能的软件和硬件组成的实体。根据分布式车间生产过程数字孪生数据管理的实际需求，构建如图 11.10 所示的数据管理 Agent 客户端结构。数据管理 Agent 客户端由通信部分、决策部分、控制部分和感知部分组成。通信部分通过连接分布式车间的智能体局域网，实时接收优化控制指令和发送车间信息数据。决策部分是数据管理 Agent 客户端的核心部分，一方面，负责接收优化控制指令，并解析成设备对应的可识别数据形式；另一方面，负责打包车间信息数据，发送给上层数据管理服务器。控制部分作为连接底层设备的桥梁，负责接收来自决策部分的控制指令，并驱动相应的底层设备。

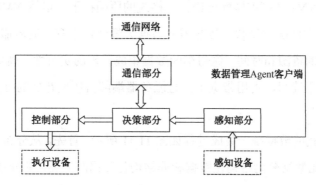

图 11.10　数据管理 Agent 客户端结构

在多源异构信息数据集成模型的数据打包层中，数据管理 Agent 客户端起到的是对异构数据关系模式的翻译作用。这里利用 JSON 格式数据流进行信息数据打包和传输。

11.2.4　基于 JSON 格式的多源异构数据统一集成处理

将分布式车间生产过程中的数据分为结构化数据和非结构化数据两大类。结构化数据是经过组织和格式化的数据，这类数据可以用二维的表结构来逻辑化表达，并能格式化存储在数据库当中。非结构化数据是没有预定义的数据模型或无规则结构的数据，这类数据无法很好地用二维的表结构来逻辑化表达。针对这两类数据，本节提出如下统一表达形式：

$$Data = \{Type; Access; Mata\} \tag{11.5}$$

其中，Type 表示数据类型，它属于布尔（Boolean）类型，确定数据类型为结构化或非结构化。Access 表示数据访问，包含数据的来源对象和父子组的表达描述。Mata 表示数据的元数据，数据类型不同，其元数据形式也不同。结构化数据的元数据由数据所属项、具体数据值及数据获取时间三部分组成。非结构化数据通过转换成二进制数的方式来降低或消除数据的异构性，其元数据由数据所属项、二进制数据标识编号、二进制数值和数据获取时间四部分组成。

分布式车间多源异构数据集成的关键是，实现对数据的统一描述。本节在确定异构数据统一表达形式的基础上，利用 JSON 格式对车间生产过程中的数据进行统一描述。使用 JSON 格式而不用 XML（可扩展标记语言）格式的原因在于，虽然 XML 格式符合标准，但是其文件庞大，文件格式复杂，传输需要占据大量通信带宽，同时服务器端解析 XML 格式需要花费较多的资源和时间，这与车间数据集成管理的实时性、高效性相违背。JSON 格式比较简单，易于读写，占用带宽小，且服务器端解析所要花费的时间较短，有利于提高实时性。

基于 JSON 格式的数据统一集成过程如图 11.11 所示。首先，从分布式车间中采集原始数据；然后，将原始数据分为结构化数据和非结构化数据两大类，并分别进行相应的处理；接着，对两类数据进行统一表达；最后，将统一表达的数据集成并转换成 JSON 格式的信息数据。

信息数据集合层中的车间实时数据库接收数据管理 Agent 客户端打包发送来的 JSON 格式数据，对其进行解析和预处理后分类存储到对应的数据库表中，作为孪生虚拟车间生产过程仿真驱动的数据支撑。同时，数据集成体系为孪生虚拟车间中的用户界面提供统一的数据访问地址，主要任务是接收来自车间的全局访问请求，将访问指令进行解析，传输到对应的数据库中，将所需要的数据通过各种形式反馈给用户。

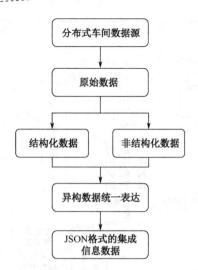

图 11.11　基于 JSON 格式的数据统一集成过程

11.3　动态映射与实时交互

11.3.1　数字孪生车间动态映射

孪生车间动态映射机制如图 11.12 所示。

通过采集系统采集车间实时生产数据，将其进行格式化处理后存储到实时数据库中，这些数据分为静态数据和动态数据。

静态数据：通过 Unity 3D 用户界面展示订单信息、故障信息和设备信息等。

动态数据：作为模型驱动数据，通过模型数据接口传输到驱动引擎，分为平移数据、旋转数据和缩放数据。Unity 3D 中的 Transform 组件、四元数旋转组件、iTween 插件和 doTween 插件读取以上三类数据，进行空间坐标转换，保证物理空间的动作坐标匹配虚拟空间的动作坐标，通过两者是否一致来判断是否出现了异常数据。若无异常数据，则将行为数据传给数字车间三维模型进行交互、映射；若出现异常数据，则进行异常数据对应位置的重新获取。

动态映射的过程是物理动作与虚拟动作的实时交互过程，由于物理空间和虚拟空间的坐标不同，为保证两者动作一致，必须进行空间坐标转换。孪生模型动作变换原理如下。

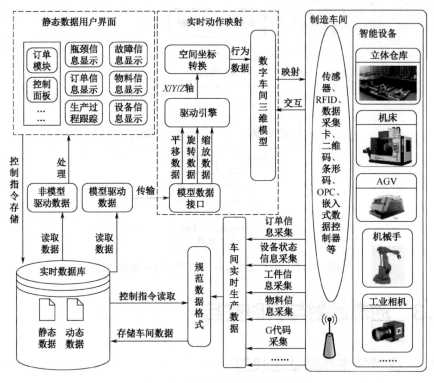

图 11.12　孪生车间动态映射机制

平移动作：模型的三个位置坐标按某一方向进行变换得到新的位置坐标。变换矩阵：

$$[x_1, y_1, z_1, 1] = [x, y, z, 1]\begin{bmatrix} 1 & 0 & 0 & 0 \\ 0 & 1 & 0 & 0 \\ 0 & 0 & 1 & 0 \\ \mathrm{d}x & \mathrm{d}y & \mathrm{d}z & 1 \end{bmatrix}$$

$$= [x + \mathrm{d}x, y + \mathrm{d}y, z + \mathrm{d}z, 1]$$

旋转动作：通过坐标旋转轴与对应轴上的旋转角度组成的四维旋转矩阵来实现。旋转矩阵：

$$[x_1, y_1, z_1, 1] = [x, y, z, 1]\begin{bmatrix} \cos\theta & \sin\theta & 0 & 0 \\ -\sin\theta & \cos\theta & 0 & 0 \\ 0 & 0 & 1 & 0 \\ 0 & 0 & 0 & 1 \end{bmatrix}$$

$$= (x\cos\theta - y\sin\theta, x\sin\theta + y\cos\theta, z, 1)$$

缩放动作：通过三个坐标方向上的缩放因子组成的四维比例矩阵来实现。比例矩阵：

$$[x_1, y_1, z_1, 1] = [x, y, z, 1] \begin{bmatrix} e & 0 & 0 & 0 \\ 0 & j & 0 & 0 \\ 0 & 0 & k & 0 \\ 0 & 0 & 0 & 1 \end{bmatrix}$$

$$= [ex, jy, kz, 1]$$

11.3.2　数字孪生的数据实时交互

数字孪生的数据实时交互是可视化监控系统的核心，为了及时、准确地传送和接收数据，本节设计了如图 11.13 所示的数据实时交互架构，包括表现层、逻辑层和数据层。表现层为 Unity 3D 客户端，通过三维可视化界面展示车间的运行状态，并在此界面中提供多种交互操作，将这些操作指令发送到逻辑层。表现层可接收逻辑层的数据，从而更新可视化界面中的模型信息。逻辑层为后台脚本，模型有对应的脚本，数据通过脚本处理达到所需的效果。数据层包括数据采集系统与数据存储和读取系统。数据采集系统直连底层车间，获取车间信息，包括订单信息、设备状态信息和调控反馈信息等。数据存储和处理系统选用 MySQL 数据库。

数据实时交互过程如下。

Step1：实时采集车间的订单数据、设备数据和调控反馈数据等。

Step2：对采集的数据进行格式化和标准化处理，并利用 TCP/IP 协议传送和存储在实时数据库中。

Step3：逻辑层中的数据驱动脚本读取对应的数据库信息，传送至 Unity 3D 场景内的三维模型，通过动画显示车间的设备动态行为。

Step4：看板监控脚本读取数据库中的非模型驱动信息，分析整理后在用户界面中显示。

Step5：人机交互模块的用户界面发出操作指令，将操作指令转变为指令数据存入实时数据库。

Step6：车间服务器读取实时数据库中的指令数据，并转换为车间设备能够识别的指令格式。

Step7：将转换后的操作指令发送到车间，实现孪生数据在物理车间和虚拟车间的实时交互功能。

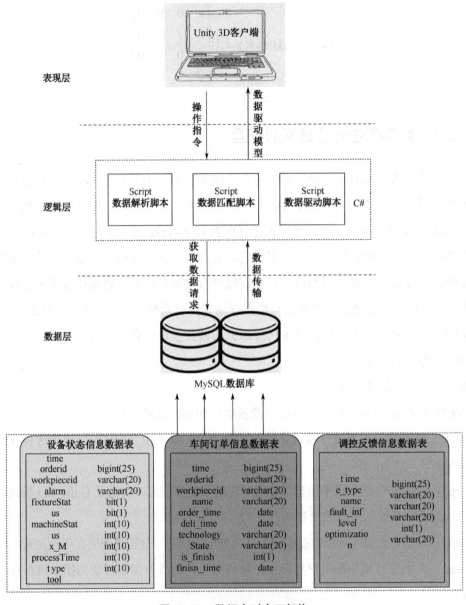

图 11.13　数据实时交互架构

11.4　基于数字孪生的三维可视化系统

经过数据采集、数据统一集成、信息传输、数据分析处理等过程后，需要将反映车间生产情况的各类孪生信息数据实时映射到虚拟车间，将无法直接观察的各类车间状态信息在虚拟车间中进行可视化展示，实现车间生产信息的动态可视化监控。在本章中，孪生空间中的虚拟车间建立在 Unity 3D 平台上，所以分布式车间生产过程的孪生信息数据也通过 Unity 3D 来实现可视化映射。通过对车间孪生信息数据的类别与特征进行分析，本节设计了两种数据可视化映射方案，将分布式车间生产过程的各类信息数据全面映射到虚拟车间。

11.4.1　基于 UGUI 图表看板的数据映射

UGUI 是 Unity 3D 平台中提供的一套 UI 功能系统，具有开发过程直观方便、效率高、扩展性好等优势。此外，作为官方开发的 UI 功能系统，其与 Unity 3D 平台具有很好的兼容性。UGUI 中提供了 Text（文本）、Image（图像）、Button（按钮）、Slider（滑动条）、Scrollbar（滚动条）等众多控件，通过这些控件，可以设计开发出良好的信息映射显示界面。

基于 UGUI 图表看板的数据映射采用非点击触发的显示方式，主要用来对车间生产进度、订单状态、工件工艺流程及物料状态等信息进行实时显示。具体实现过程如图 11.14 所示。

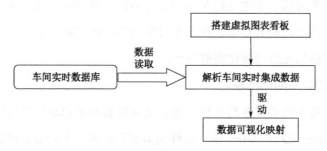

图 11.14　基于 UGUI 图表看板的数据映射实现过程

首先，搭建虚拟图表看板，即利用 UGUI 中提供的各类控件，根据所映射数据的实际需求，设计出相应的虚拟图表看板。其次，解析车间实时集成数据，即对本章集成的 JSON 格式的信息数据进行解析并进行相应的分类处理。最后，将解析处理后的数据动态映射到构建好的图表控件中，通过实时数据驱动控件参数变化，使信息能以相应的形式可视化地映射到虚拟车间。

11.4.2 响应式数据动态映射

响应式数据动态映射采用点击触发的显示方式，主要用于对车间要素对象状态信息进行实时动态映射。由于车间内各类资源对象数目较多，如果将所有的资源对象信息同时映射到虚拟车间，会使虚拟车间显示的信息杂乱，导致用户无法快速、准确地找到自己需要的信息。因此，该数据映射方式结合了点击响应事件和 UGUI 数据显示，用户通过点击想要了解的对象模型，触发对应的数据可视化映射事件，在虚拟车间模型旁实时显示相关信息。具体实现步骤如下。

Step1：车间管理者在虚拟车间中用鼠标单击所要查看信息的车间资源对象模型。

Step2：选中模型后，触发点击响应事件，模型信息映射驱动脚本运行，弹出数据映射的显示界面，并开始读取资源对象所对应的实时数据库中的状态数据。

Step3：对数据进行分析处理，并以图文的形式实时动态映射到虚拟车间。

11.4.3 数字孪生虚拟车间的可视化系统

本章前几节分别对数字孪生虚拟车间动态行为的实现方法、数字孪生的可视化映射进行了研究。本节利用上述研究结果，在分布式车间生产过程数字孪生系统中，实现车间生产过程及各类生产信息实时可视化映射功能。

1. 数字孪生虚拟车间动态映射

在数字孪生虚拟车间中，各要素模型根据实际要素对象的动作情况进行了准确、细致的层级划分。在 Unity 3D 虚拟平台中，这种模型层级结构以车间场景树的形式体现，每个对象模型由多个层级的父、子模型组合而成。子模型运动时，父模型不会受到影响，而父模型运动时，其下面的所有子模型都会跟随运动。通过对各层级子模型的驱动，实现数字孪生虚拟车间中各模型的整体动态行为。

根据车间各设备的生产运行动作，定义有限的动态模型动作状态，并确定数字孪生虚拟车间动态行为的两种实现方式。第一种为预定义动画，利用 Unity 3D 虚拟平台提供的 Animation 组件，将模型在某一时间段内的连续动作状态封装成一个动画片段，再使用状态机来连接和切换动画片段，完成整个动作行为。第二种为脚本控制的模型驱动，结合虚拟空间中模型动态行为驱动方法，为车间要素模型的各层级部分开发对应的驱动脚本，通过实时读取车间设备的运行数据，驱动各级模型实现平移、旋转、缩放等基本动作，从而组合成模型的整体动作过程。车间模型驱动数据见表 11.1。

表 11.1　车间模型驱动数据

模型	驱动数据
机床模型	各轴坐标、主轴转速、夹具信号、安全门信号
机械手模型	六轴角坐标、夹具类型、装夹信号
AGV 模型	当前点位、下一点位、目标点位、装卸信号
仓库模型	取货仓位、放货仓位、操作订单工件号

在数字孪生虚拟车间动态映射的过程中，通过实时的车间数据调整模型动作状态，确保数字孪生虚拟车间动态行为映射与实际车间生产过程的同步性。以动态行为较为明显的机械手模型和仓库模型为例，图 11.15 和图 11.16 显示了它们的动态行为映射场景。

图 11.15　机械手模型搬运过程动态映射

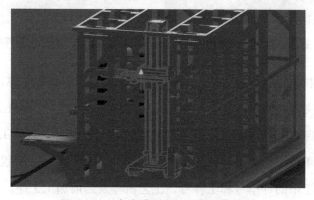

图 11.16　仓库模型取货过程动态映射

2. 车间信息数据可视化映射

在数字孪生虚拟车间中，利用 Unity 3D 虚拟平台的 UGUI 功能系统，建立了车间生产信息可视化映射方案。根据系统中对信息显示的不同需求，分别采用了车间虚拟看板和响应式信息显示两种数据可视化映射方法，这两种方法都建立在 UGUI 功能系统中的画布上。

机床加工信息的可视化显示内容包括机床名称、机床工作状态、加工工件的订单号和工件号、机床异常报警、卡盘状态、各个轴的坐标、主轴转速、使用刀具号、加工时长，以及机床当前运行的 NC 代码等。以铣床为例，其信息可视化显示内容如图 11.17 所示。

仓库信息可视化显示内容如图 11.18 所示，主要包括仓库名称、仓库状态、仓库任务状态、各类原料或成品在起始和当前状态下的库存量等信息。

图 11.17　铣床信息可视化显示内容

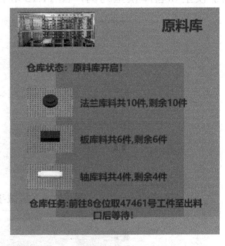

图 11.18　仓库信息可视化显示内容

机械手信息可视化显示内容如图 11.19 所示，主要包括机械手名称、机械手工作状态、操作工件号、使用夹具及夹具状态。AGV 信息可视化显示内容如图 11.20 所示，主要包括 AGV 名称、AGV 启动状态、AGV 工作状态、当前位置及任务、装载工件号。

车间调度及订单加工信息可视化显示内容如图 11.21 所示，主要包括车间生产过程中设备调度状态、加工中的订单号和工件号、工艺流程及当前加工工序。

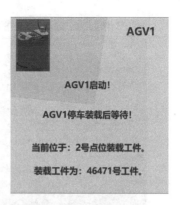

图 11.19　机械手信息可视化显示内容　　　图 11.20　AGV 信息可视化显示内容

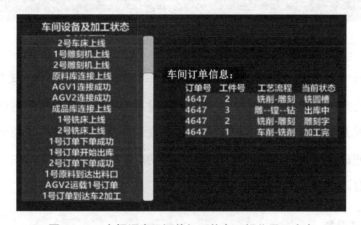

图 11.21　车间调度及订单加工信息可视化显示内容

11.5　模型驱动的分布式制造过程可视化管控

目前，数字孪生技术的应用场景广泛，车间和工厂就是其中一种典型的应用场景。应用数字孪生技术是为了实现有序、协调、可控和高效生产高质量产品，对于实现分布式车间具有重大的意义。基于多 Agent 的分布式车间能够协调系统的目标、计划及活动等，具有分布性、开放性及自主性等特性，不仅能够满足车间的敏捷性要求，还能够提高车间的智能化水平。利用数字孪生技术搭建的孪生工厂如图 11.22 所示，其中包括加工车间、处理车间和还原车间等。通过综合管控平台将任务细分到对应的工厂车间，基于数字孪生模型驱动方式，对各个分布式车间制造过程进行可视化管控。

图 11.22　孪生工厂

　　应用驱动数字孪生模型的前提是，对分布式车间里的设备进行数据采集，如图 11.23 所示，将采集的数据分为工艺数据、人员数据、设备数据、质量数据和运行状态数据等。针对接入的数据开展可视化分析，以图表形式关联设备及产线，使生产要素各项数据均可一一映射，以便进行产线状态检查与监测，利用动态映射机制，实现孪生模型虚拟行为与物理行为的映射。

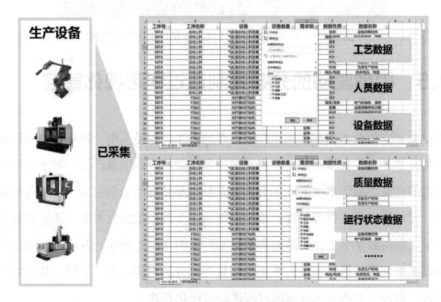

图 11.23　数据采集与分类

以潍柴项目数字孪生车间平台为例，如图 11.24 所示，通过全流程优化和数据驱动决策，为生产环境提供全面实时数据呈现，为现场管理、客户参观、工作汇报等提供 3D 可视化数据展示，使得生产过程透明化、高效化、柔性化和可追溯化。

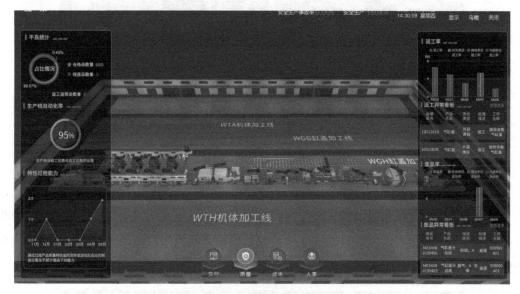

图 11.24　数字孪生车间平台

在数字孪生虚拟车间中，利用 Unity 3D 虚拟平台的 UGUI 功能系统，建立车间各设备信息可视化映射方案。首先，在数字孪生虚拟车间中创建画布（Canvas），设置画布属性，不同映射方式的画布设置不同，其中最主要的区别是画布渲染模式的不同，虚拟看板的画布选择 Screen space-Overlay 渲染模式，响应式可视化的画布选择 Screen space-Camera 渲染模式并设置渲染相机；然后，设计 UI 组件的控制脚本，从车间实时数据库中读取相应的车间生产数据，进行文本、图表等可视化形式的显示并同步更新。如图 11.25 所示，机械手加工信息的可视化内容包括机械手状态信息、详情信息（温度、电压、运行时间等）、派遣信息、回溯信息等。

在孪生虚拟车间动态映射的过程中，通过实时的车间数据调整模型的动作状态，结合模型动态行为驱动方法，为车间要素模型的各层级部分开发对应的驱动脚本，通过实时读取车间设备的运行数据，驱动各级模型实现平移、旋转、缩放等基本动作，从而组合成模型的整体动作过程，确保数字孪生虚拟车间动态行为映射与实际车间生产过程的同步性。

图 11.25　机械手加工信息的可视化内容

系统的第一人称视角漫游模式如图 11.26 所示。在该模式下，用户能够以第一人称视角在孪生虚拟车间中漫游，观察车间生产情况。该模式能为用户提供更强的沉浸感，同时能为系统后续 VR 功能拓展做准备。第一人称视角漫游功能的实现步骤如下。

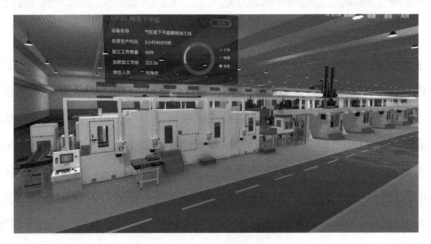

图 11.26　第一人称视角漫游模式

Step1：在孪生虚拟车间中，添加第一人称漫游相机，并对相机位置、视角范围等属性进行合理的设置。

Step2：确定第一人称漫游相机的进入、退出按键，以及相机漫游时前后左右四个方向的移动、左右转向、视角俯仰、移动加速及返回初始视角位置等交互按键。具体的按键定义见表 11.2。

表 11.2　第一人称漫游相机按键定义

交互功能	触发按键
进入第一人称漫游视角	F1
退出第一人称漫游视角	F2
前进	W／上
后退	S／下
左移	A／左
右移	D／右
左右转向	鼠标左键
视角俯仰	鼠标右键
移动加速	Shift
返回初始视角位置	鼠标中键

Step3：根据 Step2 中定义的功能按键，开发相机的控制脚本，实现第一人称视角漫游功能。

在分布式车间生产过程数字孪生系统的人机交互设计中，管理者可以点击数字孪生虚拟车间中的设备模型，查看对应设备的状态信息，如图 11.27 所示。通过这种方式，可以使车间各类设备状态信息得到全面的可视化显示，同时能避免系统界面中因一次性显示的信息太多而降低信息显示和管理的效果。在孪生虚拟车间中，对模型的点击响应是通过 Unity 3D 虚拟平台中"射线检测"的方式来实现的。

通过孪生虚拟车间的模型驱动和信息展示，针对分布式制造车间设计智能管控系统。

（1）改变车间现场传统管理模式，提升车间全要素、全级次、全流程状态和运行数据采集智能化水平。

（2）增强对车间设备、物料、人员、工具等生产要素对象的实时监控和决策支持能力，实现车间制造过程的透明化。

（3）增强对生产过程质量的检测和追踪能力。

（4）加强对车间运行历史数据和统计分析数据的管理。

（5）实现与车间其他信息管理系统的集成，消除"信息孤岛"。

图 11.27　查看设备状态信息

　　如图 11.28 所示，对分布式车间制造过程进行二维和三维可视化处理，实现车间的实时管控。智能管控系统主要由车间现场数据统计、加工过程管控、物料库存和质量信息管控、车间综合可视化等功能模块构成。车间现场数据统计模块用于处理和生成某个时间段内被监控对象的效能、质量、绩效和生产率等具体信息；加工过程管控模块用于实现对工艺流程、加工流程、数控程序指派等的监控；物料库存和质量信息管控模块用于实现物料库存、物料加工状态、物料流转过程、成品质量检测的综合管理；车间综合可视化模块可以为车间管理人员、操作人员和加工人员提供监控平台手段，使他们掌握车间各类资源的实时数据和信息。

图 11.28　车间实时管控场景

11.6　本章小结

本章面向分布式车间智能化发展需求，针对传统制造车间监控模式透明度低、方式单一和实时性差等问题，提出了面向分布式生产过程的数字孪生监控系统，设计了面向数字孪生车间的实时监控方法。通过多源异构生产要素信息集成技术和实时数据处理技术，实现了系统运行中的数据交互与更新处理，构建了数据实时交互架构和高保真的动作映射机制，最终实现了车间全流程、全状态监控和信息可视化。

第 **12** 章

分布式制造资源协同
管控集成系统应用案例

引言

面对我国工业制造领域存在的供需结构错配、单一工厂无法满足多品种批量订单、定制化需求响应能力不足等问题，越来越多的传统制造企业开始将"互联网+协同制造"视为提升企业整体竞争力的关键所在，本章将重点介绍典型行业的分布式协同制造管控案例。

12.1 INDICS 平台架构

INDICS（Industrial Intelligent Cloud System）平台是中国航天科工集团公司于 2017 年 6 月 15 日正式发布的工业互联网平台，它是以工业大数据为驱动，以云计算、大数据、物联网技术为核心的工业互联网开放平台，可以实现产品、机器、数据、人的全面互联互通和综合集成。INDICS 平台作为我国首个工业互联网云平台，对推动我国制造业网络化协同发展，建设中国特色工业互联网体系，促进实体经济高质量发展起到了至关重要的作用。

INDICS 平台采用开放分布式云平台架构，内置全要素适配协议库、云原生开发环境、异构系统大数据湖、场景化机理模型、标准化开放微服务集。平台架构与服务能力具有开放性、可靠性、可扩展性和安全性。同时，该平台支持云制造模式，具备海量资源灵活高效接入，工业知识快速固化、封装、复用，工业应用快速开发和部署运行能力。INDICS 平台总体架构如图 12.1 所示。

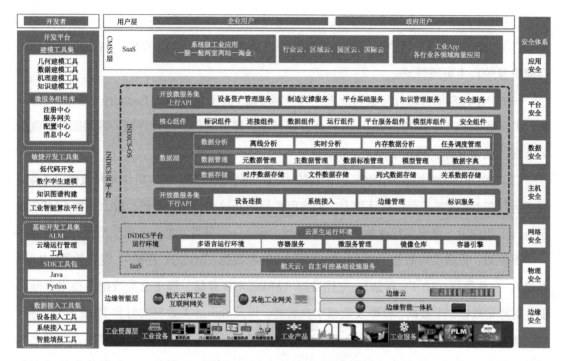

图 12.1　INDICS 平台总体架构

1. 工业资源层

广泛联接人、机、物工业全要素、全产业链、全价值链，提供设备模板化、协议插件化、模型服务化高效连接。预置机器人、数控机床、航空发动机、热处理等 17 大类 50 余种高价值工业设备模板，具备高价值、高能耗、通用动力设备模板化接入能力。提供基于 MQTT 和 HTTP 两种方式的数据上传功能，支持快速采集设备实时或历史数据。开放生产领域、质量领域、工艺过程等 10 个领域的系统连接服务，实现面向企业资源计划系统、制造执行系统的数据采集上传。

2. 边缘智能层

内置 OPC UA、TSN 等主流的现场通信协议，支持工业现场总线、有线网络、无线网络的通信互联，以及企业私有协议的灵活扩展。提供具有自主知识产权的 INDICS Edge 系列智能网关、边缘云和边缘智能一体机，支持"云制造+边缘制造"的云边一体制造模式。

3．INDICS 云平台

INDICS 云平台包含 IaaS、INDICS 平台运行环境和 INDICS-OS。

（1）IaaS 提供自主可控云资源基础设施管理功能，实现计算、存储、网络虚拟化底层存储资源的自主可控管理。

（2）INDICS 平台运行环境以业界主流开源 PaaS 云平台 Cloud Foundry 为底层支撑架构，扩展基于 Doker 和 Kubernets 的混合容器技术，提供多语言运行环境、容器服务、微服务管理、镜像仓库、容器引擎等功能。

（3）INDICS-OS 构成 INDICS 云平台的内核，包含数据湖、核心组件和开放微服务集，对下运行在 INDICS 平台运行环境上，构建可扩展的开放式云操作系统；对上支撑 CMSS 层系统级工业应用、面向各行业各领域的海量"工业 App"开发，加速云原生应用开发过程。

数据湖：提供实时数据（Cassandra 存储）、静态数据（MySQL 存储）、缓存数据（Redis 存储）、文件数据（HDFS 存储）、文档数据（MongoDB 存储）等十余类数据的稳定存储功能，支持元数据、主数据、模型及数据字典管理，以及 Storm 大数据实时和 Hive 离线分析。

核心组件：INDICS-OS 内置标识、连接、数据、运行、平台服务、模型库、安全七大类核心组件，通过对数据和方法的封装，有效支持标准化 API 服务。平台服务组件采用总线集成技术，实现 API 网关注册、发布、查询、订阅的全生命周期管理。API 网关采用 Zuul 实现，获取 Token 后可调用 API。

开放微服务集（上行 API）：开放设备资产管理服务、制造支撑服务、平台基础服务、知识管理服务、安全服务五类上行 API，支持开发者灵活调用，提升应用开发的敏捷性和资产运营管理效率。

开放微服务集（下行 API）：设备连接、系统接入、边缘管理、开放标识服务四类 API，支持实施合作伙伴快速接入各类工业资源，满足海量、泛在工业数据的快速上云需求。

4．CMSS 层

CMSS 层包含系统级工业应用、行业云、区域云、园区云、国际云和工业 App。

5．用户层

INDICS 平台主要服务于企业用户和政府用户，支撑设备远程监控、物联网大数据分析、设备智能运维、产线监控与优化等应用场景，满足用户的实际业务需求。

6．开发平台

构建云原生开发平台，提供几何建模、数据建模、机理建模、知识建模四类建模工具，以及注册中心、服务网关、配置中心、消息中心四类微服务组件。构建敏捷开发工具集，提供低代码开发、数字孪生建模、知识图谱构建、工业智能算法平台四类开发工具，支持云原生应用一站式敏捷开发。构建基础开发工具集，提供云端运行管理工具，实现云原生运行环境的快速部署。研发数据接入工具集，内置设备接入、系统接入、智能填报工具，实现工业资源数据的快速上云。

12.2　航空航天电子元器件智能制造案例

12.2.1　航空航天电子元器件行业面临的问题和挑战

随着科技水平的不断提高，电子元器件产品大多采用多品种、小批量的个性化定制生产模式，定制化要求高，传统产线模式难以适应柔性生产需求。电子元器件产品研制周期长，缺乏协同研发手段，复杂产品供应商多，产品改型周期长，对异地协同研发设计要求高。电子元器件产品装配工艺要求极高，配套关系复杂，协作效率低，导致企业运营成本较高。

12.2.2　工业互联网平台赋能航空航天电子元器件行业部署实施方案

1．总体架构

基于工业互联网平台设计航空航天电子元器件智能制造解决方案，实现从订单到交付、从研发到服务的产品全生命周期集成，打造一个面向客户定制化，满足多品种、小批量，按单生产的智能制造样板车间。智能制造样板车间总体架构如图12.2所示。

2．实施方案

该解决方案实施云端资源协同（CRP）、设计工艺协同（CPDM）、制造运营管理分析（CMOM），开展基于 INDICS 平台的云制造应用，构建数据驱动的多品种、小批量柔性生产模式，提高与客户、供应商的协作效率，提升供应链质量，降低运营成本。

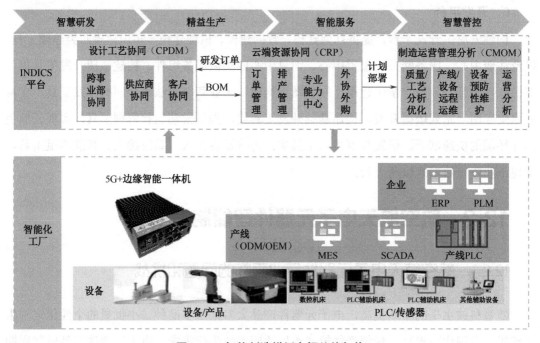

图 12.2 智能制造样板车间总体架构

（1）在边缘端，应用边缘计算技术进行产线设备的数据采集，基于工业大数据分析，利用"云计算+边缘计算"的混合数据计算模式，分析处理现场数据，实现设备在线诊断、产品质量实时控制，促进工艺仿真优化，实现状态信息实时监测。

（2）在产线端，基于 VR/AR 虚拟工厂，打通与 MES 的数据链路，实现基于 CPS 的海量实时数据可视化管理和统计，进而实现虚实同步，为生产线数字孪生系统虚实融合模型构建奠定一定的技术基础。

（3）在云端，基于 INDICS 平台 CRP、CMOM、CPDM 等产品进行定制开发，通过应用网络化协同技术、智慧云排产技术，实现跨企业、跨地域三维模型／图文档异地协同和准时订单驱动的跨地域资源协同，提高研发效率和质量，缩短研发周期，实现产品小批量、多批次地平行生产。

12.2.3　应用成效和推广价值

1. 应用成效

该解决方案被成功应用于贵州某航天电器公司，使企业生产效率提升 50%，企业运营成本降低 21%，产品研制周期缩短 33%以上，产品不良率降低 56%。年产量由 10 万件（个）提升至 50 万件（个），产品合格率由 90%提升至 99.8%。该解决方案为企业带来新增经济效益超过 3000 万元／年，同比提升 30%。

2. 推广价值

该解决方案已被成功应用于航空航天行业的高端电子元器件生产过程，形成了基于 INDICS 平台可复制、可推广的高价值"智慧云排产"技术、跨地域资源协同技术成果。可将该解决方案推广至其他电子元器件企业及多品种、小批量生产企业进行应用，形成行业典型解决方案的示范案例。

12.3　纺织服装行业数字化转型公共服务应用案例

12.3.1　纺织服装行业面临的问题和挑战

随着全球纺织产业格局的调整及"小批量、多品种、高质量、快交付"的消费需求变化，中小纺织企业竞争压力增大，迫切需要基于工业互联网实现生产协同，提升对市场的快速响应能力，重塑市场竞争优势。但纺织企业数字化转型方向和路径不清晰，解决方案服务商与企业转型需求之间信息不对称，传统的推广方式很难实现精准供需对接，且服务商自身平台缺乏公信力，难以形成系统性解决方案，覆盖用户群体少，云化部署和云边协同能力不足。纺织行业迫切需要具备公信力的公共服务平台推动行业数字化转型解决方案快速应用推广。

12.3.2　工业互联网平台赋能纺织服装行业部署实施方案

1. 总体架构

纺织服装行业数字化转型公共服务平台通过建立诊断咨询服务、解决方案综合服务、解决方案云交易三大系统，支持解决方案供需双方全链路对接，以工业互联网作为基座，支持各类解决方案在平台汇聚、对接、交易和部署。平台利用数据分析工具和预设模型进行诊断，自动生成企业数字化水平画像，按照不同维度对解决方案进行标签定义，利用各类算法模型、关系模型和组合技术实现解决方案精准推荐，并与工业和信息化部两化融合贯标平台实现平台互通、体系互补、结果互认，创新数字化转型解决方案应用推广模式。平台总体架构如图 12.3 所示。

图 12.3　纺织服装行业数字化转型公共服务平台总体架构

2. 实施方案

在企业现场边缘层，面向纺织服装行业设备与产线，基于云边协同机制，部署包含时序数据、关系数据存储和实时数据分析的轻量化数据池，包含标识、连接、数据、运行、平台服务、安全等核心组件，支持从各现场设备采集数据，实现边缘侧人员、设备、物料、环境、业务管理等数据的统一接入、本地集中存储、边缘分析处理等。

平台调用 IaaS 层资源，基于广泛应用于政府、企事业单位的成熟虚拟化软件、分布式存储系统、云平台软件等可靠解决方案，为上层业务提供云主机、云存储、对象存储、负载均衡等公有云、私有云服务。针对高级别安全需求，以"本源安全"为目标，实现从物理服务器到操作系统、数据库、中间件甚至终端手机设备的全套自主可控解决方案。

PaaS 层使用平台提供的应用运行环境、数据交换平台、诊断工具库、解决方案数据库，实现对 SaaS 层诊断系统、解决方案的智能推荐，通过统一用户中心，实现跨企业用户集成，并提供多种标准化集成方式，以适应平台自身的不断发展及外部平台集群扩展。

12.3.3　应用成效和推广价值

1. 应用成效

通过纺织服装行业数字化转型公共服务平台的建设和运营，已经形成了解决方案咨询诊断、在线综合服务、云交易服务、标准验证服务和应用推广服务等综合服务能力。目前该平台已经汇聚了 11 款数字化水平诊断工具、100 多个细分行业解决方案、20 多家解决方案龙头服务商，服务 1000 多家纺织企业。该平台与工业和信息化部两化融合贯标平台实现了平台互通、体系互补、结果互认，已经为 112 家纺织服装企业提供了数字化转型诊断服务。

2. 推广价值

纺织服装行业是基于互联网催生新模式、新应用最多的行业之一，且产业集群特征明显，中小企业众多，市场需求潜力巨大。下一步将依托中国纺织工业联合会行业权威组织的背书、全国 204 个纺织服装产业集群的推广渠道，以及与巨细科技、经纬纺机、红豆集团、绍兴环思等细分行业解决方案龙头服务商的紧密合作关系，通过组织行业"两化融合大会"、服务商与解决方案遴选活动、产业集群智能化诊断活动，让该平台在行业内形成影响力，实现纺织服装行业解决方案、数据、用户资源在该平台汇聚，推动该平台沿着信息平台—服务平台—数据平台的路径发展，实现平台资源积累和价值变现。

12.4　钢铁行业一体化生产智能管控案例

12.4.1　钢铁行业面临的问题和挑战

钢铁行业是制造业中的基础行业，当前面临着供应侧改革、行业转型升级等重大挑战。为了降低成本，国内钢铁企业普遍增加了低价矿和循环回收料的使用量，这种措施虽然对降低生产成本有利，但对高炉的稳定运行会产生不利影响，还可能影响高炉寿命。为了进一步提高我国的高炉炼铁技术水平，实现高炉生产的优质、高产、长寿、低耗，高炉生产自动化势在必行。

12.4.2 工业互联网平台赋能钢铁行业部署实施方案

1. 总体架构

钢铁行业一体化生产智能管控解决方案包含高炉智能控制、关键岗位视频监控、人员上云调度和数字化铁区管理四大功能，对应的系统如下。

（1）高炉专家系统：根据国内外高炉自动化的进展及运行经验开发高炉专家系统。该系统主要由炉热子系统、顺行子系统和气流子系统三个子系统组成，通过传感器实现对炉热水平、走向和炉料异常下降状况的监测，利用数学建模手段进行炉况的判断分析，提供相应的专家建议。该系统功能齐全，包含生产管理、数据分析、数学模型和软仪表等功能。

（2）电子围栏系统：对关键安全部位进行实时管控，基于 5G 传输的视频监控及时发现和告警非法闯入等行为，保障人员安全。

（3）人员上云调度系统：实现铁区全员上云，支持人员实时定位，并支持事件驱动的人员调度。

（4）数字化铁区管控系统：基于 GIS 构建数字化铁区，支持全铁区的一张图管理。铁区一体化智能管控平台如图 12.4 所示。

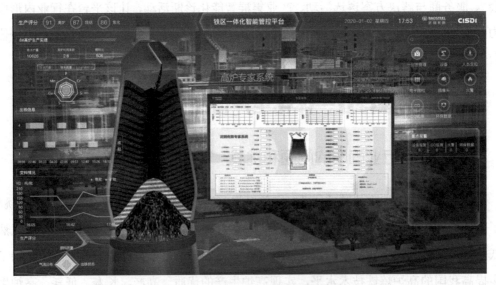

图 12.4 铁区一体化智能管控平台

2．实施方案

钢铁行业一体化生产智能管控解决方案的部署分为设备部署和软件部署。在园区现场部署边缘（设备）层，需要在原有高炉生产设备的基础上集成必要的传感设备和通信设备等边缘支持系统，传递高炉炉况监测信号给炉热子系统，并将控制指令发布到顺行子系统和气流子系统的控制部分。

软件部分包含企业相关数据存储、数据管理、数据分析的数据湖，以及用于标识、连接、数据、运行、平台服务、安全的核心组件。

12.4.3　应用成效和推广价值

1．应用成效

钢铁行业一体化生产智能管控解决方案通过应用 5G 通信技术与工业互联网，实现了对钢铁生产过程关键要素的可靠和精准控制，降低了企业生产成本和故障率，实现了"数据+模型驱动"的新型管理模式转型。在铁区多个高炉的生产运行中，有效支持了炉温趋势的判定，并基于智能化调整保持合适炉型，实现了高炉操作优化，达到了稳定炉况和优化高炉技术指标的目的，对降低生产成本起到了关键作用，在节能降耗方面效果显著。同时，该解决方案实现了铁区的人员上云、设备上云和业务过程上云，促进了钢铁企业的生产组织变革、安全生产和降本增效。

钢铁行业一体化生产智能管控解决方案在武汉某钢工业园区进行了部署和测试，结果显示：铁区作业区数量减少 60%，人事效率提升 40%，数百名员工撤离涉煤气等危险生产区域，每吨铁生产成本降低 40 元。

2．推广价值

钢铁行业一体化生产智能管控解决方案在钢铁行业节能降耗和企业上云转型两个方面具有显著的应用价值。随着系统的运行和使用，园区的节能降耗能力可以不断自动调整和优化，同时可以基于工业互联网园区云的安装部署和设备调试形成标准化流程，便于在行业内规模化复制和推广。因此，该解决方案极具推广价值和潜力。

12.5 基于数字孪生的黑灯工厂应用案例

12.5.1 企业工厂监控面临的问题和挑战

传统的监控系统、设备已不能满足企业对工厂"集中监控，统一管理"的需求。企业工厂存在生产过程信息化管理缺失，未完全实现电子化、数字化管控等情况，因此造成加工设备利用率低、加工周期长、应急响应迟缓、自动化水平低、生产过程不透明等问题。面对多品种、小批量的订单模式，资源不能实现共享成为生产制造过程的瓶颈，导致订单结果、生产周期存在不确定性。

12.5.2 数字孪生技术赋能企业工厂监控部署实施方案

1．总体架构

该解决方案包含产线自动化和智能化升级、数据采集集成平台搭建、数字孪生环境建设。通过数据采集集成平台搭建，实现对生产经营数据、生产过程数据、设备运行数据等的智能管控，结合设备控制系统的感知、采集和控制功能，提升产品质量一致性和加工效率，有效提高设备使用率，增强企业应对临时性生产任务的能力，在不增加人员的情况下，快速实现产能的柔性化提升。整合已有信息化应用数据资产，实现全面集成，通过信息融合、流程融合来驱动创新，建立数字孪生环境。基于数字孪生的黑灯工厂总体架构如图12.5所示。

2．实施方案

在企业边缘层通过数据采集集成平台实现生产经营数据、生产过程数据、设备运行数据等的采集及存储，通过多种硬件或软件协议，利用边缘网关、工业计算机或者边缘服务器完成数据转换，以统一的数据格式存入数据库，并生成历史数据。通过数据接口开发与数据库同步集成各系统数据，数据经过汇聚、处理后再共享给其他有需要的信息系统，打破"烟囱系统"，实现数据共享。

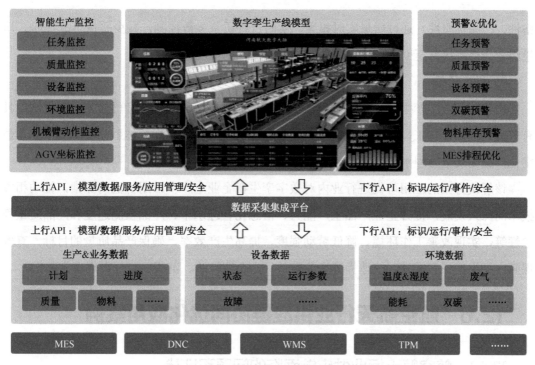

图 12.5　基于数字孪生的黑灯工厂总体架构

数字孪生利用物联网、虚拟仿真、系统集成技术，形成多粒度虚拟化制造模型，在不同层面上对制造信息进行表达和描述。基于边缘智能网联平台获取的生产过程数据、设备数据、业务数据，实现生产线物理运行状态与生产线虚拟孪生模型的实时映射和控制，达到物理工厂与虚拟工厂的业务信息协同和统一。

12.5.3　应用成效和推广价值

1. 应用成效

目前基于数字孪生的黑灯工厂以河南航天数字化转型升级为落脚点，在机加工行业构建了一个兼具实用性与先进性的智能化透明工厂，助力河南航天核心竞争力提升，逐步使企业从传统制造模式转变为以高科技为载体的新型制造模式，为液压气动行业乃至零件加工行业探索生产新模式奠定了坚实的基础。

该工厂以质量数字化方式管控质量每个环节的具体参数，提升检验合规性、原材料合格性、产品优质性。通过质量实时报警、实时过程质量参数控制，减少质量事故 26%，质量综合合格率提升至 98%。

2. 推广价值

构建基于数字孪生的黑灯工厂可为全国有机加离散行业提供一套可借鉴、可复制、具有普适性的数字化工厂解决方案，形成具有共性的技术标准和规范体系，实现质量管理数字化，提高质量管理水平，降低能耗，节约成本。

该解决方案的应用可促进行业内对数字孪生在企业生产中应用价值的探索，推动相关技术的深入发展，提升企业产品生产能力、信息化管理水平、产品检测速度和产品质量稳定性等，实现改善工作环境、降低劳动强度、提高生产效率、确保产品质量的目标，有效保障产品生产任务需求，快速提升企业效益，为企业持续、健康、良好发展奠定基础。

12.6　航空航天行业供应链协同优化应用案例

12.6.1　航空航天行业供应链面临的问题和挑战

中国航空发动机集团有限公司（简称"中国航发"）是航空航天行业的代表性企业，其生产业务具有生产过程离散性强，产品附加值高，采购件品种多、批量小，产品质量及安全要求极高等特点。中国航发下辖的 27 家机构均有各自的供应商、采购产品及管理制度要求，造成了中国航发总部在对外采购产品和服务时综合管理和调控的难度较大，日常管理的效率和效果都达不到管理要求，在同类供应商优选、供应商产品风险监控、供应商合同审查等方面缺少有利措施和有效抓手。

12.6.2　工业互联网平台赋能航空航天行业供应链部署实施方案

针对上述痛点，中国航发构建了供应链优化应用平台，其总体架构如图 12.6 所示。

（1）平台层：基于平台提供的易伸缩、可扩展的软硬件基础设施，提供供应链管控业务运行所需的计算、存储和网络资源，以及工业大数据框架、人工智能引擎、运行支撑引擎、第三方应用运行支撑环境等，支撑应用层各业务系统的运行。

（2）应用层：面向供应链业务提供供应商管理、物资采购、业务协作和供应链优化四大类应用服务，基于 INDICS 平台搭建供应链管控 App。

（3）展现层：包括供应商管理专区、物资采购专区、业务协作专区、用户中心、统计分析等用户入口。

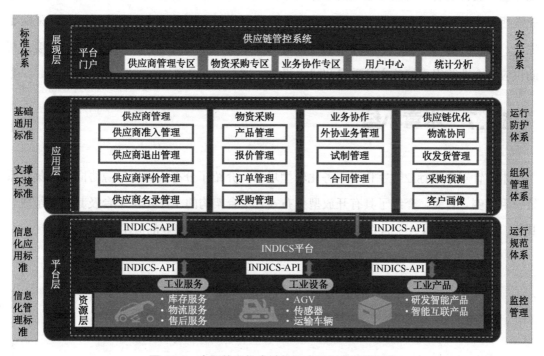

图 12.6　中国航发供应链优化应用平台总体架构

12.6.3　应用成效和推广价值

1. 应用成效

该平台上线后累计管理供应商约 11000 家，累计交易额达千亿元，全面提升了供应商交易合规性，同时提升了中国航发对全集团供应商的管控水平。中国航发在采购和供应商管理环节，极大地提升了采购效率，降低了采购成本，实现了采购资金占用减少 5%，库存周转率提升 5%，供应商数量减少 10%，供应商过于集中风险降低 20%，供应商产品合格率提升 5%。

2．推广价值

供应链协同优化让供应链核心企业有机会对平台化整合各方资源提出更多设想，构建供应链一体化运营平台，使供应商全面参与业务，可大大降低业务沟通、执行成本及单据工作量，提升仓管、物流等领域的工作效率。该平台可推广复制到其他业务相对复杂、产业链相对完备的制造型企业，帮助企业全面打通供应链上下游，实现供应链预测、采购、生产、销售、仓储、配送等各环节的有效协同和资金、原材料等各种资源的优化调度，帮助供应链企业获得更好的产品质量和成本优势，增强产业竞争力。

12.7 本章小结

本章针对垂直行业数字化、服务化转型场景，介绍了分布式制造资源协同管控集成系统应用案例。首先，介绍了具有开放型分布式云平台架构的 INDICS 平台及其功能组成。其次，介绍了 INDICS 平台在航空航天、纺织服装、钢铁等行业的应用案例。